L'ART
DE
LA TEINTURE.

L'ART
DE
LA TEINTURE
DES LAINES,
ET
DES ÉTOFFES DE LAINE,
EN GRAND ET PETIT TEINT.

Avec une Instruction sur les Débouillis.

Par M. HELLOT, *de l'Académie Royale des Sciences, & de la Société Royale de Londres.*

A PARIS,

Chez

La Veuve PISSOT, Libraire, Quay de Conty, à la Croix d'Or.

JEAN-THOMAS HERISSANT, ruë S. Jacques, à S. Paul & à S. Hilaire.

PISSOT, fils, Quay des Augustins, à la Sagesse.

M. DCC. L.

Avec Approbation & Privilége du Roy.

A

DE

NATURELLE

[illegible] GÉNÉRALE [illegible]

DE

DES BLOCS [illegible]

[illegible]

[illegible]

[illegible]

[illegible]

[illegible]

PRÉFACE.

IL y a peu d'Arts d'une aussi grande étenduë que celui de la Teinture. Tout ce qui s'employe à l'habillement des hommes ; tout ce qui sert à leurs emmeublemens, est de son ressort, & n'a presque de prix qu'autant qu'il en reçoit de cet Art. Il n'est pas nécessaire d'entrer dans un plus grand détail pour en faire connoître l'utilité : on l'apperçoit aisément, pour peu qu'on y fasse réflexion. Mais ce qui n'est pas à beaucoup près aussi connu, ce sont les difficultés qui l'accompagnent.

Une pratique de plusieurs années, un sens droit, de l'atten-

tion, fuffifent pour faire un habile Teinturier; mais cet habile
Teinturier ne fçaura que le travail des Laines, ou celui des
Soyes, ou quelqu'autre partie de
cet Art. C'eſt beaucoup s'il fçait
à fond celle à laquelle il s'eſt appliqué. Souvent même il ne travaille,
avec un fuccès conſtant, que fur
un certain nombre de couleurs,
qui ont quelque liaiſon entr'elles,
enforte qu'il ne fçait qu'imparfai-
tement la pratique des autres.

La diſtinction, judicieuſe & néceffaire, qu'on a faite dans les
Gouvernemens les mieux policés,
de différens Corps de Teinturiers,
ou de différentes branches dans
le même Corps, pour les divers
genres de Teinture, empêche celui, qui travaille dans un de ces
Corps, de s'appliquer à ce qui fait
l'objet du travail des autres. Il
peut réſulter un inconvénient de

cette distinction : elle rend les découvertes plus rares ; mais il en naîtroit de beaucoup plus grands de la réünion, & il seroit difficile alors d'en découvrir la source.

Un Physicien, qui veut prendre quelque connoissance de l'Art de la Teinture, est, pour ainsi dire, effrayé par la multitude des objets nouveaux que cet Art lui présente : il trouve à chaque pas des obscurités, sans pouvoir espérer aucun éclaircissement de la part du commun des Ouvriers, qui ne sçait presque jamais que les faits, & qui, pour l'ordinaire, n'a que des mains & sa routine. Presque toujours, la maniere dont il s'explique, le jargon auquel il s'est habitué, ne font que répandre de nouvelles ténébres, que les circonstances bizarres, & souvent inutiles, de ses procédés, rendent encore plus obscures.

Ceux, qui n'ont aucune idée
de cette matiére, croiroient peut-
être trouver quelques éclaircisse-
mens dans les Livres qui en ont
traité; mais il n'eſt que trop certain qu'on n'y peut rien apprendre. Le *Teinturier Parfait*, dont
on a fait pluſieurs Editions, & qui
a été réimprimé en dernier lieu
à la ſuite des *Secrets ſur les Arts &*
Métiers, n'eſt qu'un aſſemblage
monſtrueux, de recettes impar-
faites, fauſſes ou décrites d'une
maniére inintelligible. Les termes
de l'Art, les noms des Drogues y
ſont ſouvent confondus, enſorte
qu'il n'eſt pas poſſible d'en tirer
aucune utilité. Je ne dirai rien
de plus ſur ce Livre, ni ſur l'Edi-
tion qu'on en a faite en Allemand
avec un titre ſéduiſant. Il ne mérite pas qu'on y faſſe la moindre
attention. Je me ſerois même diſ-
penſé d'en parler, ſi je n'avois pas

craint qu'on me soupçonnât d'a-
voir profité de ce qu'il contient,
sans vouloir le citer.

Je ne parlerai pas, à beaucoup
près de même, de l'Instruction &
des Réglemens sur la Teinture,
faits par ordre de M. Colbert.
C'est, sans aucune comparaison,
ce que nous avons de meilleur sur
cet Art. On y trouve toutes les
notions générales, & aussi-bien
détaillées, que le peut permettre
un Ouvrage de peu d'étendue.
C'est la base du travail, dont on
trouvera les détails dans ce Traité, & ce sera toujours un bon guide pour les recherches qu'on voudra faire dans la suite. Néanmoins,
il y manque un grand nombre de
faits; de plus, la manipulation des
procédés ne pouvoit y être décrite; & ne devoit pas l'être dans
un Réglement: ainsi cette Instruction n'est utile qu'à ceux qui ont

déja acquis, des connoissances dans l'Art de la Teinture.

On trouve quelques recettes dans le *Caneparius de Atramentis*, dans le *Plicio*, ou *Arte Tintoria*, petit Traité Italien sur la Teinture des Soyes, dans *Wecker*, *Mizault* & autres Compilateurs de Secrets; elles sont, à peu de chose près, dans le cas de celles du *Teinturier Parfait*.

On peut être assuré que j'ai exécuté en petit, & qu'on a fait en grand, dans différentes Manufactures du Royaume, tout ce qui est enseigné dans cet Ouvrage, qui n'est pas écrit pour les Teinturiers habiles, mais pour ceux qui cherchent à le devenir.

J'aurois souhaité pouvoir donner une idée des connoissances qu'avoient les Anciens sur le fait de la Teinture, mais j'avouë qu'après avoir fait beaucoup d'extraits, je

n'ai pû en former un tout qui fût
de quelque utilité. D'ailleurs, cette
érudition, n'étant pas mon objet
principal, & ne pouvant être estimée que comme une curiosité Lit-
téraire, je n'ai pas crû devoir m'y
arrêter.

Je n'ose me flatter d'avoir porté cet Ouvrage à son dernier terme de perfection : on sçait trop
bien que les Arts en acquiérent
tous les jours, & que celui-ci est
dans ce cas, plus que tout autre.
Mais j'espére qu'on me sçaura
quelque gré d'avoir tiré cette matiére de l'obscurité où elle étoit
ensevelie, & d'avoir mis les Physiciens, & même les Teinturiers, en
état de faire des découvertes & de
perfectionner un Art très-utile, &
duquel il m'a parû qu'on n'avoit
que des notions fort confuses.

TABLE
DES CHAPITRES
Contenus dans ce Volume.

DE la Teinture des Laines, & des Etoffes de Laine, page 1

CHAPITRE I.

Des vaisseaux & instrumens servans à la Teinture, 4

CHAPITRE II.

De la distinction du Grand & du Petit Teint sur les Laines, 23

CHAPITRE III.

Des Couleurs du grand & bon Teint, 40.

CHAPITRE IV.

Du Bleu,   48

CHAPITRE V.

De la Cuve de Pastel,   57

CHAPITRE VI.

De la Cuve de Vouëde,   116

CHAPITRE VII.

De la Cuve d'Indigo,   122

CHAPITRE VIII.

De la Cuve d'Inde à froid avec l'urine,   139

Cuve chaude d'Indigo à l'urine,
143.

CHAPITRE IX.

Cuve d'Inde à froid sans urine, 151

xiv **TABLE.**

CHAPITRE X.

De la maniere de teindre en bleu,
166.

CHAPITRE XI.

Du Rouge,   241

CHAPITRE XII.

De l'Ecarlatte de Graine, ou Ecar-
latte de Venise,   244

CHAPITRE XIII.

De l'Ecarlatte couleur de feu, 276

CHAPITRE XIV.

Du Cramoisi,   341

CHAPITRE XV.

De l'Ecarlatte de Gomme-Lacque, 354

CHAPITRE XVI.

Du Coccus Polonicus, insecte colo-
rant,   364

CHAPITRE XVII.

Du Rouge de Garence, 369

CHAPITRE XVIII.

Du Jaune, 397

CHAPITRE XIX.

Du Fauve, 407

CHAPITRE XX.

Du Noir, 423

CHAPITRE XXI.

Des couleurs que donne le mêlange du Bleu & du Rouge, 447

CHAPITRE XXII.

Du mêlange du Bleu & du Jaune, 455.

CHAPITRE XXIII.

Du mêlange du Bleu & du Fauve, 467.

CHAPITRE XXIV.

Du mêlange du Bleu & du Noir, 468.

CHAPITRE XXV.

Du mêlange du Rouge & du Jaune, 470

CHAPITRE XXVI.

Du mêlange du Rouge & du Fauve, 477.

CHAPITRE XXVII.

Du mêlange du Rouge & du Noir, 480.

CHAPITRE XXVIII.

Du mêlange du Jaune & du Fauve, 482.

CHAPITRE XXIX.

Du mêlange du Jaune & du Noir, 484.

CHAPITRE XXX.

Du mélange du Fauve & du Noir,
485.

CHAPITRE XXXI.

Des principaux mélanges des couleurs
primitives, prises trois à trois,
489.

CHAPITRE XXXII.

De la maniere dont se fondent ensemble les laines de différentes couleurs, pour les Draps ou Etoffes de
mélange,   500

CHAPITRE XXXIII.

De la maniere de préparer les Feutres
d'essai,   504

Du Petit Teint.

CHAPITRE I.

De la Teinture des Laines & Etoffes
de Laine en petit Teint,   511

xviij　　TABLE.

CHAPITRE II.

De la Teinture de Bourre,　　516

CHAPITRE III.

*De l'Orseille, & de la maniere de
l'employer,*　　541

CHAPITRE IV.

Du Bois d'Inde, ou de Campêche,
564.

CHAPITRE V.

Du Boïs de Bresil,　　596

CHAPITRE VI.

Du Fusset,　　606

CHAPITRE VII.

Du Roucou,　　609

CHAPITRE VIII.

De la Graine d'Avignon,　　612

CHAPITRE IX.

De la Terra Merita, ou Curcuma, 613.

INSTRUCTION

Sur le Débouilli des Laines, & Etoffes de Laine, 617

Fin de la Table des Chapitres.

---

*EXTRAIT des Regiſtres de l'Académie
Royale des Sciences.*
Du vingt-deuxiéme Décembre 1742.

MEſſieurs DE REAUMUR & l'Abbé
NOLLET ayant examiné par ordre
de l'Académie un Manuſcrit de M.
HELLOT, qui a pour titre : *L'Art de la
Teinture des Laines, & Etoffes de
Laine,* &c. & en ayant fait leur rap-
port, l'Académie a jugé que cet Ouvra-
ge étoit très-digne de l'impreſſion, non

feulement pour l'importance de fon objet , mais encore pour les nouveautés
qu'il contient, & pour la méthode avec
laquelle l'Auteur l'a rédigé. En foi de
quoi j'ai figné le préfent Certificat. A
Paris, ce 25. Janvier 1743.
DORTOUS DE MAIRAN,
Secr. perp. de l'Acad. Royale des Sciences.

PRIVILEGE DU ROI.

LOUIS, par la grace de Dieu, Roy
de France & de Navarre : A nos
amez & féaux Confeillers, les Gens te-
nans nos Cours de Parlement, Maîtres
des Requêtes ordinaires de notre Hôtel,
Grand Confeil , Prévôt de Paris, Bail-
lifs, Sénéchaux, leurs Lieutenans Civils,
& autres nos Jufticiers, qu'il appartien-
dra, SALUT. NOTRE ACADEMIE
ROYALE DES SCIENCES, Nous a très-
humblement fait expofer , que depuis
qu'il Nous a plû lui donner, par un Réglement nouveau , de nouvelles marques de notre affection, Elle s'eft appliquée avec plus de foin à cultiver les
Sciences, qui font l'objet de fes exerci-
ces, enforte qu'outre les Ouvrages qu'-
Elle a déja donnés au Public, Elle feroit
en état d'en produire encore d'autres

s'il Nous plaifoit lui accorder de nouvelles Lettres de Privilége , attendu que
celles que Nous lui avons accordées en
date du fix Avril 1693 , n'ayant point eu
de temps limité , ont été déclarées nul-
les par un Arrêt de notre Confeil d'Etat
du 13 Août 1704 , celles de 1713 &
celles de 1717 étant auffi expirées ; &
defirant donner à notredite Académie
en corps & en particulier , & à chacun
de ceux qui la compofent , toutes les facilités & les moyens qui peuvent contribuer à rendre leurs travaux utiles au Public , Nous avons permis & permettons
par ces Préfentes à notredite Académie ,
de faire vendre ou débiter dans tous les
lieux de notre obéiffance , par tel Im-
primeur ou Libraire qu'elle voudra choifir , un Livre intitulé ; *L'Art de la Tein-*
ture des Laines & Etoffes de Laine , en
Grand & Petit teint , & ce pendant le
temps & efpace de quinze années con-
fécutives , à compter du jour de la date
defdites Préfentes. Faifons défenfes à
toutes fortes de perfonnes , de quelque
qualité & condition qu'elles foient , d'en
introduire d'impreffion étrangere dans
aucun lieu de notre obéiffance : comme auffi à tous Imprimeurs-Libraires ,
& autres , d'imprimer , faire imprimer ,

vendre, faire vendre, débiter ni contrefaire ledit Ouvrage ci-dessus spécifié, en tout ni en partie, ni d'en faire aucuns extraits, sous quelque prétexte que ce soit, d'augmentation, correction, changement de titre, feüilles mêmes séparées, ou autrement, sans la permission expresse & par écrit de notredite Académie, ou de ceux qui auront droit d'Elle, & ses ayans cause, à peine de confiscation des Exemplaires contrefaits, de dix mil livres d'amende contre chacun des contrevenans, dont un tiers à Nous, un tiers à l'Hôtel-Dieu de Paris, l'autre tiers au Dénonciateur, & de tous dépens, dommages & intérêts : à la charge que ces Présentes seront enregistrées tout au long sur le Registre de la Communauté des Imprimeurs & Libraires de Paris, dans trois mois de la date d'icelles ; que l'impression dudit Ouvrage sera faite dans nôtre Royaume & non ailleurs, & que notredite Académie se conformera en tout aux Réglemens de la Librairie, & notamment à celui du dix Avril 1725 ; & qu'avant que de les exposer en vente, le Manuscrit ou Imprimé, qui aura servi de copie à l'impression dudit Ouvrage, sera remis dans le même état, avec les Approbations &

Certificats qui en auront été donnés, és mains de notre très-cher & féal Chevalier Garde des Sceaux de France, le Sieur Chauvelin : & qu'il en sera ensuite remis deux Exemplaires de chacun dans notre Bibliothéque publique , un dans celle de notre Château du Louvre , & un dans celle de notre très-cher & féal Chevalier Garde des Sceaux de France, le Sieur Chauvelin ; le tout à peine de nullité des Présentes : du contenu desquelles vous mandons & enjoignons de faire joüir notredite Académie, ou ceux qui auront droit d'Elle, & ses ayans causes, pleinement & paisiblement, sans souffrir qu'il leur soit fait aucun trouble ou empêchement. Voulons que la Copie desdites Présentes, qui sera imprimée tout au long au commencement ou à la fin dudit Ouvrage , soit tenuë pour dûëment signifiée , & qu'à la Copie collationnée par l'un de nos amés & féaux Conseillers & Sécretaires, foy soit ajoûtée comme à l'Original : Commandons au premier notre Huiffier , ou Sergent, de faire pour l'exécution d'icelles , tous actes requis & néceffaires, sans demander autre permiffion , & nonobstant clameur de Haro , Charte Normande , & Lettres à ce contraires : Car tel est notre plaisir.

Donné à Fontainebleau le douziéme jour
du mois de Novembre, l'an de grace mil
sept cent trente-quatre, & de notre Regne le vingtiéme. Par le Roy en son Conseil.   *Signé*, SAINSON.

*Regiſtré ſur le Regiſtre VIII. de la Chambre
Royale & Syndicale des Imprimeurs & Libraires de Paris, num. 792. fol. 775. conformément au Réglement de 1723. qui fait défenſes,
Art. IV. à toutes perſonnes, de quelque qualité
& condition qu'elles ſoient, autres que les Imprimeurs & Libraires, de vendre, débiter, &
faire afficher aucuns Livres pour les vendre en
leurs noms, ſoit qu'ils s'en diſent les Auteurs
ou autrement ; à la charge de fournir les Exemplaires preſcrits par l'Art. CVIII. du même
Réglement. A Paris le 3. Novembre 1734.*
                G. MARTIN, *Syndic.*

CESSION

JE souſſigné, reconnois avoir cédé à M⁷ˢ
Veuve Piſſot & Jean-Thomas Heriſſant,
Libraires à Paris, mon droit au préſent Privilége, pour un Ouvrage de ma compoſition,
intitulé : *L'Art de la Teinture des Laines &
Etoffes de Laine*, en Grand & Petit Teint,
pour en joüir en mon lieu & place, ſuivant
les conventions faites entre Nous, le 10 Juin
1749. HELLOT

L'ART

L'ART
DE
LA TEINTURE.

De la Teinture des Laines, &
des Etoffes de Laine.

Vant que d'entrer dans le détail de la Teinture des Laines, il faut donner une idée des couleurs primitives, ou plutôt de celles qui portent ce nom parmi les gens de l'Art, car on verra par la lecture du célébre Ouvrage de M. Newton, sur la lumiere & les cou-

A

leurs, qu'elles n'ont point de rapport avec celles que les Physiciens connoiſſent ſous ce nom ; mais ce qui les a fait qualifier de la ſorte par les Ouvriers, c'eſt que par la nature des ingrédiens dont ces couleurs ſont compoſées, elles ſont la baſe d'où dérivent toutes les autres de quelque eſpece qu'elles ſoient. Cette diviſion de couleurs, & l'idée que je me propoſe d'en donner, eſt auſſi commune aux differens genres de Teinture, comme à celle de la Soye, du Fil, &c. ainſi je ne puis me diſpenſer de ſuivre cet ordre, qui eſt pris du fond même de la matiere que je traite.

On compte cinq couleurs *Primitives*, qui ſont le *bleu*, le *rouge*, le *jaune*, le *fauve*, ou *couleur de racine*, & le *noir*. Chacune de ces couleurs peut fournir un très-grand nombre de nuances, de-

puis la plus claire jusqu'à la plus
foncée, & de la combinaison de
deux ou de plusieurs de ces differentes nuances, naissent toutes
les couleurs qui sont dans la nature. Souvent on brunit, on éclaircit, on change très-considerable-
ment les couleurs par des ingrédiens non colorans, tels que sont
les sels acides, les sels alcalis, les
sels neutres, la chaux, l'urine,
l'arsenic, l'alun, & autres, & dans
la plûpart des Teintures, on prépare avec quelques-uns de ces ingrédiens, qui par eux-mêmes ne
donnent point, ou ne donnent
que très-peu de couleur, les laines ou les étoffes de laine que l'on
veut teindre. On conçoit aisément quelle prodigieuse variété
il doit resulter du mêlange de ces
differentes matieres, ou même
de la maniere de les employer,
& quelle attention on doit avoir

A ij

aux moindres circonſtances pour
réüſſir parfaitement dans un Art
ſi compliqué, & dans lequel il ſe
rencontre tant de difficulté.

CHAPITRE I.

Des vaiſſeaux & inſtrumens ſervans à la Teinture.

IL faut premierement établir
un Atelier de Teinture dans
un endroit ſpacieux, couvert,
mais éclairé d'un beau jour, &
proche d'une eau courante, autant qu'il ſera poſſible ; car elle
eſt extrêmement neceſſaire, ſoit
pour préparer les laines avant que
de les teindre, ſoit pour les faire dégorger après qu'elles ſont
teintes. Il faut auſſi que l'Atelier
ſoit pavé avec chaux & ciment,
& qu'on y ait ménagé des ruiſ-

feaux qui ayent affés de pente pour l'écoulement prompt & fa-cile des eaux & vieux bains de teinture, qu'on y jette en grande quantité.

On placera dans quelque en-droit, diftant de huit ou dix pieds des Chaudieres, pour la plus grande commodité, deux ou plu-fieurs Cuves pour le bleu, fui-vant la quantité d'ouvrage qu'on préfume avoir à faire. Ces Cuves s'appellent *Guefdes* ou *Cuves de Paftel*; c'eft le point de la tein-ture le plus important : & ce qu'il y a de plus difficile dans cet Art, c'eft de bien affeoir & réchauffer une cuve de Paftel, c'eft-à-dire, de la bien préparer & gouver-ner, jufqu'à ce qu'elle foit en état de donner fa couleur bleuë.

Ces fortes de Cuves font de dix à douze pieds de diametre, & de fix à fept de hauteur. El-
A iij

les sont formées de douves ou pieces de bois de six pouces de largeur, & de deux d'épaisseur, & bien cerclées de fer de trois pieds en trois pieds. Lorsqu'elles sont construites, on les enfonce dans la terre, en sorte qu'elles n'excedent que de trois pieds & demi ou quatre pieds au plus, afin que l'Ouvrier puisse manier plus commodément les laines ou étoffes qui sont dedans ; ce qui se fait avec de petits crochets doubles, emmanchés d'un bâton de longueur convenable, selon le diametre de la Cuve. Le fond de ces Cuves n'est point de bois, mais pavé avec chaux & ciment ; ce qui cependant n'est aucunement essentiel, & ne se pratique qu'à cause de leur grandeur, & parcequ'il seroit difficile qu'un fond de bois d'une si grande étenduë pût soutenir tout le poids de ce que la Cuve doit contenir.

Quand on a de la laine ou de l'étoffe à teindre en bleu dans cette Cuve, que je suppose préparée, comme il sera dit dans le Chapitre IV. on place au-dedans de cette Cuve un Cercle ou Cerceau de fer, dont l'intérieur est garni d'un rezeau de cordes, & dont les mailles ont huit ou dix lignes en quarré. Ce Cercle se nomme une *Champagne*, & cette Champagne sert à empêcher que les laines ou étoffes ne tombent au fond de la Cuve, & ne se mêlent avec la pâtée ou le marc qui y est. On la soutient pour cet effet à la hauteur que l'on veut, par le moyen de trois ou quatre cordes que l'on attache aux bords de la Cuve.

On se sert aussi pour *pallier* la Cuve, c'est-à-dire, pour la remuer ou broüiller le marc avec

ce qui eft liquide, d'un inftru-
ment de bois, appellé un *Rable*.
C'eft une planche épaiffe, aron-
die en forme d'un demi cercle,
& emmanchée au bout d'un long
bâton. On fouléve avec ce rable
la pâtée du fond de la Cuve pour
la mêler dans le bain, & l'on s'en
fert auffi pour *heurter la Cuve*,
c'eft-à-dire, pour pouffer brufquement, & avec force, la furface du bain jufqu'au fond de la
Cuve, & par-là y introduire de
l'air, & former des bulles, ou
une efpece d'écume, qui fert à
faire connoître l'état où eft la
Cuve, ainfi que je l'expliquerai
dans la fuite.

Il y a auffi le *Tranchoir*, qui eft
une efpéce de palette de bois,
laquelle fert à mefurer la quantité de chaux que l'on met dans
la Cuve; je le décrirai en parlant
de la maniere de pofer la Cuve,

& je donnerai en même temps l'explication des termes de l'Art, à mesure que je serai obligé de m'en servir.

La grandeur que je viens d'indiquer pour les Cuves, n'a rien de fixe : elle dépend du besoin ou de la volonté. On a fait poser ou asseoir plusieurs fois avec succès, une Cuve qui ne tenoit qu'un muid, & une autre dont la capacité n'étoit que de soixante pintes; mais dans ce cas, il faut l'entourer de fumier ou d'une massonnerie, ou empêcher par quelqu'autre moyen qu'elle ne se refroidisse trop promptement; car alors ces petites Cuves seroient manquées.

On prépare une autre sorte de Cuve pour le Bleu, qu'on nomme *Cuve d'Inde*, parceque c'est l'*Indigo* seul qui lui donne sa couleur. Les Teinturiers qui se ser-

vent de la Cuve de Paſtel, n'employent point ordinairement celle d'Indigo. Cependant comme
on ſe ſert pour la poſer d'un vaiſſeau particulier à cet uſage, il eſt
à propos de le décrire.

Cette Cuve a pour l'ordinaire
cinq pieds de haut & deux de
diametre dans ſa partie ſuperieu-
re; elle ſe retrécit par en bas,
& n'a plus vers le fond que huit
à dix pouces de large : on enterre
cette Cuve d'un pied ou un
pied & demi, pour la commodité du travail, & on bâtit autour un mur cilindrique qui s'é-
leve juſqu'au haut de la Cuve, &
ſur lequel ſes bords ſont ſoutenus.
On voit que ce mur étant verti-
cal, ou tout droit par dedans,
& par conſequent cilindrique, &
la Cuve qu'il entoure étant en
forme de cône, il doit demeurer
un eſpace vuide par en bas. Cet

espace sert à y mettre de la braise & du charbon, pour entretenir la Cuve dans un degré de chaleur convenable. On pratique pour cet effet dans le bas une petite porte ou ouverture pour y passer le charbon, qu'on a soin de pousser tout autour de la Cuve, afin qu'elle se chauffe le plus également qu'il est possible. Par cette maniere de poser la Cuve, le feu se trouve au-dessus de l'Indigo, lequel se précipite au fond, quand on l'a mis dans cette Cuve de cuivre, & par conséquent il ne sçauroit se brûler & perdre sa qualité, comme cela arriveroit, si le feu étoit immédiatement sous le fond de la Cuve. On prend la même précaution pour les Cuves de Pastel à la Hollandoise, dont il sera parlé dans la suite.

Il y a encore une attention à avoir pour que le feu ne soit pas

trop promptement étouffé, c'est
de placer un tuyau de fer ou de
grais, qui communique depuis
cette cavité où est placé le charbon jusqu'au-dessus de la Cuve.
Ce tuyau sera scellé pour plus de
commodité le long de la muraille, contre laquelle la Cuve est
appuyée pour l'ordinaire. On se
sert pour remuer le bain de cette
Cuve d'un *Rable*, mais plus petit
que celui qui sert à la Cuve de
Pastel : on peut aussi y mettre une
Champagne, mais cela n'est pas
trop d'usage, parcequ'on n'y teint
ordinairement que des échevaux
de laine ou de soye, qu'on ne lâ-
che point entiérement de crainte
de les broüiller, & qui par conséquent ne peuvent pas descendre
assés bas dans la Cuve pour toucher au marc ou à la pâtée du
fond, parcequ'ils n'ont pas assés
de longueur.

J'ai fait obſerver ci - devant qu'on peut aſſeoir une Cuve de Paſtel en petit. Il eſt encore plus aiſé d'en poſer une d'Indigo d'auſſi petit volume que l'on veut, & la forme du vaiſſeau eſt alors de très-peu d'importance. J'en ai préparé une de quatre pintes dans une Cucurbite de cryſtal, & une de chopine ſeulement dans une petite Cucurbite. Je donnerai le détail des précautions néceſſaires pour y réüſſir, lorſque je parlerai de la Cuve d'Indigo.

Outre ces Cuves, il eſt néceſſaire d'avoir pluſieurs Chaudieres de différentes capacités; ſuivant la quantité d'ouvrage qu'on veut faire à la fois. On peut les faire conſtruire en cuivre rouge ou en cuivre jaune, mais le cuivre rouge vaut mieux, parcequ'il eſt moins ſujet à tacher, lorſque la laine ou l'étoffe le touche, ou lorsqu'elle y séjourne quelque temps.

Il est bon aussi d'en avoir une d'étain fin pour l'écarlate, parceque la laine filée, ou les étoffes, ne s'y tachent jamais; au lieu qu'il est à craindre que cela n'arrive dans les Chaudieres de cuivre. Les Teinturiers qui se servent de ces derniers pour teindre en écarlate, ont la précaution de mettre au-dedans un filet de cordes ou un grand panier à claire voye, d'ozier écorcé, pour empêcher que l'étoffe n'approche du cuivre, & ne le touche, parceque le filet ou le panier étant d'un plus petit diametre que la Chaudiere, il y a par conséquent un espace considérable entre l'un & l'autre. Malgré toutes ces précautions, il y a bien des gens qui pensent que l'écarlate n'a pas autant d'éclat & de vivacité, quand elle est faite dans des Chaudieres de cuivre, que quand elle sort d'une Chaudiere d'étain. C'est de quoi je parlerai dans le Chapitre de l'écarlate.

Toutes ces Chaudieres seront scellées le plus qu'il est possible, à la même hauteur, & contigues les unes aux autres; ensorte que les plus profondes descendent plus bas que les autres, mais ne soient pas plus élevées. Elles seront revêtuës tout autour d'un mur fait de tuilau & de terre à four : l'extérieur seulement sera enduit de plâtre pour plus de propreté; & afin qu'il ne se dégrade pas si facilement, le dessus du contour de ce mur sera formé par des jantes de roué, liées les unes aux autres par des crampons de fer. Les bords rabatus de la Chaudiere seront cloüés sur ces jantes avec des cloux de cuivre, & non de fer, parceque ceux-ci feroient des taches aux étoffes. Ces jantes fervent auffi à empêcher que l'eau bouillante qui fort quelquefois de la Chaudiere, quand le feu de deffous eft trop vif, n'entraîne rien de mal propre avec elle en retombant dans la Chaudiere. On fcellera par la même raifon une planche de champ entre les Chaudieres, afin que le bain de l'une ne tombe pas dans celle d'à côté, lorfqu'on les fait travailler toutes deux à la fois : mais cette précaution fera inutile, quand on aura un lieu affés vafte pour établir les Chaudieres à une diftance un peu confidérable les unes des autres.

On chauffe ces Chaudieres par-deffous, & ordinairement pour plus de commodité, on enferme fous un même manteau de

cheminée les foyers de toutes les
Chaudieres, ainſi que les regiſtres qui ſont au-deſſus pour donner de l'activité au feu; ces regiſtres ſont des ouvertures plus
ou moins grandes, par où paſſent
la fumée & une partie de la flam-
me: la grandeur de ces regiſtres,
celle du foyer, la chauffe de la
Chaudiere, c'eſt-à-dire, la diſ-
tance de ſon fonds à l'âtre où
l'on fait le feu, ſont déterminées
par la grandeur des Chaudieres;
mais le manteau de la cheminée
doit toujours couvrir toutes ces
ouvertures, & venir juſqu'au bord
de la Chaudiere, afin que la fumée y entre toute entiere, & qu'il
n'y en ait point dans l'endroit où
l'on travaille. On ne peut guères
donner un plan fixe de ces Chaudieres & de leur établiſſement
dans un Atelier, puiſque cela dépend de la plus ou moins grande

quantité d'ouvrages qu'on doit y faire.

On perce dans le manteau de la cheminée, ou dans le mur au-deſſus de chacune de ces Chaudieres, des trous pour y placer des perches groſſes comme le bras ou environ, à la hauteur d'environ cinq pieds & demi. Elles ſervent à y mettre égouter les échevaux de laine ou de ſoye, ou les étoffes dont on n'a que de petites parties à teindre, afin que le bain retombe dans la Chaudiere. On paſſe pour cela des bâtons dans tous les échevaux, & on poſe ces bâtons ſur les perches.

Lorſque ce ſont des étoffes qu'on veut teindre, & qu'on en a des pieces entieres, & même pluſieurs à la fois, on ſe ſert d'un tour. C'eſt un axe de bois garni d'une manivelle, & ſur lequel ſont attachés quatre petites pie-

ces de bois un peu larges & épaif-
fes, en forme d'aîles de moulin
à eau, qui feroient fort courtes.
On fait mouvoir ce tour avec la
main, en pofant les deux extrê-
mités de fon axe fur deux fourchettes de fer, qui fe placent,
quand on veut, dans des trous
pratiqués à deffein fur les jantes
de bois qui foutiennent les bords
de la Chaudiere ; & pour s'en
fervir, on enveloppe fur ce tour
un bout de l'étoffe, & le faifant
tourner promptement, il fe charge fucceffivement de toutes les
parties de l'étoffe ; on le tourne
enfuite à contrefens, on y met
l'autre bout de l'étoffe le premier, & continuant toujours de
la forte, l'étoffe fe trouve teinte
auffi également qu'il eft poffible.
Si la piece d'étoffe eft affés longue, ou fi l'on en a plufieurs à
teindre de la même couleur, on

coud ensemble les deux bouts, enforte qu'elle forme un anneau; on paffe le tour au travers de cet anneau, on le pofe enfuite fur les fourchettes, & on le tourne comme on vient de le dire.

Si ce qu'on a à teindre eft de la laine en toifon qui doive être mife en couleur avant que d'être filée, on aura une efpéce d'échelle de bois fort large, de la longueur du diametre de la Chaudiere, & dont les échelons foient fort près les uns des autres. C'eft fur cette échelle ou civiere, placée fur la Chaudiere, que l'on met la laine pour l'égouter, pour l'éventer, ou pour la changer de bain. Il eft inutile de dire combien on doit avoir d'attention à ce que cette échelle, les bâtons dont on fe fert, le tour, &c. foient bien lavés & bien propres. Il en eft de même des Chaudie-

res & de tous les inſtrumens qui
ſervent à la Teinture. On conçoit aiſément que ſans cela on feroit des taches à tout moment,
ou que même l'éclat de la teinture ſeroit terni par le mêlange
des différentes matieres qui pourroient s'y rencontrer. On ne ſçau-
roit trop recommander la propreté dans toutes les opérations
de cet Art.

Je ne parlerai point des autres
vaiſſeaux ou inſtrumens qui ſervent à la Teinture, & qui ſont
connus de tout le monde, comme chaudrons, poëlons, ſeaux,
tonneaux, barils, étouffoirs pour
conſerver la braiſe du foyer des
Chaudieres, pelles, couvercles
de bois pour les Chaudieres, cu-
viers, planches à fouler, mor-
tiers, vaiſſeaux de verre & de
grais pour les diſſolutions métalliques, réchauds, fourgons pour

attifer le feu des Chaudieres, &
plufieurs autres pareils utenciles
dont le befoin, qu'on en a, montre affés la maniere de s'en fervir.

On doit avoir auffi un caffin
de cuivre pour enlever le bain
des Chaudieres, quand il a fourni
toute fa teinture. C'eft une efpéce de grande cuillere de cuivre,
emmanchée de bois, qui tient
environ huit à dix pintes. On fe
fert, pour achever de vuider les
Chaudieres, de febilles ou écuel-
les de bois; & pour les bien nettoyer, d'un balai de jonc avec du
fablon, & d'une éponge pour les
effuyer & deffécher. Dans les
grands Ateliers, on fonde au fond
des Chaudieres de grande capacité, un tuyau de cuivre portant
en dehors un robinet que l'on
ouvre quand on veut en vuider
les bains. Ce tuyau fe décharge

dans un canal pratiqué sous le pavé de l'Atelier, & ce canal a son issuë jusqu'à la riviere, près de laquelle l'Atelier de Teinture a été établi.

Voilà, à ce que je crois, toutes les instructions qui peuvent se donner sur les outils ou utenciles qui servent à la Teinture en général. S'il y en a quelqu'un dont je n'ai pas parlé, je le ferai lorsqu'il y aura occasion d'indiquer son usage.

CHAPITRE II.

De la distinction du Grand & du Petit Teint sur les Laines.

IL y a deux manieres de teindre les Laines de quelque couleur que ce soit. L'une s'appelle *teindre en grand & bon teint ;* l'au-

tre, *teindre en petit ou faux teint*.
La premiere confiste à employer
des drogues ou ingrédiens qui
rendent la couleur folide, enforte qu'elle réfifte à l'action de
l'air, & qu'elle ne foit que diffi-
cilement tachée par les liqueurs
acres ou corrofiyes; les couleurs
de petit teint au contraire fe
paffent en très-peu de temps à
l'air, & fur-tout fi on les expofe
au foleil, & la plûpart des liqueurs les tachent de façon qu'il
n'eft prefque jamais poffible de
leur rendre leur premier éclat.

On fera peut-être étonné qu'y
ayant un moyen de faire toutes
les couleurs en bon teint, l'on
permette de teindre en petit
teint; mais trois raifons font qu'il
eft difficile, pour ne pas dire impoffible, d'en abolir l'ufage. Premierement, le travail en eft beaucoup plus facile : la plûpart des
couleurs

couleurs & des nuances qui donnent le plus de peine dans le bon
teint, se font avec une facilité
infinie en petit teint. Secondement, la plus grande partie des
couleurs de petit teint sont plus
vives & plus brillantes que celles
de bon teint. En troisiéme lieu,
& cette raison est la plus forte de
toutes, le petit teint se fait à
beaucoup meilleur marché que
le bon teint. Quand il n'y auroit
que cette derniere raison, on
jugera aisément que les Ouvriers
font tout ce qu'ils peuvent pour
se servir de ce genre de Teinture
préférablement à l'autre. C'est
ce qui a déterminé le Gouver-
nement à faire des loix pour la
distinction du grand & du petit
Teint.

Ces loix prescrivent les sortes
de laines & d'étoffes qui doivent
être de bon teint, & celles qu'il

est permis de faire en petit teint. C'est la destination des laines filées & le prix des étoffes qui décident de la qualité de la teinture qu'elles doivent recevoir. Les laines pour les canevas & les tapisseries de haute & basse lisse, & les étoffes dont la valeur excéde quarante sols l'aulne, en blanc, doivent être de bon teint. Les étoffes d'un plus bas prix, ainsi que les laines grossieres destinées à la fabrique des tapisseries, appellées *Bergame* & *Point de Hongrie*, peuvent être en petit teint. Tel étoit l'esprit du Réglement de M. Colbert, & c'est sur le même principe qu'a été fait celui de M. Orry, Controlleur Général des Finances en 1733. On y a éclairci un grand nombre de difficultés qui nuisoient à l'exécution du premier, & on y est entré dans le détail qui a été jugé néceſſaire pour prévenir, ou au moins pour découvrir toutes les prévarications qui pourroient ſe commettre.

C'eſt pour ces mêmes raiſons que les Teinturiers du grand & bon teint font un Corps ſéparé de ceux du petit teint, & qu'il n'eſt pas permis aux uns d'employer, ni même de tenir chés eux les ingrédiens affectés aux autres. Il y a dans le Royaume une troiſiéme Communauté, qui eſt celle des Teinturiers en ſoye, laine & fil. Ceux-ci ont la permiſſion de faire le grand & le petit teint : mais cette Communauté forme trois branches, dont l'une eſt pour la ſoye, la ſeconde pour la laine filée, & la troiſiéme pour le fil. Le Teinturier qui a opté pour un de ces trois genres de travail, ne peut faire que ce qui eſt permis à ceux de ſa branche : ainſi, celui qui a opté pour le travail des ſoyes, ne peut teindre ni la laine filée ni le fil : il en eſt de même des autres. Le Teinturier de cette troiſiéme Communauté qui a choiſi le travail des laines filées, peut avoir chés lui les ingrédiens du grand & du petit teint ; mais il ne lui eſt pas permis de faire uſage de ceux affectés au petit teint, que ſur les laines groſſieres dont j'ai parlé.

Telles ſont les ſages précautions qu'on a priſes, & qu'il étoit néceſſaire de prendre, pour arrêter les abus qui s'étoient gliſſés dans un Art dont la perfection eſt extrêmement importante au bien & à l'avantage du commerce. On peut conſulter les Réglemens mêmes, ſi l'on veut avoir un détail plus exact de tout ce qui y eſt preſcrit pour le maintien de l'ordre & de la police de ces Communautés.

Comme on n'a pû s'assurer
exactement, ni par les informa-
tions prises de différens Teinturiers, ni par la lecture des anciens
Réglemens, de ce qui caractéri-
soit précisément les couleurs de
bon teint & celles de petit teint,
il a fallu, pour y parvenir, prendre
le moyen le plus long, le plus
difficile, mais en même temps le
plus assuré, ou pour mieux dire,
le seul sur lequel on pouvoit compter avec certitude. Feu M. Dufay, de l'Académie Royale des
Sciences, que le Ministere avoit
choisi pour travailler à la perfection de cet Art, a fait teindre
chés lui des laines de toutes les
couleurs, & avec tous les ingrédiens qui sont usités dans la Teinture, tant en grand qu'en petit
teint. Il a même fait venir des
différentes Provinces ceux qui ne
sont point en usage à Paris. En-

fin, il a rassemblé la plus grande partie des matieres qu'il a soupçonné pouvoir être employées à la Teinture, & il en a essayé un très-grand nombre, sans avoir égard aux préjugés des Teinturiers, sur les bonnes ou mauvaises qualités des unes ou des autres.

Il avoit commencé d'abord ses épreuves sur des laines filées; mais il a trouvé plus de facilité dans la suite à se servir de morceaux de drap blanc, parcequ'il étoit plus commode pour les expériences qu'il avoit dessein de faire.

Pour reconnoître ensuite celles de toutes ces couleurs qui étoient solides & celles qui ne l'étoient point, & distinguer par conséquent celles de bon teint, de celles de petit teint, il a exposé au soleil & à l'air pendant douze jours des échantillons de toutes ces couleurs, teintes chés lui, & dont il connoissoit la composition. Ce temps a paru suffisant pour les éprouver; car les bonnes couleurs ne sont point ou que très-peu endommagées, & les fausses sont effacées en grande partie; de sorte qu'après les douze jours d'exposition au soleil en esté, & à l'humidité de l'air pendant la nuit, il ne peut rester aucun doute sur la classe dans laquelle chaque couleur doit être rangée, lorsqu'elle a été éprouvée de la sorte.

Néanmoins il restoit encore une difficulté, c'est que n'ayant pas exposé toutes ces couleurs à l'air, précisément dans le même temps ni dans la même saison, les unes devoient avoir eu plus de soleil que les autres, & par conséquent avoir beaucoup plus perdu dans le même espace de

douze jours, que celles qui auroient été exposées pendant un
temps sombre ou pendant des
jours plus courts. Mais il a remé-
dié à cet inconvénient d'une maniere qui ne laisse plus aucune
difficulté ni aucun douce sur
l'exactitude de l'épreuve ; car il
a choisi une des plus mauvaises
couleurs, c'est-à-dire, une de
celles sur lesquelles le soleil avoit
fait l'effet le plus sensible pendant l'espace de douze jours.
Cette couleur lui a servi de piéce de comparaison dans tout le
cours de ses expériences, & chaque fois qu'il a exposé à l'air des
échantillons, il y a joint un morceau de cette même étoffe. Ce
n'étoit plus alors le nombre des
jours auquel il avoit égard, c'é-
toit à la couleur que prenoit son
échantillon de comparaison, & il
le laissoit exposé jusqu'à ce qu'il

eut autant perdu que celui qui
avoit été expofé pendant douze
jours d'efté. Comme il marquoit
toujours le jour auquel il expo-
foit fes échantillons, il a eu oc-
cafion d'obferver que dans l'hyver il fuffifoit de les laiffer au
grand air quatre ou cinq jours de
plus, pour perdre autant qu'ils
auroient fait en efté. En fuivant
cette méthode, il ne lui eft refté
aucun fcrupule fur la certitude
de fes expériences.

Cette épreuve, par l'expofi-
tion à l'air & aux raïons du foleil, avoit encore un autre objet;
c'étoit de trouver les débouïllis
convenables à chaque couleur.
On appelle *Débouïlli* ou *Débout*,
l'épreuve qui fe fait pour connoître fi une étoffe eft de bon
teint ou non. On en fait boüillir
un échantillon dans de l'alun, du
tartre, du favon, du vinaigre, du

B v

citron, &c. & par l'effet que font ces drogues fur la couleur, on juge quelle étoit fa qualité. Les Débouïllis pratiqués jufqu'en 1733 étoient fi infuffifans, qu'ils n'ont pû fervir à M. Dufay d'indication pour en trouver de plus fûrs. Il y avoit même de bonnes couleurs qu'ils emportoient, fans endommager que très-peu les mauvaifes ; enforte qu'il a été obligé d'en fixer plufieurs, dont chacun fert à un très-grand nombre de couleurs; c'eft ce qu'on verra à la fin de ce Traité : mais voici en peu de mots la régle qu'il a fuivie pour les trouver.

Après avoir vû l'effet de l'air fur chaque couleur bonne ou mauvaife, il éprouvoit fur la même étoffe différentes efpéces de débouïllis, & il s'arrêtoit à celui qui faifoit fur cette couleur le même effet que l'air avoit pro-

duit : marquant enſuite le poids
des drogues, la quantité de l'eau,
la durée de l'épreuve, il étoit ſûr
de produire ſur cette couleur un
effet pareil à celui que l'air devoit y faire ; ſuppoſé qu'elle eut
été teinte de la même maniere
que l'avoit été la ſienne, c'eſt-à-
dire, ſelon la méthode des Teinturiers du grand ou du petit teint.
Parcourant de la ſorte toutes les
couleurs & tous les ingrédiens
qui entrent dans la Teinture, il
trouvoit un moyen, qu'on peut
regarder comme ſûr, de connoître la bonne ou mauvaiſe qualité
de chaque couleur, en faiſant par
le débouïlli une eſpéce d'analyſe
de ce qui étoit entré dans ſa compoſition. On ne peut ſe diſpenſer,
ſans injuſtice, d'avoüer que les
moyens qui ont conduit M. Dufay à la découverte de ces déboüillis, ou épreuves des couleurs,

Obſerva-
tions ſur
les Dé-
boüillis.

ne soient très - ingénieusement imaginés, parceque l'épreuve, par l'air & le soleil, ne peut être mise en usage dans les cas où il faut juger sur le champ si une étoffe, exposée en vente dans une Foire ou ailleurs, est de bon teint, au cas que son prix l'exige.

Les débouillis de la nouvelle instruction publiée sur les Mémoires de M. Dufay, lui font perdre en peu de minutes, lorsqu'elle est de faux teint, tout ce qu'elle perdroit étant exposée pendant douze ou quinze jours à l'air. Mais comme des régles générales, pour de semblables épreuves, doivent être sujettes à bien des exceptions, ou qu'on n'a pû prévoir, ou qui ayant été prévûës, n'ont pû être détaillées, sans courir le risque de faire naître de la confusion, ou des sujets de contestations sans nombre; il s'ensuit que

ces régles, données peut - être
comme trop générales, font auffi
trop rigoureufes dans plufieurs
cas, où des couleurs claires demandent des fels ou des dofes de
fels moins actives que des couleurs bien chargées, qui peuvent
perdre une quantité confidérable de leurs ingrédiens colorans
dans la liqueur agiffante d'un déboüilli quelconque, fans qu'on y
apperçoive de changemens fort
fenfibles. Il auroit donc fallu prefcrire un déboüilli prefque pour
chaque nuance ; ce qui étoit impoffible, vû leurs varietés infinies.
Ainfi l'air & le foleil feront toujours la véritable épreuve ; & toute couleur qui n'y recevra point
d'altération pendant un certain
temps, ou qui y acquierera ce que
les Teinturiers appellent du *fond*,
doit être réputée de bon teint,
quand même elle changeroit

beaucoup aux débouillis prescrits par la nouvelle instruction. L'écarlate en est un exemple : comme le savon emporte presque entiérement cette couleur, on l'a soumise à l'épreuve de l'alun ; & quand elle est faite avec la cochenille seule , sans autre mêlange d'ingrédient colorant , elle doit prendre , dans une dissolution d'alun bouillante , une couleur pourpre : cependant , si l'on expose de l'écarlate au soleil , elle y perd une partie de son vif , & elle devient plus foncée ; mais cette nuance foncée n'est pas celle que l'alun lui donne. Ainsi les débouillis , dans certains cas , ne peuvent pas être substitués à l'action de l'air & du soleil , au moins quant à la parité de l'effet.

J'ai fait avec le bois de Fernambouc , qui comme presque tous les autres bois chargés de

couleur, est de faux teint, un rouge beaucoup plus beau que les
rouges de garence, & aussi vif que
les rouges faits avec la graine de
Kermès; ce rouge, au moyen de
sa préparation particuliere, dont
il sera parlé en son lieu, a demeuré exposé à l'air pendant les deux
derniers mois de 1740, qui, comme on sçait, ont été fort pluvieux,
& pendant les deux premiers de
1741 : malgré la pluie & le mauvais temps, il a résisté; & bien
loin de perdre, il a acquis du
fond. Cependant ce même rou-
ge si solide à l'air ne résiste pas à
l'épreuve du tartre. Seroit-il juste
de le proscrire, parceque ce sel
le détruit, & les étoffes, que nous
employons à nos habillemens,
sont-elles destinées à être boüillies avec le tartre, avec l'alun,
avec le savon? Je ne prétends
pas cependant désapprouver les

épreuves par les débouillis, elles
font utiles, parcequ'elles font
promptes ; mais il y a des cas où
elles ne doivent pas fervir de régles pour prononcer une confif-
cation, fur-tout quand elles ne
feront pas connoître qu'une couleur qui a dû être faite avec des
drogues de bon teint, l'a été avec
les ingrédiens du petit teint.
Après avoir donné les notions
préliminaires fur la diftinction du
grand & du petit teint, il convient de donner la pratique des
couleurs de l'une & de l'autre
claffe.

CHAPITRE III.

Des Couleurs du grand & bon Teint.

ON appelle, comme je l'ai
déja dit, toutes les couleurs
folides, *couleurs de grand & bon*

teint ; & les autres, *couleurs de petit teint*, ou *de faux teint*. Quelquefois on nomme les premieres, *couleurs fines*, & les autres, *couleurs fausses* : mais cette expression peut être sujette à équivoque ; car on confond quelquefois les couleurs fines avec les couleurs hautes, qui sont celles où entre la cochenille, & dont le prix est plus considérable que celui des autres. Ainsi pour éviter toute obscurité, j'appellerai les premieres, *bonnes couleurs*, ou *couleurs du grand & bon teint* ; & les autres, *couleurs fausses*, ou *couleurs du petit teint*.

Les expériences, qui font un très-bon guide dans la Physique, ainsi que dans les Arts, m'ont démontré que la différence des couleurs, selon la distinction précédente, dépend en partie de la préparation du sujet qu'on veut

Théorie du bon Teint.

teindre, & en partie du choix des matieres colorantes qu'on employe ensuite pour lui donner telle ou telle couleur. Ainsi je crois qu'on peut dire comme un principe général de l'Art dont je traite, que toute la mécanique invisible de la Teinture consiste à dilater les pores du corps à teindre, à y déposer des particules d'une matiere étrangere, & à les y retenir par une espece d'enduit, que ni l'eau de la pluie ni les raïons du soleil ne puissent altérer; à choisir les particules colorantes d'une telle ténuité, qu'elles puissent être retenuës, suffisamment enchassées dans les pores du sujet, ouverts par la chaleur de l'eau boüillante, puis resserrés par le froid, & de plus, enduits de l'espece de mastic que laissent dans ces mêmes pores les sels choisis pour les préparer. D'où il suit que les pores des fibres de la laine dont on a fabriqué, ou dont on doit fabriquer des étoffes, doivent être nettoyés, aggrandis, enduits, puis resserrés, pour que l'atôme colorant y soit retenu à peu près comme un diamant dans le chaton d'une bague.

Les expériences m'ont fait connoître aussi, qu'il n'y a point d'ingrédient colorant de la classe du bon teint, qui n'ait une faculté astringente & précipitante, plus ou moins grande; que cela suffit pour séparer la terre de l'alun, l'un des sels qu'on employe dans la préparation de la laine avant que de la teindre; que cette terre unie aux atômes colorans forme une espéce de lacque semblable à celle des Peintres, mais infiniment plus fine; que dans les couleurs vives, telles que l'écarlate, où l'on ne peut employer

l'alun, il faut substituer à sa terre, qui est toujours blanche,
quand l'alun est bien choisi, un
autre corps qui fournisse à ces
atômes colorans une base aussi
blanche ; que l'étain pur donne
cette base dans la teinture en
écarlate ; que lorsque tous ces
petits atômes de lacque terreuse
colorée se sont introduits dans
les pores dilatés du sujet, l'enduit
que le tartre (autre sel servant à
sa préparation) y a laissé, sert à
y mastiquer ces atômes, & qu'enfin le resserrement des pores, oc-
casionné par le froid, sert à les
y retenir.

Peut-être que les couleurs de
faux teint n'ont ce défaut que parcequ'on ne prépare pas suffisamment le sujet ; ensorte que les particules colorantes n'étant que dé-
posées sur sa surface lisse, ou dans
des pores dont la capacité n'est

pas suffisante pour les recevoir, il est impossible que le moindre choc ne les en détache. Si l'on trouvoit le moyen de donner aux parties colorantes des bois de teinture l'astriction qui leur manque, & qu'en même temps on préparât la laine à les recevoir, comme on la prépare par exemple à recevoir le rouge de la garence, je suis déja assuré par une trentaine d'expériences, qu'on parviendroit à rendre ces bois aussi utiles aux Teinturiers du bon teint, qu'ils l'ont été jusqu'à présent aux Teinturiers du petit teint.

Les régles précédentes auront leur application dans d'autres Chapitres de ce Traité, où je ne manquerai pas de faire observer ce qui m'a déterminé à les employer comme principes généraux.

Les couleurs connuës par les Teinturiers fous le nom de *couleurs primitives*, font au nombre de cinq ; fçavoir, le *bleu*, le *rouge*, le *jaune*, le *fauve* ou *couleur de racine*, & le *noir*. Je ne donnerai point ici un détail ennuieux & prefque inutile de tous les ingrédiens qui doivent être employés dans ces couleurs pour le bon teint, non plus que de ceux qui ne font permis que dans le petit teint, ou de ceux qui font défendus dans l'un & dans l'autre, à caufe de leur mauvaife qualité de ronger, de durcir & de dégrader les laines. Ces ingrédiens ne font point encore connus du Lecteur, & il fera plus à propos de n'en parler qu'à mefure que je traiterai des couleurs en particulier, dans la compofition defquelles ils peuvent entrer. Ceux qui voudroient voir le ca-

talogue de tous ces ingrédiens
réünis sous le même coup d'œil,
& rangés chacun dans leur classe
par rapport à leur bonne ou mauvaise qualité, n'auront qu'à con-
sulter le réglement, où ils les trouveront dans l'ordre qu'ils défi-
rent.

Je vais examiner de suite les
cinq couleurs primitives dont je
viens de parler, & je donnerai
les différens moyens de les préparer d'une maniere solide & durable, c'est-à-dire, conformément
à ce qui est prescrit par les réglemens aux Teinturiers du grand
& bon teint.

✳✳✳✳✳✳✳✳ ✳✳✳✳✳✳✳✳

CHAPITRE IV.

Du Bleu.

LE bleu se donne aux laines ou étoffes de laine de toute espéce, sans qu'il soit besoin de leur faire d'autre préparation, que de les bien moüiller dans l'eau commune tiéde, & de les exprimer ensuite ou les laisser égoûter. Cette précaution est nécessaire, afin que la couleur s'introduise plus facilement dans le corps de la laine, & qu'elle se trouve par-tout également foncée : & il est nécessaire de le faire pour toutes les couleurs, de quelque espéce qu'elles soient, tant sur les laines filées que sur les étoffes de laine.

A l'égard des laines en toison qui servent à la fabrique des draps,

draps, tant de mêlange que d'autre forte, & que pour cette raifon on eft obligé de teindre avant qu'elles foient filées, il y a une autre préparation à leur faire, qui eft de les dégraiffer, c'eft-à-dire, les dépoüiller de la graiffe naturelle qu'elles avoient fur le corps de l'animal, & qu'on ne leur ôte que lorfqu'on fe difpofe à les mettre à la teinture (*). Comme cette opération eft du reffort du Teinturier, & qu'elle eft indifpenfable pour les laines, qui fe teignent avant que d'être filées, en quelque couleur que ce foit, je vais donner la maniere de la faire. Elle n'eft pas abfolument la même par-tout, & il fe peut trouver quelque différence dans la pratique : mais voici la

____

(*) La graiffe naturelle adhérente à la laine, fait qu'elle fe conferve en magafin fans être attaquée des Tignes qui la rongeroient fi elle étoit dégraiffée.

C

maniere dont on s'y prend dans la Manufacture d'Andely en Normandie, dont les draps sont d'une très-belle fabrique.

Dégrais de la laine.

On se sert d'une Chaudiere qui tient environ une vingtaine de seaux : on y met douze seaux d'eau & quatre seaux d'urine, qui est ordinairement fermentée : on chauffe la Chaudiere, & lorsque le bain est chaud à pouvoir seulement y souffrir la main, on y jette environ dix à douze livres de laine en *suain*, c'est-à-dire, de laine qui a encore sa graisse naturelle. On la laisse environ un quart d'heure dans la Chaudiere, en la remuant de temps en temps avec des bâtons : on la léve ensuite, & on la met égoûter un moment sur une civiere. (C'est cette espéce d'échelle large, dont j'ai parlé dans la description des instrumens servant à la Teinture.)

On la porte de-là dans une grande corbeille quarrée, placée dans
une eau courante ; & deux hommes l'y remuent long-temps avec
de grands bâtons, se la ramenant
à plusieurs reprises de l'un à l'autre, jusqu'à ce que la graisse ou
le suain en soit entiérement sorti.
Cette graisse trouble l'eau & la
rend laiteuse, tant qu'il en reste
dans la laine. Lorsque cette eau
cesse de se troubler, c'est signe
que la laine est assés dégraissée ;
on la retire alors, & on la met
égoûter dans un panier. Tandis
que la premiere mise de dix à
douze livres de laine est dans la
corbeille, on en met une seconde
quantité semblable dans la Chaudiere, & l'on continue toujours
de la sorte tant qu'on a de la laine
à dégraisser. Si le bain de la Chaudiere diminue trop, on y en remet de nouveau, composé de

même d'une partie d'urine & de trois parties d'eau. On dégraisse ordinairement une balle de laine tout de suite. Si elle pesoit deux cens cinquante, étant en suain, elle diminue pour l'ordinaire de soixante livres, & elle ne pese plus que cent quatre-vingt-dix livres étant dégraissée & séchée. On conçoit aisément que cette diminution peut beaucoup varier, suivant le plus ou le moins de suain qui étoit contenu dans la laine, & suivant qu'on la dégraisse avec plus ou moins d'exactitude. Mais on ne sçauroit trop recommander de la bien dégraisser, parcequ'elle en est mieux disposée à prendre la teinture.

Le suain, qui est une transpiration grasse & légérement urineuse du mouton, retenuë dans sa toison, trop épaisse pour la laisser échapper, est indissoluble à l'eau; par conséquent l'eau seule ne pourroit l'en détacher. On ajoûte dans la Chaudiere une quatriéme partie d'urine, mais il faut qu'elle ait été gardée quelques jours, afin que ces sels volatils soient développés par la fermentation, c'est-à-dire, qu'il est nécessaire que cette urine commence à avoir une odeur forte. Ce sel volatil étant un alcali, forme avec le suain une sorte de savon, parceque c'est toujours ce qui résulte de l'union d'une matiere huileuse avec un alcali quelconque. Dès l'instant qu'un savon est formé par la combinaison de ces deux principes, il est dissoluble à l'eau, & par conséquent il est aisément emporté par elle. La preuve que dans cette opération il s'est fait un vrai savon, c'est que l'eau qui l'emporte blanchit, tant qu'elle en détache de la laine. S'il y a eu assés d'urine fermentée dans la Chaudiere pour la quantité de suain qui étoit adhérent à la laine, elle sera bien dégraissée : s'il n'y en a pas eu assés, tout le suain n'aura pas pû être converti en savon, & la laine demeurera grasse. On pourroit faire la même opération avec des alcalis fixes, comme avec une lessive de potasse ou de cendres gravelées; mais outre que cette lessive couteroit beaucoup plus que l'urine, il seroit à craindre que si l'on n'en trouvoit pas la juste proportion, la laine n'en fut altérée. Car j'ai reconnu par différentes épreuves que ces sortes de sels caustiques détruisent fort aisément toutes les matieres animales, laine, poil de chévre, soye, &c.

Je prie le Lecteur de se souvenir que quoique dans la suite

je ne fasse plus mention de cette
opération du dégrais , elle est
néanmoins nécessaire pour toutes
les laines que l'on met à la teinture avant que d'être filées ; de
même qu'il faut toujours moüiller
celles qui sont filées , & les étoffes
de toute espéce , afin qu'elles
prennent la couleur plus également.

Des cinq couleurs matrices ou
primitives dont j'ai parlé , il y en
a deux qui ont besoin d'une préparation que l'on donne avec des
ingrédiens qui ne fournissent aucune couleur , mais qui par leur
acidité & par la finesse de leur
terre disposent les pores de la
laine à recevoir la couleur. Cette
préparation s'appelle le *Boüillon.*
Il varie suivant la nature & la
nuance des couleurs. Celles qui
en ont besoin sont le rouge, le
jaune, & les couleurs qui en dé-
C iiij

rivent. Le noir exige une prépa-ration qui lui est particuliere. Le bleu & le fauve, ou couleur de racine n'en demandent aucune : il suffit que la laine soit bien dé-graissée & moüillée ; & même pour le bleu, il n'y a pas d'autre façon à y faire que de la plonger dans la cuve, l'y bien remuer & l'y laisser plus ou moins long-temps, suivant que l'on veut la couleur plus ou moins foncée. Cette raison, jointe à ce qu'il y a beaucoup de couleurs, pour lesquelles il est nécessaire d'avoir précédemment donné à la laine une nuance de bleu, m'a déter-miné à commencer par donner fur cette couleur les régles les plus précises qu'il me fera possi-ble. Car s'il y a beaucoup de fa-cilité à teindre la laine en bleu, lorsque la Cuve de bleu est une fois préparée ; il n'en est pas de même de la préparation de cette Cuve, qui est réellement l'opération la plus difficile de tout l'Art de la Teinture. Il ne s'agit dans toutes les autres que d'exécuter d'après des procédés simples transmis des Maîtres à leurs Apprentifs.

Il y a trois ingrédiens qui servent à teindre en bleu ; sçavoir, le *pastel*, le *vouëde* & l'*indigo*. Je donnerai les préparations de chacune de ces matieres, & je commence par la Cuve de pastel.

CHAPITRE V.

De la Cuve de Pastel.

LE Pastel est une plante qui se cultive en Languedoc & dans quelques autres endroits du Royaume. On l'apporte en balles, qui pesent ordinairement

depuis cent cinquante jusqu'à
deux cens livres ; il ressemble à
de petites mottes de terre desséchées & enlassées de quelques fibres de plantes : aussi n'est-ce
que la plante nommée en Latin
Isatis ou *Glastum*, qu'on fait pou-
rir après qu'on l'a cüeillie à un
certain degré de maturité, &
qu'on réduit ensuite en pelotes
pour la faire sécher. Il y a diverses précautions à observer pour
cette préparation, sur laquelle
on trouvera plusieurs articles dans
le Réglement de M. Colbert sur
les Teintures. Le meilleur Pastel
préparé vient du Diocèse d'Alby.

Pour le mettre en état de donner sa teinture bleuë, on se sert
de ces grandes Cuves de bois,
dont j'ai parlé au commencement
de cet Ouvrage ; & plus ces Cuves sont grandes, mieux l'opération réussit. Ordinairement on

prend trois ou quatre balles de Pastel, & ayant bien nettoyé la Cuve, on en fait l'assiette comme il suit.

On charge une Chaudiere de cuivre la plus proche de la Cuve, d'eau la plus croupie qu'on puisse avoir : ou si l'eau n'est pas corrompuë & croupie, on met dans la Chaudiere une poignée de *jepestrole* ou de foin, c'est-à-dire, environ trois livres, avec huit livres de garence bise ou croutes de cette racine. Si l'on peut avoir le bain vieux d'un garençage, il épargnera la garence, & même il fera un meilleur effet. La Chaudiere étant remplie, & ayant allumé le feu dessous dès trois heures du matin, on la fera boüillir cinq bons quarts d'heure, (quelques Teinturiers la font boüillir jusqu'à deux heures & demie ou trois heures) puis on la verse au

Assiette de la Cu-ve.

C vj

moyen d'un canal dans la grande Cuve de bois bien nettoyée, & au fond de laquelle on a mis plein un chapeau de son de froment. En survuidant le bain boüillant de la Chaudiere dans la Cuve, & pendant qu'il coulera par le bout de la goutiere ou canal, on mettra dans cette Cuve les balles de Pastel l'une après l'autre, afin de pouvoir mieux les rompre, pallier & remuer avec les rables: on continuera d'agiter jusqu'à ce que tout le bain chaud soit survuidé dans la Cuve, & lorsqu'elle sera remplie un peu plus qu'à moitié, on la couvrira avec des morceaux de couvertures, coupés un peu plus grands que sa circonférence : on mettra encore pardessus une piéce de drap, afin qu'elle soit étouffée le plus exactement qu'il est possible, & on la laissera reposer quatre bonnes heures.

Quatre heures après l'assiette,
on lui donnera *l'évent*, c'est-à-
dire, qu'on la découvrira pour
la pallier bien & y introduire de
nouvel air. On y fera tomber pour
chaque balle de Pastel un bon
trenchoir de cendres, nom dégui-
sé que les Ouvriers donnent à la
chaux vive qu'ils ont fait éteindre, quelques-uns dans l'eau,
d'autres à l'air. A l'égard du *tren-*
choir, c'est une espéce de palette
de bois qui sert à mesurer grossierement la quantité de chaux
que l'on met dans la Cuve. Elle
a cinq pouces de large & trois
pouces & demi de long : elle peut
contenir à peu près une bonne
poignée de chaux. Quelques
Teinturiers la nomment aussi
tailloir. Quand après l'éparpille-
ment de cette chaux, la Cuve
aura été bien palliée, on la recouvrira de même qu'auparavant

vant, hormis un petit espace de quatre doigts qu'on laissera découvert pour lui donner un peu d'évent.

Quatre heures après on la *retranchera*, c'est-à-dire, qu'on la palliera sans lui donner de chaux, puis on la recouvrira & la laissera reposer deux ou trois heures, y laissant comme dessus une petite communication avec l'air extérieur.

Au bout de ces trois heures, on pourra la *retrancher* encore, la palliant bien, & si elle n'est pas encore prête & *venuë à doux*, selon le langage du Teinturier, c'est-à-dire, si elle ne jette point de bleu à sa surface, & qu'elle *frille* encore, ce qui se remarque en *heurtant* ou frappant de plat avec la planche du rable dans la Cuve, il faut après l'avoir bien palliée la laisser reposer encore une heure & demie, prenant bien garde si elle ne s'apprête point, & si elle ne *vient point à doux*, c'est-à-dire, si elle ne jette point du bleu.

Alors on lui *donnera l'eau*, c'est-à-dire, qu'on achevera de la remplir, y mettant l'indigo dans la quantité qu'on jugera à propos; car le Teinturier a préfentement la liberté d'en employer autant qu'il veut. Ordinairement on en employe de délaié, comme il fera dit, plein un chaudron ordinaire d'Attelier pour chaque balle de Paftel; ayant rempli la cuve à six doigts près du bord, on la palliera bien, & on la couvrira comme auparavant.

Une heure après lui avoir *donné l'eau*, on lui donnera le *pied*, fçavoir, deux trenchoirs de chaux pour chaque balle de

Paftel, & plus ou moins, felon la qualité du Paftel, & felon qu'on jugera qu'il *ufe* de chaux. Je prie le Lecteur de me paffer ces expreffions : j'écris ce Traité pour le Teinturier; ainfi il faut que je parle la langue qu'il entend : le Phyficien n'aura pas de peine à fubftituer les termes propres que peut-être l'Ouvrier n'entendroit pas. Il y a des Paftels qui s'apprêtent beaucoup plutôt les uns que les autres, & l'on ne peut donner fur cela des régles exactes, qui foient en même temps générales. Il faut remarquer auffi que l'on ne répand la *chaux* qu'après que la Cuve eft bien palliée.

Ayant recouvert la Cuve, on y mettra au bout de trois heures un échantillon qu'on y laiffera entiérement fubmergé pendant une heure. Au bout de ce temps vous le retirerez pour voir fi la

Cuve est en état. Si elle y est, cet échantillon doit sortir verd, & prendre la couleur bleuë, étant exposé une minute à l'air. Si votre Cuve verdit bien l'échantillon, vous la pallierez & lui donnerez un ou deux trenchoirs de chaux, puis vous la recouvrirez.

Trois heures après vous la pallierez & y répandrez de la chaux, ce dont elle aura besoin; puis vous la recouvrirez, & au bout d'une heure & demie, la Cuve étant rassise, vous y mettrez un échantillon que vous ne leverez qu'au bout d'une heure, pour voir l'effet du Pastel; & si l'échantillon est d'un beau verd, & qu'il prenne un bleu foncé à l'air, vous y en remettrez encore un autre pour vous assurer de l'effet de la Cuve. Si vous trouvez cet échantillon assés monté en couleur, vous acheverez de

remplir votre Cuve d'eau chaude, & s'il se peut, d'un vieux bain
de garençage, & vous pallierez.
Si vous jugez que la Cuve a encore besoin de chaux, vous lui
en donnerez une quantité suffisante selon qu'à l'odeur & au *maniement* vous jugerez qu'elle en
aura besoin. Cela fait, vous la
recouvrirez; & une heure après,
si elle est en bon état, vous mettrez vos étoffes dedans & vous en
ferez l'ouverture. C'est ainsi que
les Teinturiers nomment la premiere mise de la laine ou de l'é-
toffe dans une Cuve neuve.

*Indices qui servent à bien gouverner
une bonne Cuve.*

ON connoît qu'une Cuve
est bien en œuvre, c'est-
à-dire, qu'elle est en état de teindre en bleu, quand la pâtée ou le
marc qui se tient au fond est d'un

verd brun ; quand il change étant tiré hors de la Cuve ; quand la fleurée, c'est-à-dire, l'écume en grosses bules qui surnage, est d'un beau bleu *Turquin* ou *Pers*, & quand l'échantillon, qui y a été tenu plongé pendant une heure, est d'un beau verd d'herbe foncé.

Lorsqu'elle est bien en œuvre, elle a aussi le *brevet ouvert*, clair & rougeâtre, & les gouttes & rebords qui se font sous le rable en levant le brevet, sont bruns. *Ouvrir le brevet*, c'est lorsqu'on lève la liqueur avec la main ou avec le rable pour voir quelle couleur a le bain de la Cuve sous sa première surface.

La pâtée ou le marc doit changer de couleur, ainsi que je viens de le dire, en sortant du brevet ou du bain, & brunir à l'air extérieur auquel on l'expose.

Quand on manie le brevet ou

bain, il ne doit paroître ni rude entre les doigts ni trop gras; & il ne doit avoir ni odeur de chaux ni odeur de lessive. Voilà à peu près toutes les marques d'une Cuve qui est en bon état.

Indices d'une Cuve qui a souffert par le trop ou le trop peu de chaux, qui sont les deux extrêmes qu'on doit le plus éviter.

QUAND une Cuve est trop garnie, c'est-à-dire, quand on y a mis de la chaux plus que le Pastel n'a pû en user, on le reconnoît facilement en y mettant un échantillon, qui au lieu de devenir d'un beau verd d'herbe, n'est que sali d'un bleu grisâtre & mal uni. La pâtée ne change point, & la Cuve ne fait presque point de fleurée; le brevet ou le bain n'a aussi qu'une odeur piquante de chaux ou de leſſive de chaux.

Il s'agit de remédier à cet inconvénient, en dégarniſſant la Cuve, ce que les Teinturiers font de pluſieurs manieres. Les uns ſe ſervent de tartre, les autres de ſon, dont ils mettent dans la Cuve un boiſſeau, plus ou moins, ſelon qu'elle eſt garnie : d'autres y mettent un ſeau d'urine. En quelques lieux, on ſe ſert d'un grand réchaud de fer aſſés long pour pouvoir atteindre depuis la pâtée juſqu'au haut de la Cuve. Ce réchaud ou fourneau a une grille à un pied près de ſon fond, & un tuyau de fer prenant du deſſous de cette grille & montant juſqu'au haut du réchaud, pour pouvoir fournir de l'air qui anime le feu du charbon qu'ils mettent ſur la grille. Ils enfoncent ce fourneau dans la Cuve juſque ſur la pâtée, ſans

pourtant le faire entrer dedans,
& ils l'arrêtent avec des barres de
fer, de crainte qu'il ne s'éléve.
La chaleur communiquée par ce
fourneau fait monter toute la
chaux du fond de la Cuve à la
superficie du bain ; ce qui donne
la facilité d'en ôter avec un tamis ce qu'on juge à propos. Mais
quand on l'a ôtée, il faut être at-
tentif à en rendre à cette Cuve
la quantité dont elle a besoin.

Quelques-uns dégarnissent aussi
la Cuve de Pastel avec gravelle
ou tartre, & vieille urine boüillies ensemble. Mais le meilleur
reméde, quand elle est trop garnie, c'est d'y mettre du son & de
la garence à discrétion ; & si elle
n'est qu'un peu trop garnie, il suffit de la laisser reposer quatre,
cinq ou six heures, ou plus, y
mettant seulement deux pleins
chapeaux de son, & trois ou qua-

tre livres de garence, qu'on dif-
tribue légérement fur la Cuve;
après quoi on la couvre. Au bout
de quatre ou cinq heures, on
heurte dedans avec un rable, &
felon la couleur que prennent
les bules d'air élevées à l'occa-
fion de ce mouvement imprimé
à tout le bain, on met un échantillon dedans pour en voir l'effet.

Si elle eft rebutée, & qu'elle
ne jette du bleu que quand elle
eft froide, il faut la laiffer revenir fans la tourmenter, & quelquefois laiffer paffer des journées
entieres fans la pallier : quand
elle commencera à faire un
échantillon paffable, il faudra en
remettre le bain au feu pour le
réchauffer. Alors ordinairement
la chaux, qni fembloit n'avoir
plus la force d'exciter de fermentation, fe réveille & empé-
che la Cuve de donner fi-tôt du

teint. Si on veut l'avancer, on répand deſſus du ſon & de la garence, comme auſſi plein un ou deux paniers de Paſtel neuf; ce qui aide le bain réchauffé à uſer ſa chaux.

Il faut avoir ſoin auſſi d'y mettre des échantillons d'heure en heure, afin de juger par la couleur verte qu'ils y prennent, comment la chaux ſera rongée. Par ces épreuves, on ſe met en état de la conduire avec plus d'exactitude; car quand une fois une Cuve a ſouffert par le trop ou trop peu de chaux, elle eſt bien plus difficile à gouverner. Si pendant le temps que vous travaillez à la faire revenir, le brevet ou le bain ſe morfond un peu trop, il faudra l'entretenir en chaleur, en ſurvuidant du clair, & remplaçant ce bain clair par de l'eau chaude; car quand

le

le bain ou brevet eſt froid, le Paſtel n'uſe point du tout de chaux ou fort peu : quand il eſt trop chaud, cela retarde auſſi l'action du Paſtel & l'empêche d'uſer la chaux qu'on y a miſe. Ainſi il vaut mieux attendre un peu que de preſſer les Cuves à ſe remettre, lorſqu'elles ont ſouffert.

On connoît qu'une Cuve n'a pas été aſſés garnie de chaux, & qu'elle a ſouffert, lorſque le bain ou brevet ne fait point de fleurée, c'eſt-à-dire, de groſſes bulles d'air d'un beau bleu; mais qu'il ne donne qu'une écume compoſée de petites bulles ternes; & lorſqu'en heurtant deſſus avec le table, il ne fait que *friller* : (c'eſt le bruit que font une infinité de petites bulles d'air qui ſe crévent à meſure qu'elles ſe forment). Le bain a auſſi une odeur d'égoût ou d'œufs couvés. Il est rude & sec au toucher. La pâtée tirée hors du bain ne change point ; ce qui arrive presque toujours quand une Cuve a souffert disette de chaux. L'on doit craindre cet accident principalement lorsqu'on fait l'ouverture & que l'on met en Cuve ; car si on n'a pas bien observé l'état de la Cuve, tant à l'odeur qu'en heurtant dedans avec le rable après avoir mis la champagne, & qu'on mette imprudemment les étoffes dans la Cuve, lorsque le Pastel aura usé toute sa chaux, il est à craindre que la Cuve ne se perde, parceque les étoffes y étant mises, le peu qu'il y reste de chaux en état d'agir encore s'y attache ; le brevet reste dégarni, & alors la Cuve ne faisant que barboüiller, il faut retirer ces étoffes & remédier promptement à la Cuve pour fauver le refte du teint, en y mettant trois ou quatre trenchoirs de chaux, plus ou moins, felon que la Cuve aura fouffert, & ce fans avoir encore pallié au fond. Il faut obferver fi en palliant & heurtant, le *frillement* ceffe, & fi la mauvaife odeur change : alors on peut efpérer qu'il n'y aura eu que le brevet ou bain qui aura fouffert, & que la pâtée n'eft pas encore en difette. Lorfque vous aurez appaifé le bruit ou *frillement*, au moins en partie, & que le brevet fentira la chaux & aura le maniement doux, vous couvrirez la Cuve, & la laifferez repofer; & fi la fleurée fubfifte encore fur la Cuve au bout d'une heure & demie, vous y mettrez un échantillon, que vous leverez une heure après, & vous vous gouvernerez felon le fond du verd qu'il y prendra. Mais ordinairement les Cuves ainſi rebutées ne ſont pas ſi-tôt en état de teindre.

Ouver-
ture de la
Cuve. La Cuve étant en bon état, vous y deſcendrez la *Champagne*, & prendrez pour l'ouverture une miſe de trente aulnes de drap, ou l'équivalent de ſon poids en laine bien dégraiſſée, que vous aurez deſſein de teindre en *bleu pers*, pour en faire enſuite un noir. Ayant paſſé & repaſſé cette miſe, toujours couverte du bain, ou entre deux eaux, pendant une bonne demie heure, vous torderez le drap au moulinet attaché à la potence qui doit être au-deſſus de la Cuve; & ſi ç'eſt de la laine, comme vous l'aurez plongée avec ſon filet, le même filet ſervira à la tordre. Vous dévuiderez le drap par ſes liſieres pour l'éventer & le déverdir, c'eſt-à-dire, lui faire perdre la couleur verte qu'il aura en sortant de la Cuve, & prendre la couleur bleuë. Si ce drap ou cette laine, à la première torse, n'étoit pas assés foncé pour un *bleu pers*, vous lui donnerez un rejet, en remettant dans la Cuve le bout de la piéce de drap qui en est sorti le premier; & selon la force de votre Pastel, vous donnerez à cette mise jusqu'à deux ou trois *rejets*, selon que vous le jugerez nécessaire à l'intensité du bleu que vous voulez avoir. Si votre Pastel est bon, tel que l'est ordinairement le vrai *Lauragais*, après avoir tiré la première mise, vous pouvez en mettre une seconde sur cette ouverture ou premier travail de la Cuve.

Après avoir fait cette ouverture, qu'on nomme aussi *premier palliement*, vous pallierez de nouveau la Cuve, & la garnirez de

chaux avec difcrétion ; lui laif-
fant l'odeur & maniement con-
formes à ce qui eft dit ci-deffus,
obfervant qu'à mefure que le
teint diminue, la vertu du Paftel
diminue auffi.

Si votre Cuve eft en bon train,
vous ferez le premier jour de
l'ouverture trois ou quatre palliemens, & le lendemain deux ou
trois. Il faut feulement prendre
garde à ne pas la fatiguer, & à ne
pas lui donner des mifes auffi fortes le fecond que le premier jour.

Quant aux couleurs ; pour tirer
de cette Cuve nouvellement pofée tout le profit poffible, on teint
d'abord les étoffes deftinées pour
être mifes en noir, enfuite les
bleus de Roy, puis celles qui doivent
être mifes en *verds bruns*. Les
violets & les bleus Turquins fe
font ordinairement dans les derniers palliemens du fecond jour
de l'ouverture.

Le troisiéme jour, si la Cuve
se trouve trop diminuée de quantité, il faut la remplir d’eau chaude jusqu’à quatre pouces près du
bord ; quelques Teinturiers appellent cette addition d’eau *re-
jallage* d’une Cuve.

Vers les derniers jours de la
semaine, on fait les bleus les plus
clairs ; & le samedi au soir, ayant
pallié la Cuve, on la garnit un
peu plus que le jour précédent,
afin qu’elle puisse se conserver
jusqu’au lundi. On remet le brevet
ou bain sur le feu le lundi matin,
en le faisant passer de la Cuve
dans la Chaudiere de cuivre par
le moyen de la goutiere ou canal
qui se placé d’un bout sur l’une,
& de l’autre bout sur l’autre : on
vuide ce brevet clair jusqu’à la
pâtée, & quand il sera boüillant,
on le fera repasser de nouveau
dans la Cuve, palliant la pâtée à

Réchaut
d’une Cu-
ve.

D iiij

mefure que ce bain chaud y tombe par l'extrémité du canal : on
peut y ajouter en même temps
plein un chaudron d'indigo préparé, comme il fera dit ci-après.

Lorfque la Cuve fera remplie
à quatre pouces près du bord, &
qu'elle fera bien palliée, on la couvrira, & au bout de deux heures
on y mettra un échantillon, qu'on
n'y laiffera qu'une heure : on ajoute de la chaux, felon la nuance du
verd que cet échantillon d'effai
aura prife en palliant cette cuve;
& au bout d'une heure ou deux,
fi la Cuve n'a pas fouffert, on doit
y mettre une mife d'étoffe. L'a-
yant conduite entre deux eaux
pendant une bonne demie heure,
on la tord; on donne un rejet à
cette étoffe, comme on a fait à la
Cuve neuve. Cette Cuve réchauffée fe gouverne de même, c'eft-
à-dire, qu'on fait jufqu'à trois pal-

liemens le premier jour, prenant
garde à chaque palliement si elle
n'a pas besoin de chaux; car en
ce cas, il faut y en mettre la quantité qu'on jugera nécessaire.

Le bleu qui seroit fait de Pastel seul, seroit, selon le sentiment
de quelques personnes prévenuës
en faveur des anciens usages,
beaucoup meilleur que celui que
donne le Pastel auquel on a ajou-
té l'indigo : mais alors ce bleu
seroit beaucoup plus cher, parceque le Pastel donne beaucoup
moins de teinture que cette fécule étrangere; & il a été vérifié,
par des expériences répétées, que
quatre livres de bel indigo de
Guatimalo rendent autant qu'une
balle de Pastel Albigeois; & cinq
livres, autant qu'une balle de
Lauragais, qui pèse ordinairement deux cens dix livres. Ainsi
l'emploi de l'indigo mêlé avec le

Pastel est d'une grande épargne & évite beaucoup de frais; puisque pour avoir autant d'étoffes teintes par une seule assiette de Cuve avec l'indigo, il en faudroit faire deux, si on le supprimoit; encore n'auroit-on pas précisément autant de teinture.

Aux Cuves neuves, on met d'ordinaire l'indigo fondu, après que le Pastel a fait paroître son bleu, & un quart d'heure ou un demi quart d'heure après, on donne le pied, c'est-à-dire, qu'on y met la chaux, & d'autant que cet indigo fondu en est déja garni par la lessive dans laquelle on la dissout, on diminue la chaux qu'on donnoit au Pastel seul.

Au réchaut, on met l'indigo dès le samedi au soir, afin qu'il s'incorpore avec le bain ou brevet, & qu'il lui serve de garniture au moyen de sa chaux.

Préparation de l'Indigo destiné à la Cuve de Pastel.

L'INDIGO *Guatimalo*, ou de *Guatimala*, est le meilleur de tous : on nous l'apporte de l'Amérique en forme de petits cailloux d'un bleu *pers*. On en connoît la bonté à l'emploi & en le rompant. Pour être bon, il faut qu'il soit en-dedans de couleur de violette foncée, & qu'il prenne un œil cuivreux en le frottant sur l'ongle : le plus leger est le meilleur.

Pour dissoudre & fondre l'indigo, il faut avoir dans l'Attelier au *Guesde*, c'est le nom qu'on donne aux Cuves de Pastel, une Chaudiere particuliere avec son fourneau. Quatre-vingt ou cent livres d'indigo demandent une Chaudiere qui tienne trente à trente-cinq seaux d'eau.

On le fond dans une leſſive ;
& pour la faire, on charge la
Chaudiere d'environ vingt-cinq
ſeaux d'eau claire, on y ajoute
plein un chapeau de ſon de froment avec douze ou treize livres
de garence non robée, & quarante livres de bonnes cendres
gravelées : c'eſt demie livre de
ce ſel alcali, & deux onces & demie de garence pour chaque livre d'indigo ; car toutes ces doſes ſont deſtinées à la diſſolution
de quatre-vingt livres de cette
fécule. On fait boüillir le tout
à gros boüillons pendant trois
quarts d'heure ou environ : puis
on retire le feu de deſſous le
fourneau, & on laiſſe repoſer
cette leſſive pendant demie heure, afin que la lie ou les féces
ſe dépoſent au fond. Enſuite on
ſurvuide le clair dans des tonneaux nets placés exprès auprès

de la Chaudiere. Otez le marc
resté dans la Chaudiere, faites-
la bien laver : reverfez-y la leffive claire que vous aviez vuidée
dans les tonneaux ; allumez un
petit feu deffous, & mettez-y en
même temps les quatre-vingt livres d'indigo réduits en poudre
groffiere. Entretenez le bain dans
une chaleur forte, mais fans le
faire boüillir, & facilitez la diffolution de cet ingrédient en
palliant avec un petit rable fans
difcontinuer, afin d'empêcher
qu'il ne s'encroûte & ne fe brûle
au fond de la Chaudiere. On
entretient le bain dans une chaleur moyenne & la plus égale
qu'il eft poffible, en y verfant de
temps en temps du lait de chaux
qu'on aura préparé exprès dans
un bacquet pour le refroidir.
Lorfque vous ne fentirez plus rien
de grumeleux au fond de la Chau-

diere, & que l'indigo vous paroîtra bien délayé ou bien fondu, vous retirerez le feu du fourneau, & n'y laisserez que fort peu de braise pour entretenir seulement une chaleur tiéde : vous couvrirez la Chaudiere avec des planches & quelque couverture, & y mettrez un échantillon d'étoffe pour voir s'il en sort verd, & si ce verd se change en bleu à l'air. Si cela n'arrivoit pas, il faudroit ajouter à ce bain le clair d'une nouvelle lessive préparée comme la précédente. C'est de cette dissolution d'indigo dont on prend un, deux ou plusieurs seaux pour les ajouter au Pastel, lorsque la fermentation l'a assés ouvert pour qu'il commence à donner son bleu.

Ce détail de la préparation d'une Cuve de Pastel n'est pas exactement conforme à la mé-

thode ordinaire des Teinturiers
d'à-préfent : mais ayant fait pofer une Cuve fuivant la defcription qu'on vient de lire, elle a
très-bien réüffi, & on en a tiré
des bleus parfaits-de toutes les
nuances. Il eft néceffaire cependant d'avertir que pour gouver-
ner une Cuve de Paftel & fçavoir
remédier à tous les accidens, il
faut qu'un Manufacturier ait à
fes gages un bon *Guefderon*, c'eft
le nom qu'on donne au Compa-
gnon Teinturier qui a fait fa principale occupation de la conduite
du Paftel. La pratique lui en a
plus appris que tout ce qu'on
pourroit en enfeigner dans ce
Traité.

Après m'être affuré des moyens
qu'on doit employer pour la réüf-
fite d'une Cuve de Paftel en
grand, j'ai voulu voir s'il n'étoit
pas poffible d'en affeoir une en

Cuve de
Paftel en
petit.

beaucoup moindre volume, ce que quelques Teinturiers prétendoient être impraticable. J'ai pris un petit tonneau qui tenoit environ cinquante pintes ; je l'ai placé dans une Chaudiere remplie d'eau, que j'avois soin de tenir chaude autant qu'il étoit nécessaire. J'ai mis quarante pintes d'eau de riviere dans une petite Chaudiere avec une once & demie de garence & une très-petite poignée de gaude. C'est une herbe qui sert à teindre en jaune, & qui m'a paru dans la suite ne servir à rien dans cette opération ; mais on me la conseilla alors comme nécessaire. Je fis boüillir le tout trois bonnes heures ; & sur les neuf heures du soir je versai tout ce bain dans le petit tonneau placé dans la Chaudiere, après y avoir mis deux petites poignées de son : j'y jettai

en même temps quatre livres de
Paſtel ; & ayant bien pallié le tout
avec le rable pendant un quart
d'heure, je la couvris, & j'eus ſoin
de la faire pallier de même toutes les trois heures pendant la
nuit. Je n'ai point mis d'eau ſure
dans cette petite Cuve, comme
quelques Teinturiers en mettent
à préſent ; mais le ſon que j'y
avois mis d'abord en tient lieu,
car il s'aigrit avec le bain même.

Le lendemain, ſur les neuf
heures du matin, la Cuve commençoit à faire un petit bruit ou
petillement ; ce que quelques
Teinturiers prétendent exprimer, en diſant que la Cuve devient *ſourde*. Il s'y formoit auſſi
une eſpéce d'écume & des petites bulles comme celles d'une eau
ſavoneuſe. Elle fut bien palliée,
& j'y jettai une once & demie de
chaux éteinte & tamiſée ; ce qui

fit augmenter l'écume : l'odeur changea un peu, & devint plus forte ; ce qui me fit juger que j'aurois pû y mettre un peu plus de Pastel.

A dix heures & demie, la Cuve avoit une odeur de chaux plus forte : elle faisoit de l'écume & un peu de bruit. J'y mis alors un échantillon, qui au bout d'une heure étoit verdâtre, & un moment après, d'un bleu très-clair. On la pallia ensuite, & au bout d'une heure j'y remis un second échantillon, qui y demeura aussi une heure, & qui étant sorti verd, devint d'un bleu plus foncé que le premier. Cela me fit juger qu'elle étoit en état de recevoir l'indigo.

A midi & demi, j'y mis deux onces d'indigo non dissout, mais seulement bien pilé, tamisé & délaié dans de l'eau chaude avec gros comme une noix de cendres gravelées. (C'eſt de la lie de vin calcinée, qui contient beaucoup de ſel alcali, ainſi que je l'ai déja dit.) J'y plongeai enſuite de deux heures en deux heures un échantillon, palliant cette petite Cuve alternativement, c'eſt-à-dire, qu'une heure après l'avoir palliée je mettois un échantillon qui y demeuroit une heure, après quoi on la pallioit de nouveau. Ce qui fut continué de la ſorte juſqu'à dix heures du ſoir; & en comparant enſemble les échantillons que j'en retirois, on voyoit que leur couleur devenoit toujours de plus en plus foncée : ils devenoient auſſi de plus en plus vifs, à meſure que la chaux s'uſoit, ſelon le langage des Ouvriers.

Il auroit fallu la remplir alors; ce que l'on jugeoit néceſſaire,

parceque le dernier échantillon
étoit à un point de vivacité qui
montroit que l'action de la chaux
étoit amortie, & qu'elle n'agiſſoit
plus ; mais il auroit fallu travailler deſſus vers les deux heures
après minuit : ainſi, à cauſe de
l'incommodité de l'heure, je ju-
geai à propos de la rallentir en
la garniſſant & en lui donnant de
nouvelle nourriture pour la faire
aller juſqu'au lendemain, c'eſt-à-
dire, que j'y remis environ une
demie once de chaux ; après quoi
on la pallia, & une heure après,
on y mit un échantillon, qui,
étant retiré au bout d'une heure,
étoit à la vérité bien plus bleu
que les autres, mais qui, au moyen
de la chaux, étoit plus terne &
moins vif que le précédent. C'eſt
ainſi que l'on rallentit l'action de
la Cuve, & qu'on l'amene à être
en état de travailler à l'heure la
plus convenable.

Dans le cours de la nuit, j'y fis mettre deux autres échantillons qui augmenterent toujours en verdeur au sortir de la Cuve, & dont le bleu étoit toujours de plus en plus foncé. Celui que l'on tira vers les huit heures du matin, étoit encore un peu terne : ce qui prouvoit que la chaux qu'on avoit mise le soir, n'étoit pas encore usée, & qu'elle agissoit trop fortement. Comme on la pallioit alors, je fis enlever avec le rable un peu de la pâtée du fond, pour voir en quel état elle étoit. Je la trouvai brune tirant sur le jaune ; mais aussi-tôt qu'elle avoit pris l'air, sa surface verdissoit & devenoit de couleur d'olive. Si l'on enlevoit cette surface avec la main, le dessous étoit de la même couleur que la pâtée avoit paru d'abord ; mais il verdissoit un moment après. L'odeur en étoit assés forte, quoique ce ne fut pas celle du montant de la chaux. Le bain en étoit jaunâtre à peu près comme de la bierre, & l'écume ou fleurée qui s'en élevoit lorsqu'on le heurtoit avec le rable, étoit bleuë. Toutes ces indications sont les meilleures qu'il y ait pour faire juger que la Cuve doit parfaitement réüssir.

Je continuai d'y mettre des échantillons & de la pallier alternativement jusqu'à deux heures après midi. L'échantillon que l'on retira alors étoit très-verd, & devint l'instant d'après d'un bleu très-vif : ce qui dénotoit qu'il étoit temps de remplir la Cuve. Pour cet effet, je mis environ quinze ou seize pintes d'eau dans une petite Chaudiere, avec deux gros de garence & une poignée de son : je fis boüillir le tout une demie heure, & je mis ce *brevet*

dans la petite Cuve à trois heures : on la pallia tout de suite, &
une heure après j'y mis un échantillon, que je retirai au bout d'u-
ne heure, & qui se trouva très-
beau & très-vif.

Cette petite Cuve se trouva
sur les sept heures en état de travailler, & elle y auroit été de
même dix-sept ou dix-huit heures plutôt, si on ne l'avoit pas re-
tardée à dessein. On y mit une
petite *champagne*, qui est ce cercle de fer garni de rézeau de fi-
celle, que j'ai décrit en parlant
des instrumens nécessaires à la
Teinture, & on la fit descendre
jusqu'à trois ou quatre doigts de
la pâtée, l'assujettissant à cette
hauteur par le moyen de quatre
ficelles attachées au bord du tonneau.

On y passa alors une aune de
serge blanche, qui n'avoit point

eu d'autre préparation que de la bien moüiller auparavant, afin que la couleur prit également par-tout. On la mania pendant un demi quart d'heure dans la Cuve, la remuant avec les mains & avec un petit crochet de fer. Au bout de ce temps, on la retira fort verte; on la tordit pour exprimer le bain, & elle devint bleuë aussi-tôt qu'elle eut pris l'air. On la remit encore un demi quart d'heure dans la Cuve, afin que la couleur fut plus foncée, & elle en sortit plus verte que la premiere fois, & aussi-tôt qu'elle fut exprimée, elle devint d'un très-beau bleu, tel que je le souhaitois.

On y passa tout de suite une livre de laine filée qui avoit été auparavant moüillée dans l'eau chaude & exprimée; mais il y avoit si peu de Pastel dans la Cuve,

Cuve, que cette laine n'y prit qu'une couleur de bleu céleste. On remit donc à l'achever au lendemain, & pour que la Cuve se put conserver en état, & en même temps pour la remettre en couleur, j'y répandis une demie once de chaux tamisée. Avant que d'y mettre cette chaux, elle avoit une odeur approchante de celle de la viande rotie ; mais aussi-tôt que la chaux y fut, on en sentit l'odeur, le montant ou le piquant : ou pour en donner une idée plus nette, il se déve-loppa quelque chose de volatile & d'urineux. On couvrit la Cuve, & le lendemain on acheva la li-vre de laine filée. On auroit pû y teindre encore une livre ou deux de laine, en la garnissant & l'entretenant, mais je la fis jet-ter pour ne pas perdre du temps inutilement, parceque ces expé-

E

riences me suffisoient pour prouver qu'il est possible d'asseoir une
Cuve de Pastel en petit comme
en grand.

J'ajoûterai maintenant quelques réflexions qui me paroissent
encore nécessaires pour une plus
parfaite connoissance de cette
opération.

Il ne faut jamais réchauffer la
Cuve de Pastel qu'elle ne soit en
œuvre ; c'est-à-dire, qu'elle n'ait
ni trop ni trop peu de chaux,
enforte que pour être en état de
travailler, il ne lui manque que
d'être chaude. On reconnoît
qu'elle a trop de chaux, comme
je l'ai dit, à l'odorat, c'est-à-dire,
par l'odeur piquante que l'on
fent. On juge au contraire qu'il
n'y en a pas assés lorsqu'elle a une
odeur douceâtre, & que l'écume,
que l'on nomme aussi *rabbat*, qui
s'élève à la surface en la heur-

tant avec le rable, est d'un bleu pâle.

On doit avoir attention, lorsqu'on veut réchauffer la Cuve, de ne la point garnir de chaux la veille (bien entendu qu'elle n'en auroit pas trop besoin); car si elle étoit garnie, elle courroit risque d'avoir ce que les Teinturiers appellent un *Coup de pied*, parcequ'en la réchauffant on donne plus d'action à la chaux qui y est, & qu'elle s'use plus promptement.

On remet ordinairement de nouvel indigo dans la Cuve chaque fois qu'on la réchauffe, & cela à proportion de ce qu'on a à teindre. Mais il ne seroit pas nécessaire d'y en mettre si l'on n'avoit que peu d'ouvrage à faire, ou qu'on n'eut besoin que de couleurs claires.

Il n'étoit permis par les anciens

Réglemens de mettre que six livres d'indigo pour chaque balle de Pastel, parcequ'on croyoit que la couleur de l'indigo n'étoit pas solide, & qu'il n'y avoit qu'une grande quantité de Pastel qui pût l'assurer & la rendre bonne ; mais il est démontré présentement, tant par les expériences de feu M. Dufay, que par celles que j'ai faites depuis, que la couleur de l'indigo, même employé seul, est toute aussi bonne & résiste autant à l'action de l'air, du soleil, de la pluie & des débouillis, que celle du Pastel. On a réformé cet article dans le nouveau Réglement de 1737, & on a permis aux Teinturiers du bon teint d'employer dans leurs Cuves de Pastel la quantité d'indigo qu'ils jugent à propos, ainsi que je l'ai déja dit.

Lorsqu'une Cuve a été ré-

chauffée deux ou trois fois, &
que l'on a bien travaillé deſſus,
on conſerve ſoüvent le même
bain, mais on enléve une partie
de la pâtée que l'on remplace
par de nouveau Paſtel. On ne
peut preſcrire aucune doſe ſur
cela, parcequ'elle dépend du travail que le Teinturier a à faire.
L'uſage apprendra là-deſſus tout
ce qu'on peut déſirer. Il y a des
Teinturiers qui conſervent pluſieurs années le même bain dans
leurs Cuves, ne faiſant que les
renouveller de Paſtel & d'indigo
à meſure qu'ils travaillent deſſus:
d'autres vuident la Cuve en entier, & changent de bain, lorſque la Cuve a été réchauffée ſix
ou ſept fois, & qu'elle ne donne
plus aucune teinture. Il n'y a
qu'un long uſage qui puiſſe apprendre laquelle de ces pratiques
eſt la meilleure. Il eſt cependant

E iij

plus raisonnable de croire qu'en la renouvellant en entier de temps en temps, elle donnera des couleurs plus vives & plus belles. Les meilleurs Teinturiers ne sont pas ceux qui agissent autrement.

On construit en Hollande des Cuves qui n'ont pas besoin d'être réchauffées si souvent que les autres. Messieurs Van Robbais en ont fait faire depuis quelques années dans leur Manufacture Royale d'Abbeville. Toute la partie supérieure de ces Cuves, à la hauteur de trois pieds, est de cuivre. Elles sont de plus entourées d'un petit mur de brique, qui est à sept ou huit pouces de distance du cuivre. On met dans cet intervalle de la braise qui entretient pendant très-long-temps la chaleur de la Cuve, ensorte qu'elle demeure plusieurs jours de suite en état de travailler sans qu'il soit nécessaire de la réchauffer. Ces sortes de Cuves font beaucoup plus chéres que les autres, mais elles sont très-commodes, sur-tout pour y passer des couleurs fort claires, parce-que la Cuve se trouve toujours en état de travailler, quoiqu'elle soit très-foible ; ce qui n'arrive pas aux autres, qui le plus souvent font la couleur beaucoup plus foncée qu'on ne le voudroit, à moins qu'on ne laisse considérablement refroidir; & en ce cas, la couleur n'en est plus si bonne, & n'a plus la même vivacité. Pour faire ces couleurs claires dans des Cuves ordinaires, il vaut mieux en poser exprès qui soient fortes en Pastel & foibles en indigo, parcequ'alors elles donnent leur teinture plus lentement, & les couleurs claires se font avec plus de facilité.

E iiij

A l'égard des Cuves à la Hollandoise, dont je viens de parler, les quatre, que Messieurs de Van Robbais ont fait faire dans leur Manufacture, ont six pieds de profondeur, dont les trois pieds & demi du haut sont en cuivre, & les deux pieds & demi du bas sont de plomb. Le diametre du bas est de quatre pieds & demi, & celui du haut, de cinq pieds quatre pouces, en sorte qu'elles contiennent environ dix-huit muids.

Je reviens aux autres observations qu'il y a à faire sur le réchaut des Cuves ordinaires. Si l'on réchauffoit la Cuve, lorsqu'elle souffre, c'est-à-dire, lorsqu'elle n'a pas tout-à-fait assés de chaux ; elle se tourneroit en chauffant, sans qu'on s'en apperçut, en sorte qu'elle courroit risque d'être entierement perduë, parceque la chaleur achéveroit d'ufer en peu de temps la chaux qui y étoit déja en trop petite quantité. Si on s'en apperçoit à temps, le reméde feroit de la rejetter dans la Cuve, fans la chauffer davantage, & de la garnir de chaux. On attendroit enfuite qu'elle fut revenuë en œuvre pour la réchauffer.

Quand on la réchauffe, il faut prendre garde de mettre de la pâtée dans la Chaudiere avec le bain ou brevet. Il faut auffi avoir grande attention de ne la pas chauffer jufqu'à la faire boüillir, parceque tout le volatile nécef-faire à l'opération, s'évaporeroit. Il y a quelques Teinturiers, qui en réchauffant leurs Cuves, ne mettent pas l'indigo auffi-tôt après que le bain eft verfé de la Chaudiere dans la Cuve, & qui ne l'y font entrer que quelques

E v

heures après, lorsqu'ils voyent que la Cuve commence à venir en œuvre. Ils ne prennent cette précaution que dans la crainte que la Cuve ne réuffiffe pas, & que leur indigo ne foit perdu : mais de cette maniere l'indigo ne donne pas fi bien fa couleur; car on eft obligé de travailler fur la Cuve auffi-tôt qu'elle eft en état, afin qu'elle ne fe refroidiffe pas, & l'indigo n'étant pas tout-à-fait diffout, ou tout-à-fait incorporé, de quelque maniere qu'on l'employe, il ne fait pas d'effet. Ainfi il vaut beaucoup mieux le mettre dans la Cuve auffi-tôt qu'on y a jetté le bain, & la bien pallier enfuite.

Si l'on réchauffe une Cuve fans qu'elle ait travaillé, on ne doit pas l'écumer comme dans les réchauts ordinaires, parcequ'on enléveroit l'indigo; au lieu que

lorfqu'elle a travaillé, cette écume eft formée de la partie terreufe de l'indigo & du Paftel,
jointe à une portion de la chaux.

Quand on a trop mis de chaux
dans la Cuve, il faut l'attendre
jufqu'à ce qu'elle foit ufée : on
peut accélérer en la réchauffant,
ou y mettre des ingrédiens qui
détruifent une partie de l'action
de la chaux, comme du tartre,
du vinaigre, du miel, du fon ou
quelque acide minéral, ou enfin
quelque matiere propre à s'ai-
grir ; mais tous ces correctifs
ufent en même temps l'indigo &
le teint du Paftel : ainfi le meilleur eft de la laiffer ufer fans rien
faire.

On ne garnit ordinairement
une Cuve de chaux que le premier, le fecond, & quelquefois
le troifiéme jour ; & il faut obferver de ne pas y paffer les *vio-*

lets, les *pourpres* & autres laines ou étoffes, qui ont déja une couleur facile à endommager, le lendemain du jour qu'elles ont été garnies, parceque la chaux, qui y est encore assés active, ternit la premiere couleur de la laine : ainsi ce n'est que le cinquiéme ou le sixiéme jour qu'il y faut passer les *cramoisis* pour les mettre en *violet*, & les *jaunes* pour les mettre en *verd* ; avec cette attention, la couleur en sera toujours plus brillante.

Lorsque la Cuve a été réchauffée, il faut attendre qu'elle soit en œuvre pour la garnir. Si on le faisoit un peu trop tôt, elle se troubleroit : il arriveroit la même chose, si on avoit mis un peu de pâtée dans la Chaudiere. Le reméde, en ce cas, est de la laisser reposer avant que de la faire travailler, jusqu'à ce qu'elle soit remife; ce qui va à deux, trois, quatre heures, & même à un jour.

On employe quelquefois de la chaux qui eft légére, c'eft-à-dire, qui a moins de force : alors il arrive, fi on n'y prend pas garde, que la Cuve a un *coup de pied*, parceque cette chaux légére refte dans le bain, & ne s'incorpore pas fi bien dans la pâtée. On connoît cet accident à ce que le bain a une odeur forte, & la pâtée, au contraire, une odeur douceâtre; au lieu qu'elle devroit être la même dans l'un & dans l'autre. Le reméde eft encore de la laiffer ufer, en la palliant fouvent pour mêler la chaux avec la pâtée, jufqu'à ce que fon odeur de Cuve fe rétabliffe, & que la fleurée ou écume foit bleuë.

On peut, fi l'on veut, pofer un *Guefde* ou Cuve de Paftel, fans y mettre d'indigo; mais alors elle ne donnera que très-peu de couleur, & ne pourra teindre qu'une petite quantité d'étoffes ou de laine ; car une livre d'indigo fournit, comme je l'ai déja dit, autant de teinture que quinze à seize livres de Pastel. J'en ai fait poser une de la sorte, pour connoître quelles étoient les facultés du Pastel seul, & je n'ai pas trouvé, malgré tout ce que la prévention peut faire dire souvent sans preuve, que l'indigo lui cédât en rien pour la beauté & la solidité de la couleur.

Comme on employe toujours la chaux, & quelquefois l'eau sûre dans l'assiette d'une Cuve, je crois que c'est ici l'occasion de parler de leur préparation.

Préparation de la chaux. Pour éteindre la chaux, comme elle le doit être, quand elle est destinée aux opérations de teinture, on plonge dans l'eau

l'un après l'autre plusieurs morceaux de chaux, & après que
chacun y a demeuré jusqu'à ce
qu'il commence à pétiller, on le
retire pour en mettre un autre,
& on les jette à mesure dans une
Chaudiere vuide ou autre vaisseau quelconque, où la chaux
achéve de s'éteindre d'elle-même, & se réduit en poudre en
augmentant considérablement
de volume. On passe ensuite cette
chaux dans un sac de cannevas,
& on la conserve dans un bacquet
ou dans un tonneau bien sec.

Les eaux sûres sont nécessaires, non-seulement dans quelques circonstances de l'assiette
d'une Cuve de Pastel, mais dans
quelques-unes des préparations
que l'on donne à la laine & aux
étoffes, avant que de les mettre
à la teinture. Elles se font de la
maniere suivante.

Préparation de l'eau sûre.

On remplit d'eau de riviere une Chaudiere de la grandeur que l'on veut : on met le feu des-sous, & lorsque la Chaudiere a fait un boüillon, on jette cette eau dans un tonneau, où l'on a mis une suffisante quantité de son : on remue bien le tout avec un bâton trois ou quatre fois le jour. La quantité du son & de l'eau n'est pas bien importante. Quant à moi, j'ai réussi en met-tant trois boisseaux de son sur un tonneau qui contenoit deux cens quatre-vingt pintes. Ainsi, cela revient à peu près à un boisseau sur cent pintes d'eau. Au bout de quatre ou cinq jours, cette eau est aigrie, & par conséquent propre à être employée dans tous les cas où elle ne nuira pas aux préparations de la laine, qui sont indépendantes de la Teinture, dont je traite dans cet Ouvrage.

Car il peut arriver qu'une laine
en toiſon, qui aura été teinte
dans un bain de teinture où l'on
auroit mis une trop grande quantité d'eau ſûre, en ſorte plus difficile à filer, parceque la fécule
du ſon fait une eſpéce d'empoix
qui colle les fibres de la laine, &
les empêche de fournir un fil
égal. Il faut remarquer auſſi que
c'eſt un mauvais uſage de laiſſer
ſéjourner les eaux ſûres dans des
Chaudieres de cuivre, comme je
l'ai vû pratiquer chés quelques
Teinturiers fort employés, parceque cette liqueur étant un acide, corrode le cuivre de la Chaudiere pendant ſon ſéjour, & ſi elle
y a demeuré aſſés long-temps
pour ſe charger un peu de ce
métal, elle occaſionnera une dé-
fectuoſité, tant dans la teinture
que dans la qualité de l'étoffe,
dont ſouvent on ne ſçait à quoi

attribuer la cause : Dans la teinture, parceque le cuivre, dissout, communique toujours du verdâtre : dans la qualité de l'étoffe, parceque le même cuivre dissout est escarrotique sur toutes les matieres animales.

Je crois n'avoir rien obmis de tout ce qu'il y a d'essentiel à la Cuve de Pastel. S'il se trouvoit dans la pratique des difficultés ou des accidens dont je n'aie pas fait mention, ils ne sont pas considérables, & on trouvera aisément le moyen d'y remédier, si on se rend familiere la manœuvre de cette opération. Les Lecteurs, qui n'ont point d'idée de ce travail, croiront que je me suis trop étendu; ils y trouveront aussi des répétitions; mais ceux qui voudront faire usage de ce que je me suis proposé d'enseigner dans le Chapitre qu'on vient de lire, me

reprocheront peut-être d'avoir
été trop court. J'ai crû qu'il étoit
mieux, à cause de la difficulté de
l'opération, de rapporter en forme de Mémoire tout ce que j'ai
remarqué, en conduisant moi-
même la petite Cuve dont j'ai
donné le détail, pour ainsi dire,
heure par heure ; que de m'en
tenir à la description de l'assiette
d'une Cuve en grand, telle que
je l'ai donnée d'abord, parceque
je n'y avois pas été toujours présent. Quand on aura lû ce Chapitre avec attention, on ne sera
pas étonné que le Chef-d'œuvre
ordonné aux Apprentifs qui veulent se faire recevoir Maîtres
Teinturiers du grand & bon
teint, soit de poser une Cuve de
Pastel, & de travailler dessus.

CHAPITRE VI.

De la Cuve de Vouëde.

JE n'ai presque rien à dire de la Cuve de Vouëde, qui soit différent de ce que j'ai dit de celle de Pastel. Le Vouëde est une plante que l'on cultive en Normandie, & qu'on y prépare presque de la même maniere que l'on fait le Pastel en Languedoc. Voyez, sur sa Culture, l'instruction générale sur les teintures, du 18 Mars 1671, depuis l'article 259 jusqu'au 288 compris, il y est traité de la culture & préparation du Pastel & du Vouëde. La Cuve de Vouëde se pose ou s'assied comme celle de Pastel : toute la différence qu'on y peut trouver, c'est qu'il a moins de force, & qu'il fournit moins de teinture.

Voici le détail d'une Cuve de
Vouëde que j'ai faite en petit &
au Bain-marie, comme celle de
Pastel du Chapitre précédent :
j'avois pour objet de vérifier un
procédé qui m'avoit été envoyé
de Normandie.

Je plaçai dans une Chaudiere
mon petit tonneau de cinquante
pintes, & je le remplis aux deux
tiers d'un *brevet* fait avec de l'eau
de riviere, une once de garence
& un peu de gaude. Je mis en
même temps dans le tonneau une
bonne poignée de son de froment
& cinq livres de Vouëde. On pallia bien la Cuve & on la couvrit.
Il étoit cinq heures du soir. Elle
fut encore palliée à sept heures,
à neuf, à minuit, à deux heures
& à quatre heures. Le Vouëde
étoit alors en œuvre, c'est-à-dire,
que la Cuve étoit *sourde*, comme
je l'ai dit de celle de Pastel. Il y

avoit quelques bulles d'air affés grosses, mais en petite quantité, & elles n'avoient presque point de couleur. On la garnit alors de deux onces de chaux, & on la pallia. A cinq heures, on y mit un échantillon, qu'on leva à six heures, en la palliant. Cet échantillon commençoit à avoir de la couleur. On y en mit un autre à sept heures : à huit heures on pallia, & l'échantillon en sortit affés vif, on y mit une once d'indigo : à neuf heures, un autre échantillon, à dix heures, on la pallia, & on y mit une once de chaux, parcequ'elle commençoit à avoir une odeur douceâtre. A onze heures, un échantillon : à midi on la pallia. On continua de la sorte jusqu'à cinq heures. On y mit alors trois onces d'indigo, à six heures un échantillon; à sept heures on la pallia. Il auroit été temps de la remplir alors, parcequ'elle étoit parfaitement en œuvre, & que l'échantillon, après en être sorti bien vert, étoit devenu d'un bleu fort vif. Mais outre que j'étois fatigué d'avoir passé déja une nuit, j'aimai mieux la retarder jusqu'au lendemain pour voir son effet au jour, & pour cela j'y mis une once de chaux qui la soutint jusqu'à neuf heures du matin. On y mit de temps en temps des échantillons : le dernier, qui fut levé alors, étant fort beau, je la fis remplir avec un brevet composé d'eau & d'une petite poignée de son seulement. On la pallia, & on y mit des échantillons d'heure en heure : elle se trouva en état à cinq heures, & l'on travailla dessus. On la garnit ensuite de chaux, & on la pallia pour la conserver jusqu'à ce qu'on voulut la réchauffer.

J'en posai deux mois après une autre avec le Vouëde seul sans indigo, pour pouvoir juger de la solidité de la teinture du Vouëde, & je la trouvai aux épreuves aussi bonne que celle du Pastel. Ainsi, toute la supériorité du Pastel sur le Vouëde, consiste en ce que celui-ci fournit moins de teinture que l'autre.

Les petites variétés que l'on peut remarquer dans la façon de poser ces différentes Cuves, prouvent qu'il y a bien des circonstances dans ces procédés, qui ne sont pas absolument nécessaires. Il me paroît que la seule chose importante, & à laquelle on doit donner toute son attention, est de conduire la fermentation avec prudence, & de ne donner la chaux que lorsqu'on la juge nécessaire par les indications que j'ai rapportées. A l'égard de l'indigo;

digo ; qu'on le mette à deux reprifes où tout à la fois, un peu
plutôt ou un peu plus tard, cela
me paroît très - indifférent. On
pourroit dire la même chofe fur
la gaude que j'ai employée deux
fois, & fupprimée deux autres ;
de la cendre gravelée dont j'ai
mis un peu dans la petite Cuve
de Paftel, & dont je n'ai point
mis dans celle de Vouëde. Enfin
je crois, & il me paroît bien démontré, que la diftribution de la
chaux eft ce à quoi on doit avoir
le plus d'égard dans tout le cours
du travail des Cuves, tant pour
les affeoir, que pour les réchauffer. J'ajoûterai que, quand on
pofe une Cuve de Paftel ou de
Vouëde, on ne fçauroit regarder
trop fouvent en quel état elle eft ;
car s'il y en a qui retardent (ce
qu'on attribue à la foibleffe du
Paftel ou du Vouëde) il y en a

F

aussi qui viennent très-promptement en œuvre. J'en ai vû perdre une moyenne de soixante-
dix livres de Pastel, parcequ'elle
vint en œuvre à huit heures; le
Guesderon négligea d'y regarder
aussi souvent qu'il le falloit, &
il y avoit au moins deux heures
qu'elle étoit en état, lorsqu'il la
découvrit : la pâsée étoit montée
entierement à la surface du bain,
& le tout avoit une odeur sur-ai-
gre. Il ne fut pas possible de la
raccommoder ; & il fallut la jetter
sur le champ, parcequ'elle auroit
pris dans peu une odeur fœtide
ou cadavéreuse insupportable.

Cet avancement ou ce retar-
dement de l'action de la Cuve
peut aussi venir de la températu-
re de l'air. Car la Cuve se refroidit beaucoup plus promptement
en hyver qu'en été. C'est pourquoi il est nécessaire d'y veiller

attentivement , quoique pour l'ordinaire elles foient environ quatorze ou quinze heures avant que d'être en œuvre. Je tâcherai d'expliquer dans la fuite comment fe fait le développement des parties colorantes de cet ingrédient fi utile à la Teinture; mais il faut auparavant parler des Cuves qui fe préparent avec l'indigo feul.

CHAPITRE VII.

De la Cuve d'Indigo.

L'INDIGO eſt la fécule d'une plante qu'on nomme *Nil* ou *Anil.* Pour faire cette fécule on a trois Cuves, l'une au-deſſus de l'autre, en maniere de caſcade. Dans la premiere, qu'on appelle *Trempoire* ou *Pourriture*, & qu'on remplit d'eau, on met la plante

chargée de ses feüilles, de son é-
corce & de ses fleurs (*). Au bout
de quelque temps, le tout fermente ; l'eau s'échauffe & boüil-
lonne, s'épaissit & devient d'une
couleur de bleu tirant sur le violet ; la plante déposant tous ses
sels, selon les uns, & toute sa substance, selon les autres. Pour lors,
on ouvre les robinets de la *trempoire*, & l'on en fait sortir l'eau
chargée de toute cette substance
colorante de la plante, dans la
seconde Cuve appellée la *Batte-
rie*, parcequ'on y bat cette eau
avec un moulin à palettes, pour
condenser la substance de l'Indigo, & la précipiter au fond, ensorte que l'eau redevient limpide
& sans couleur, comme de l'eau

(*) Au village de Sarguesse, proche de la ville
d'Amadabat, les Indiens ne se servent que des feüilles de l'*Anil*, & ils jettent la tige & les branches.
C'est aussi de cet endroit que vient l'Indigo le plus
parfait.

commune. On ouvre les robinets de cette Cuve pour en faire écouler l'eau jusqu'à la superficie de la fécule bleuë : après quoi on ouvre d'autres robinets qui font au plus bas, afin que toute la fécule tombe au fond de la troisiéme Cuve, appellée *Reposoir*, parceque c'est-là où l'Indigo se repose & se desséche. On l'en tire pour former des pains, des tablettes, &c. Voyez le *P. Labat, Histoire des Antilles.*

Il y a à la Côte de Coromandel, à Pontichéry, &c. deux sortes d'Indigo, l'une beaucoup plus belle que l'autre. La belle sorte ne sert guères qu'à lustrer, & l'inférieure à teindre. Il y en a encore plusieurs autres sortes qui augmentent de prix selon leur qualité. Il s'en trouve qui coute depuis quinze pagodes le *Bar*, qui pése quarante-huit livres, jusqu'à deux

cens pagodes. Le plus beau se prépare du côté d'Agra. On en fait
aussi d'assés beau à Masulipatan,
à Ayanaon, où la Compagnie des
Indes a un Comptoir. A Chan-
dernagor, on le nomme *Nil*,
quand il est préparé & coupé par
morceaux. L'Indigo de *Java* ou
Indigo *Javan* est le meilleur de
tous ; c'est aussi le plus cher, &
par conséquent il y a peu de Teinturiers qui l'employent. Le bon
Indigo doit être si léger qu'il
flotte sur l'eau ; plus il enfonce,
plus il est suspect d'un mêlange
de terre, de cendres ou d'ardoise
pilée. Sa couleur doit être d'un
bleu foncé tirant sur le violet,
brillant, vif, & pour ainsi dire,
éclatant. Il doit être plus beau
dedans que dehors, & paroître
luisant & comme argenté. Il en
faut dissoudre un morceau dans
un verre d'eau pour l'éprouver.

S'il est pur & bien préparé, il se dissoudra entierement; s'il est falsifié, la matiere étrangere se précipitera au fond du vaisseau. Le second moyen de s'assurer de sa bonté est de le brûler. Le bon Indigo brûle entierement; & s'il est falsifié, ce qu'il y a d'étranger reste après que l'Indigo est consumé. L'Indigo pilé est bien plus sujet à être falsifié que celui qui est en tablettes, parcequ'il est difficile que du sable, de l'ardoise pilée, &c. se lient si bien ensemble qu'ils ne fassent, en bien des endroits, des lits de matieres différentes; & pour lors, en rompant le morceau d'Indigo, on les y remarque facilement.

Il y a plusieurs manieres de préparer la Cuve d'Indigo, & qui sont même assés différentes les unes des autres. J'ai essayé toutes celles qui sont venuës à ma connoiſſance, & elles m'ont preſque toutes réuſſi. Je vais les décrire le plus exactement que je pourrai, en commençant par celle qui eſt la plus uſitée de toutes, & preſque la ſeule qui ſoit connuë à Paris.

J'ai décrit au commencement de cet Ouvrage le vaiſſeau de cuivre rouge qui ſert à cette opération. Pour en rappeller l'idée, je dirai ſimplement que c'eſt une Cuve qui a environ cinq pieds de haut, qu'elle a deux pieds de diametre, & qu'elle va en rétréciſſant par le bas. Elle eſt entourée d'un mur qui laiſſe autour d'elle un eſpace pour y mettre de la braiſe. On peut mettre dans une Cuve de cette capacité deux livres d'indigo pour le moins, & cinq à ſix livres pour le plus. Pour poſer une Cuve de deux livres d'Indigo dans un pareil vaiſſeau,

qui peut contenir environ quatre-
vingt pintes, on fait boüillir dans
une Chaudiere environ soixante
pintes d'eau de riviere pendant
une demie heure, avec deux livres de cendres gravelées, deux
onces de garence & une poignée
de son. On prépare pendant ce
temps-là l'Indigo en cette sorte.

On en pése deux livres, que
l'on jette dans un seau d'eau froide, pour en séparer les terrestréi-
tés & les morceaux éventés qui
surnagent les premiers. On verse
ensuite l'eau par inclination, &
on pile bien l'Indigo dans un mortier de fer ; on jette dans le mortier un peu d'eau chaude, & l'a-
gitant de côté & d'autre , on
verse par inclination dans un autre vaisseau ce qui surnage , &
qui par conséquent est le mieux
broyé. On continue de piler ce
qui reste dans le mortier ; on y

met ensuite de nouvelle eau pour
enlever le plus fin, & l'on poursuit
de la sorte jusqu'à ce que tout
l'Indigo ait été réduit en poudre
assés fine pour pouvoir être enlevé par l'eau. C'est-là toute la
préparation qu'on y fait. On verse
ensuite dans cette Cuve haute &
étroite le bain qu'on avoit fait
bouillir dans la Chaudiere avec
le marc de garence & de cendres
gravelées, qui peut être resté au
fond ; & on y jette l'Indigo broyé.
On pallie bien le tout avec un petit *rable*, on couvre la Cuve avec
des couvertures, & on met de la
braise autour. Si cette opération
a été commencée l'après-midi,
on remet un peu de braise le
soir ; on fait la même chose le lendemain, matin & soir : on pallie
aussi la Cuve légerement deux
fois le second jour. Le troisiéme
jour, on continue de mettre de

la braise pour entretenir la chaleur de la Cuve, on la pallie deux fois dans la journée. On commence alors à voir sur la surface du bain une pellicule luisante & cuivreuse, qui flotte dessus, & qui est interrompuë ou refenduë en plusieurs endroits. Le quatriéme jour, en continuant le feu, la pellicule est plus formée & plus continuë : on voit de la fleurée ou écume bleuë qui s'éléve en palliant la Cuve, & le bain devient d'un verd foncé.

Lorsque le bain devient verd de la sorte, c'est une marque qu'il est temps de remplir la Cuve. On fait pour cet effet un nouveau brevet, en mettant dans une Chaudiere environ vingt pintes d'eau avec une livre de cendres gravelées, une poignée de son, & une demie once de garence. On laisse boüillir le tout un quart d'heure, & on en remplit la Cuve. On la pallie enfuite ; ce qui fait élever beaucoup de fleurée, & la Cuve eft en état de travailler le lendemain. On le connoît à la quantité de fleurée dont elle eft couverte, à la pellicule ou croûte écailleufe & cuivrée, qui furnage la liqueur ; & à ce que, quoique la furface du bain paroiffe d'un bleu brun, il eft néanmoins verd au-deffous, fi l'on foufle deffus, ou qu'on l'agite avec la main.

Cette Cuve, dont je viens de décrire le procédé, & qui eft la premiere que j'aye pofée, fut plus long-temps à venir en couleur que les autres, parceque le feu fut trop fort le fecond jour, y ayant mis trop de braife : fans cela elle auroit été en état de travailler deux jours plutôt. Cela ne lui fit pas d'autre mal, & le jour qu'elle fut en état, on y paffa de

la serge le poids de treize à quatorze livres, à diverses reprises.
Comme cela lui avoit fait perdre
de sa force, & que le bain étoit
diminué par les coupons d'étoffe
qu'on y avoit teints, on y refit
l'après-midi un nouveau brevet
avec une livre de cendres gravelées, une demie once de garence, & une poignée de son. On fit
boüillir le tout un quart d'heure
dans une Chaudiere. On le mit
dans la Cuve, on la pallia, on
la couvrit, & on mit un peu de
braise autour. On la peut conferver de la sorte plusieurs jours sans
y rien faire, & lorsque l'on veut
travailler dessus, il faut la pallier
la veille, & mettre un peu de
braise autour.

Quand on veut réchauffer &
garnir d'Indigo cette sorte de Cuve, on met dans une Chaudiere
les deux tiers du bain qui n'est

plus verd alors, mais d'un bleu brun & presque noir. Lorsqu'il est prêt à boüillir, on enléve avec un tamis toute l'écume qui se forme dessus, on le fait boüillir ensuite, & on y ajoute deux poignées de son, un quarteron de garence, & deux livres de cendre gravelée. On ôte le feu de dessous la Chaudiere, & on y jette un peu d'eau froide pour arrêter le boüillon; après quoi on verse le tout dans la Cuve avec une livre d'Indigo pulvérisé & délayé dans une portion du bain, de la maniere que je l'ai dit plus haut. On pallie ensuite la Cuve, on la couvre, on met un peu de braise autour, & le lendemain elle est en état de travailler.

Lorsqu'on a réchauffé plusieurs fois la Cuve d'Inde ou d'Indigo, il est nécessaire de la vuider entierement & d'en asseoir une neuve, parcequ'elle ne donne plus de teinture si vive. On reconnoît qu'elle vieillit à ce que le bain n'est pas d'un si beau verd qu'au commencement, quoiqu'elle soit chaude & en état de travailler.

J'ai fait poser plusieurs autres Cuves de la même maniere, avec une plus ou moins grande quantité d'Indigo; comme depuis une livre jusqu'à six : j'avois soin d'augmenter ou de diminuer proportionnellement les autres matieres, mettant cependant toujours une livre de cendre gravelée pour une livre d'Indigo. Depuis j'ai fait d'autres expériences qui m'ont prouvé que cette proportion n'étoit pas absolument nécessaire. Je ne doute pas même qu'il ne se trouvât plusieurs autres manieres de faire venir l'Indigo aussi parfaitement en couleur. Il me reste néanmoins quelques

observations à faire sur cette Cuve.

De toutes celles que j'ai fait
asseoir de la maniere que je viens
de décrire, je n'en ai manqué
qu'une seule; ce qui arriva, parceque j'oubliai le second jour de
mettre de la braise autour. Elle
ne put jamais venir en couleur.
J'y jettai de l'arsenic pulvérisé,
qui ne fit point d'effet. On y plongea aussi à plusieurs reprises des
briques rouges ; le bain prit de
temps en temps un œil verdâtre,
mais il ne vint jamais au point
où il devoit être. Enfin, après
avoir tenté inutilement plusieurs
autres moyens sans pouvoir pénétrer la cause de la non-réussite &
l'avoir réchauffé plusieurs fois, je
la fis jetter au bout de quinze
jours.

Tous les autres accidens qui
me sont arrivés dans la conduite

de la Cuve d'Indigo, n'ont fait
que retarder sa réuſſite ; enſorte
que cette opération peut être
regardée comme très - facile en
comparaiſon de la Cuve de Paſtel & de celle de Vouëde. J'ai
même fait pluſieurs expériences,
tant ſur l'une que ſur l'autre, où
j'avois pour objet d'abréger le
temps des préparations ; mais le
plus ſouvent n'ayant point réuſſi,
ou n'ayant rien fait de mieux que
ce qui ſe pratique à l'ordinaire,
je ne crois pas qu'il ſoit à propos
de les rapporter.

Le bain de la Cuve d'Indigo ne
reſſemble point exactement à celui de la Cuve de Paſtel ; ſa ſurface
eſt d'un bleu brun couvert d'écail-
les cuivreuſes, & le deſſous eſt d'u-
ne belle couleur verte. L'étoffe ou
la laine qu'on teint eſt auſſi verte
lorſqu'on la retire , & devient
bleuë un moment après. On a vû

ci-devant, qu'il arrive la même chose à la Cuve de Pastel; mais ce qu'il y a de singulier, c'est que le bain de cette derniere n'est pas verd, quoiqu'il produise sur la laine le même effet que l'autre. Il faut encore remarquer que si l'on transporte le bain de la Cuve d'Inde hors du vaisseau où il est, & qu'en prenant trop long-temps l'air, il perde sa verdeur, toute sa qualité se perd en même temps: ensorte que quoiqu'il donne une couleur bleue, cette couleur n'a plus aucune solidité. J'examine-rai cela plus en detail dans la suite, & je tâcherai de donner la Théorie Chymique de ce chan-gement.

CHAPITRE VIII.

De la Cuve d'Inde à froid avec l'urine.

ON fait une Cuve d'Indigo avec l'urine qui vient en couleur à froid, & sur laquelle on travaille aussi à froid. On prend pour cet effet quatre livres d'Indigo en poudre, qu'on fait digérer sur les cendres chaudes pendant vingt-quatre heures dans quatre pintes de vinaigre. Au bout de ce temps, si tout ne paroît pas encore bien dissout, on le broye de nouveau dans un mortier avec la liqueur, & on y ajoute peu à peu de l'urine. On y met ensuite une demie livre de garence qu'on y délaye bien, en remuant le tout avec un bâton. Lorsque cette préparation est faite, on la verse dans un tonneau rempli d'un muid d'urine : il n'importe qu'elle soit vieille ou nouvelle. On brasse & on pallie bien le tout ensemble; ce qu'on continue soir & matin pendant huit jours, ou jusqu'à ce que la Cuve paroisse verdir à la superficie, lorsqu'on la pallie, & qu'elle fasse de la fleurée comme la Cuve ordinaire. On travaille alors dessus sans y faire autre chose que de la pallier deux ou trois heures auparavant. Cette sorte de Cuve est extrêmement commode, parceque lorsqu'elle a été mise en état une fois, elle y demeure toujours jusqu'à ce qu'elle soit entierement tirée, c'est-à-dire, que l'Indigo ait donné toute la couleur; ainsi on peut y travailler à toute heure, au lieu que la Cuve ordinaire a besoin d'être préparée dès la veille.

Si l'on veut faire cette Cuve plus ou moins considérable , on augmente ou on diminue la quantité des matieres suivant celle de l'Indigo que l'on veut employer; ensorte que pour chaque livre d'Indigo on mette toujours une pinte de vinaigre , deux onces de garence , & soixante à soixante-dix pintes d'urine. En été , cette Cuve vient plus promptement en couleur , & plus lentement en hyver. Si on vouloit l'accélérer , il n'y auroit qu'à , lorsqu'elle est posée , enlever une portion du bain , le chauffer dans une Chaudiere sans le faire boüillir , & le reverser ensuite dans la Cuve. Cette opération est si simple , qu'il est presque impossible de la manquer.

Lorsque l'Indigo est tout-à-fait tiré , & qu'il ne donne plus de couleur , on peut recharger la

Cuve fans en pofer une neuve : pour cela, il n'y a qu'à diffoudre de nouvel Indigo dans du vinaigre ; y ajouter de la garence à proportion de l'Indigo, & reverfer le tout dans la Cuve, la palliant foir & matin comme la premiere fois : elle fera auffi bonne que fi elle étoit neuve. Il ne faudroit pas cependant la recharger de la forte plus de quatre ou cinq fois, parceque le marc de la garence & de l'Indigo ne lafferoit pas de teinir le bain, & de rendre par conféquent la couleur moins vive. Au refte, je déclare que je n'ai point fait exécuter cette Cuve, & que par conféquent je n'en garantis pas la réuffite ; mais en voici une autre à l'urine, qui donne à la laine des bleus fort folides, & que j'ai vû préparer.

Cuve chaude d'Indigo à l'urine.

ON a commencé par faire tremper pendant vingt-quatre heures une livre d'Indigo dans quatre pintes d'urine nette; ensuite on l'a broyée dans un grand mortier de fer avec la même urine, & quand à force de broyer, l'urine s'est trouvée très-bleuë, on l'a coulée à travers un tamis fin, dans un bacquet, & l'Indigo qui n'a pû passer, & qui est resté sur le tamis, a été remis & broyé de nouveau dans le mortier avec quatre autres pintes d'urine nette; ce qui a été continué jus-qu'à ce que tout l'Indigo ait passé avec l'urine à travers le tamis. Cette opération, qui dure envi-ron deux heures, étant faite, on a mis, à quatre heures après-mi-di, trois muids d'urine dans une Chaudiere. On l'y a fait chauffer

très-fort, mais sans boüillir, &
l'urine a jetté à sa surface une
écume épaisse, qu'on a jettée hors
de la Chaudiere, en l'enlevant
avec un balai. On a continué
d'écumer à diverses reprises, jusqu'à ce qu'il ne se fit plus qu'une
écume légére & blanche : l'urine
étant alors assés purifiée, & étant
prête à boüillir, on l'a versée dans
la Cuve de bois : on y a mis l'Indigo broyé qui étoit dans le bacquet, & on a pallié la Cuve avec
un rable, afin de bien mêler l'Indigo avec l'urine. Aussi-tôt après,
on a versé dans la Cuve un brevet fait de deux pintes d'urine,
d'une livre d'alun de glace, &
d'une livre de tartre rouge, &
pour faire ce brevet, on a d'a-
bord mis dans le mortier l'alun
& le tartre, qu'on y a réduit en
poudre fine, puis on a versé dessus les deux pintes d'urine, & on

a broyé le tout ensemble, jusqu'à ce que ce mêlange, qui s'est gonflé tout-à-coup, cessât de fermenter. Alors on l'a versé dans la Cuve, qu'on a aussi-tôt palliée fortement, & l'ayant ensuite couverte de son couvercle de bois & de quelques vieilles couvertures, on l'a laissée en cet état toute la nuit. Le lendemain matin, le bain s'est trouvé de couleur très-verte. C'étoit une marque que la Cuve étoit en bon état, & qu'on y auroit pû teindre, si on avoit voulu ; mais on n'y teignit point, à cause que tout ce qu'on avoit fait ci-dessus, n'étoit à proprement parler, que le premier apprêt, ou une première préparation de la Cuve, & que l'Indigo, qu'on y avoit mis, n'étoit destiné qu'à nourrir & façonner l'urine. Ainsi, pour achever de l'apprêter, on a laissé reposer la Cuve pendant deux jours, tou-

G

jours couverte, afin qu'elle se refroidît lentement; après quoi on y a fait ce qui suit. On a préparé une seconde livre d'Indigo, en le broyant avec de l'urine purifiée, comme ci-dessus : vers les quatre heures après-midi on a versé dans la Chaudiere tout le bain de la Cuve : on l'a fait chauffer très-fort, mais sans boüillir. Il s'y est formé encore quelque écume épaisse qu'on en a rejettée, & ce bain, étant alors prêt à boüillir, on l'a reversé dans la Cuve. Aussi-tôt on y a jetté l'Indigo broyé, avec un brevet fait comme dessus, d'une livre d'alun, d'une livre de tartre, & de deux pintes d'urine, & on y a ajoûté une nouvelle livre de garence : alors on a pallié la Cuve. Enfin, l'ayant bien couverte, on lui a laissé passer la nuit. Le lendemain matin, elle s'est trouvée en très-bon état, le

bain étant fort chaud & d'un très-
beau verd ; ainsi il n'a plus été
question que d'y teindre , & c'est
ce que l'on a fait comme il suit.
C'étoit de la laine en toison qu'on
avoit à mettre en bleu.

Cette laine a été d'abord bien
dégraissée à l'urine, bien lavée ,
& si bien égoûtée , qu'elle ne rendoit plus d'eau en la pressant entre les mains, mais qu'elle étoit
simplement humide. Etant ainsi
disposée, on en a mis une trentaine de livres dans la Cuve : on
l'y a bien étenduë entre les mains,
afin qu'elle s'y abreuvât également; ensuite on l'a laissé reposer
une heure ou deux, selon qu'on
la vouloit plus ou moins foncée.
Pendant ce temps-là la Cuve a
toujours été bien couverte , afin
qu'elle conservât sa chaleur; car
plus elle est chaude, mieux elle
teint ; & devenuë froide, elle

n'agit plus. Lorsque la laine a été
à la nuance de bleu qu'on défi-
roit, on l'a retirée de la Cuve par
pelotons gros comme la tête ; on
les a tordus & exprimés fur le
bain, à mesure qu'on les retiroit,
& aussi-tôt on les a donnés à quatre ou cinq femmes, rangées près
de la Cuve, pour les ouvrir &
éventer entre leurs mains, jusqu'à
ce que de verds qu'ils étoient au
fortir de la Cuve, ils fussent devenus bleus. Ce changement de
verd en bleu se fait en trois ou
quatre minutes. Ces trente livres
étant ainsi teintes & déverdies,
on a pallié la Cuve, puis on l'a
laissé repofer deux heures, toujours bien couverte. Au bout de
ce temps, on y a mis trente autres livres de laine, qu'on y a bien
étendues avec les mains. On a recouvert la Cuve, & en quatre ou
cinq heures, cette laine s'est trou-

vée teinte à la même hauteur ou nuance des trente premieres livres ; alors on l'a retirée de la Cuve par pelotons, & fait déverdir comme dessus. Cette opération achevée, la Cuve s'est trouvée encore un peu chaude, mais pas assés pour y teindre de nouvelle laine ; parceque quand elle n'a plus un degré de chaleur suffisant, la couleur qu'elle donneroit, ne seroit ni uniforme ni solide ; ainsi il faut la réchauffer & regarnir d'Indigo comme on a fait ci-devant ; & c'est ce qu'on peut faire toutes les fois qu'on le juge à propos ; car cette Cuve ne se gâte jamais en vieillissant, pourvû que pendant qu'on la garde ainsi sans rien faire, elle ait un peu d'air,

Réchaut de la Cuve à l'urine.

VERS les quatre heures après-midi, on en versa tout le bain dans la Chaudiere, & on ajoûta à ce bain de l'urine suffisamment, pour remplacer ce qui s'en étoit évaporé & perdu pendant le travail précédent. Ce remplissage va ordinairement à huit ou neuf seaux d'urine : ensuite on fait chauffer le bain : on l'écume comme il a été expliqué ci-devant, & quand il est prêt à bouillir, on le reverse dans la Cuve de bois. On y ajoûte une livre d'Indigo moulu & broyé à l'urine, & aussi un brevet fait comme dessus, d'une livre d'alun, d'une livre de tartre, d'une livre de garence, & de deux pintes d'urine. Ensuite, après qu'on a pallié la Cuve, & qu'on l'a bien couverte, on la laisse reposer toute la nuit.

Le lendemain elle se trouve en bon état, & l'on y peut teindre soixante livres de laine en deux fois, comme on a fait ci-dessus. C'est ainsi que se doivent toujours faire les *réchauts* ou *réchauffages*, la veille qu'on veut teindre, & ces réchauffages peuvent aller à l'infini; car la Cuve, une fois posée, sert toujours, & ne finit jamais, ainsi que je l'ai deja dit.

Il faut remarquer que plus on met d'Indigo à la fois dans la Cuve, plus le bleu qu'elle donne est foncé : ainsi, au lieu d'une livre, on y en peut mettre quatre, cinq & six livres à la fois, sans qu'il soit nécessaire pour cela d'augmenter la dose de l'alun, du tartre & de la garence, dont on compose le brevet; mais si la Cuve tenoit plus de trois muids, il faudroit proportionnellement

augmenter la dose de ces ingrédiens. Celle dont il vient d'être
parlé, n'étoit que de trois muids,
& elle étoit trop petite pour y
teindre à la fois la quantité de
laine nécessaire pour en faire un
drap, sçavoir cinquante-cinq à
soixante livres. Pour bien faire,
il faudroit qu'elle fut au moins
de six muids, & il y auroit un
double avantage. 1°. Toute la
laine seroit teinte en deux ou trois
heures : au lieu qu'en la teignant
en deux fois, elle n'est achevée
de teindre qu'en huit ou dix heures. 2°. Au bout de trois heures
que la laine seroit teinte, retirée
& déverdie, la Cuve se trouvant
encore bien chaude, on pourroit,
après l'avoir palliée & laissé reposer deux heures, y repasser cette même laine ; ce qui la feroit
monter en couleur de près de
moitié ; parceque toute laine déja

teinte, éventée & déverdie, y
prend toujours une plus belle
couleur, qu'une laine neuve ou
blanche qu'on laisseroit pendant
vingt heures dans la Cuve.

Il faut avoir grand soin de
faire éventer & déverdir les pelotons teints qu'on retire de la
Cuve, par plusieurs mains à la
fois, afin que l'air les frappe également, sans quoi la couleur bleuë
ne seroit pas uniforme dans toute
la partie de laine.

Quelques Fabriquans prétendent que des draps dont la laine
avoit reçu ce pied de bleu à l'urine, n'ont pû être exactement dé-
graissés au foulon, même en deux
fois; d'autres ont avoüé le contraire, & je crois que ces derniers
ont dit plus vrai. Si cependant
les premiers avoient raison, on
pourroit soupçonner que l'huile
animale de la laine étant devenuë

refineufe en fe deffechant fur la
laine, ou en s'uniffant avec l'huile dont on humecte la laine pour
les autres preparations, elle refif-
teroit davantage à la terre du
foullonnier & au favon, qu'une
huile fimple par expreffion. Pour
y remedier, il n'y auroit qu'à bien
laver la laine en eau courante
après qu'elle eft teinte, exprimée, eventée, deverdie & refroidie. Quoiqu'il en foit, on préfé-
rera toujours la Cuve de Paftel,
dans les grands Atteliers de Teinture, à ces fortes de Cuves d'Indigo faites à l'urine ou autrement,
parcequ'avec un bon *Guefde* &
un habile *Guefderon*, on expedie
beaucoup plus d'ouvrage qu'avec
toutes les autres Cuves de bleu,
& fi je comprends toutes les Cuves
d'Inde dans ce Traité, c'eft moins
dans le deffein de les introduire
dans les grandes Manufactures,

que pour procurer des facilités
aux Ouvriers des petites Fabriques, ausquels je souhaite que cet
Ouvrage soit utile comme aux
autres. Voici même, pour ceux
qui travaillent de ces petites étoffes dans lesquelles on fait entrer
le fil & le coton, une Cuve à
froid, qui réussit très-bien, dont
la couleur est solide, mais qui ne
peut servir pour la laine.

CHAPITRE IX.

Cuve d'Inde à froid sans urine.

ON est dans l'usage à Rouen,
& dans quelques autres
Villes du Royaume, de teindre
dans une Cuve d'Inde à froid,
différente de la premiere du Chapitre précédent, & qui est encore
plus commode en ce qu'elle vient
plus promptement, & qu'elle n'a

aucune mauvaise odeur. Voici de quelle maniere on la prépare.

On fait diſſoudre dans un pot de terre verniſſé trois livres d'Indigo bien pulvériſé, dans trois chopines d'eau forte des Savoniers. Cette eau eſt une forte leſſive de ſoude & de chaux vive. Je me ſuis ſervi de diſſolution de potaſſe, & j'ai très-bien réuſſi. La diſſolution de l'Indigo eſt environ vingt-quatre heures à ſe faire, & l'on reconnoît qu'elle eſt faite, à ce que l'Indigo reſte ſuſpendu dans la liqueur : ce qui l'épaiſſit, & lui donne une conſiſtence d'extrait. On met en même temps dans un autre vaiſſeau trois livres de chaux éteinte & tamiſée, avec ſix pintes d'eau ; on fait boüillir le tout pendant un quart d'heure, & après l'avoir laiſſé repoſer, on verſe par inclination ce qu'il y a de clair. On fait enſuite diſſoudre, dans cette eau de chaux, trois livres de couperose verte, & on laisse reposer le tout jusqu'au lendemain. On met alors trois cens pintes d'eau dans un grand tonneau de sapin (tout autre bois que le sapin ne conviendroit pas, parcequ'il noirciroit & terniroit la teinture, particulierement s'il étoit de chêne); on y jette les deux dissolutions qu'on avoit préparées la veille; on pallie bien la Cuve, & on la laisse reposer. Je l'ai vû quelquefois venir en couleur deux heures après; mais cela ne manque pas d'arriver au plus tard le lendemain. Elle fait beaucoup de fleurée, & le bain prend une belle couleur verte, mais un peu jaunâtre que le verd de l'ordinaire.

Lorsque cette Cuve commence à s'user, on la ranime sans y met-

tre de nouvel Indigo, en y faifant un petit brevet, compofé de
deux livres de couperofe verte
diffoute dans une fuffifante quantité d'eau de chaux. Mais lorfque
l'Indigo a ufé toute fa couleur,
on la recharge en y en mettant
de nouveau, diffout dans une leffive telle que je viens de la décrire. On juge aifément que pour
une plus grande ou une moindre
quantité d'Indigo, il ne faut
qu'augmenter ou diminuer la
quantité des autres ingrediens.

Eau de Feraille. Quelques Teinturiers ajoûtent
dans cette Cuve un peu d'eau de
feraille. C'eft un mélange d'eau
& de vinaigre, dans lequel on a
fait rouiller de vieux clous ou
d'autres morceaux de fer. Ils prétendent que cela rend encore
la couleur plus folide; mais j'ai
éprouvé que fans cela elle l'eft
fuffifamment, & autant que tous

les autres bleus, dont j'ai donné
ci-devant la préparation.

La premiere fois que j'exécu-
tai cette derniere Cuve, je la fis
sur une recette qui avoit été envoyée de Rouen. L'eau forte de
la leſſive des Savoniers, y étoit
déſignée ſimplement ſous le nom
d'*Eau forte*, je ſoupçonnai qu'il
y avoit erreur ou malice : cependant, comme en matiere de faits,
il n'eſt pas toujours raiſonnable
de nier avant que d'avoir vérifié,
j'eſſayai l'eau forte ordinaire, &
voici ce qui en arriva.

Je pilai bien une demie livre
d'indigo, & je l'abbreuvai d'un
demi ſeptier d'eau forte commune, faite avec le vitriol & le ſalpêtre : il s'y fit une fermentation.
Je les laiſſai ainſi pendant vingt-
quatre heures ; & ayant diſſout,
comme dans l'opération précédente, une livre de couperoſe,

qui étoit la proportion convenable, dans de l'eau de chaux, je
versai ces deux mêlanges l'un
après l'autre dans un tonneau qui
contenoit environ soixante - dix
pintes d'eau de riviere. Je palliai
bien le tout, mais il ne parut rien
le lendemain. Je continuai encore deux jours à la pallier trois
fois le jour, & je la laissai deux
autres jours sans y toucher,
croyant qu'elle étoit absolument
manquée. Au bout de ces quatre
jours, le bain prit une couleur
rousse, mais plus claire que celle
des Cuves de Pastel. Je la palliai
une seule fois, & la laissai six jours
sans rien faire : elle avoit un peu
de fleurée, mais très-pâle : au
bout des six jours, la surface du
bain étoit brune, mais le dessous
étoit d'un verd brun. Je la palliai
alors, & il me parut que le fond
du bain avoit encore une couleur

rousseâtre ; mais la fleurée qui s'élevoit, étoit d'une bonne couleur ; ce qui me fit espérer qu'elle se rétabliroit, & qu'on y pourroit travailler le lendemain.

J'y passai du coton au bout de seize heures ; il prit couleur, mais très-foiblement, & je fus obligé de l'y laisser plusieurs heures pour avoir un bleu d'une nuance suffisamment foncée. Ce bleu soutint assés bien l'action de l'air & du soleil pendant douze jours d'été : mais je fis jetter cette Cuve, parcequ'elle ne pouvoit être d'usage, à cause de la lenteur avec laquelle elle faisoit son effet. On auroit certainement pû la raccommoder avec de la chaux ou avec quelque autre alcali, salin ou terreux, qui auroit absorbé l'acide de l'eau forte, mais cela n'en valoit pas la peine. D'ailleurs, sur la lettre que j'avois fait

écrire à celui qui avoit envoyé
la recette de Rouen, il vint des
éclaitcissemens sur l'espéce d'eau
forte qu'il falloit employer, & il
se trouva que c'étoit celle des Savoniers, qui bien loin d'être acide, comme l'eau forte ordinaire,
est un alcali des plus caustiques.
En effet, en employant cette lessive alcaline, l'opération me réussit dès la premiere fois, & depuis
je n'en ai manqué aucune.

J'ai fait plusieurs de toutes ces
Cuves, en très-petit dans des cu-
curbites que je mettois au bain-
marie, ou au bain de sable pour
celles qui se posent à chaud, &
que je laissois sans y rien faire,
pour celles qui viennent d'elles-
mêmes à froid. Ces dernieres ne
sont aucunement difficiles, il n'y
a qu'à diminuer la quantité du
bain & de tous les ingrédiens dans
la proportion de la Cuve que l'on

veut poser, & il est presque impossible de ne pas réussir.

A l'égard de celle que j'ai décrite la premiere, & qui se pose à chaud, comme il y a un peu plus de difficultés, & que plusieurs personnes pourroient avoir envie d'éprouver par eux-mêmes une pareille opération, qui est assés curieuse, & qui ne demande ni dépense ni appareil, pour la faire en petit, je vais donner le procédé d'une qui m'a parfaitement réussi, & que j'avois à dessein chargée d'Indigo beaucoup plus qu'on ne le fait, en suivant la proportion ordinaire.

Je fis bouillir deux pintes d'eau avec deux gros de garence & quatre onces de cendres gravelées : après que le tout eut boüilli un quart d'heure, je le versai dans une cucurbite qui tenoit environ quatre pintes, que j'avois eu soin d'échauffer auparavant avec de l'eau chaude, & dans laquelle j'avois mis un quart de poignée de son. Je brouillai bien le tout avec une spatule de bois blanc, & je plaçai ma cucurbite sur un feu de sable très-doux, qui ne pouvoit que l'entretenir tiede, & à peu près au degré de chaleur qui convient à la Cuve d'Inde ordinaire.

Je continuai le feu sous le bain de sable toute la nuit, & le lendemain, sans qu'il y arrivât de changement sensible, je la remuai seulement deux fois dans la journée avec la spatule. Le jour suivant, il commença à s'élever de la fleurée, il se forma une pellicule cuivreuse sur la surface, & le bain étoit d'un verd brun. Je la remplis alors d'un breuvet composé d'une pinte d'eau, de deux onces de cendres gravelées, &

d'un peu de son : je broüillai bien
le tout ensemble , puis la laissai
tranquille : elle vint parfaitement
bien en couleur , & le lendemain
j'y teignis plusieurs moyens morceaux d'étoffe de laine. On peut
réchauffer & regarnir ces petites
Cuves avec la même facilité qu'u-
ne grande.

Je ne crois pas avoir rien à
ajoûter sur la maniere de poser
toutes les espéces de Cuves qui
peuvent servir à teindre en bleu.
Cependant je ne doûte pas qu'il
n'y ait plusieurs autres pratiques
usitées en divers endroits, & qu'il
ne soit même facile d'en imagi-
ner de nouvelles : tout ce que
je puis dire , c'est que toutes celles que j'ai rapportées sont très-
sûres , & qu'il n'y en a aucune qui
n'ait été exécutée plusieurs fois
avec la même réüssite.

****

CHAPITRE X,

De la maniere de teindre en bleu.

LORSQUE la Cuve, de quelque espéce qu'elle soit, est une fois préparée, & qu'elle est en état, il n'y a plus aucune difficulté à teindre les laines ou étoffes; il ne faut, comme je l'ai déja dit, que les bien moüiller dans l'eau claire & un peu chaude, les exprimer & les plonger dans la Cuve, plus ou moins long-temps, suivant que l'on veut la couleur plus ou moins foncée. On évente de temps en temps l'étoffe, c'est-à-dire, qu'on la retire de la Cuve, qu'on l'exprime, en sorte que le bain retombe dans la Cuve, & qu'on l'expose un moment à l'air, qu'la déverdit en moins d'une ou deux minutes.

Car, de quelque Cuve que l'on
se serve, l'étoffe est toujours verte en la sortant, & elle ne prend
la couleur bleuë, qu'à mesure que
l'air la frappe : il est même très-
à-propos de la laisser déverdir
avant de la replonger dans le bain
pour y reprendre une seconde
nuance, parceque l'on est plus à
portée alors de juger de sa couleur, & de voir si l'on doit encore
lui donner ce qu'on appelle une
ou plusieurs *passes* ; c'est-à-dire,
la plonger encore plusieurs fois
dans la Cuve.

C'est un ancien usage parmi les
Teinturiers, de compter treize
nuances de bleu, depuis la plus
foncée jusqu'à la plus claire.
Quoique leurs dénominations
soient un peu arbitraires, & qu'il
ne soit pas possible de fixer au
juste le passage de l'une à l'autre,
il en faut du moins donner les

noms, tels qu'ils se trouvent dans l'Instruction pour les Teintures, publiée en 1669 par ordre de M. Colbert. Les voici, à commencer par la plus claire.

Bleu blanc : Bleu naissant : Bleu pâle : Bleu mourant : Bleu mignon : Bleu céleste : Bleu de Reine : Bleu Turquin : Bleu de Roy : Fleur de Guesde : Bleu Pers : Bleu Aldego : & Bleu d'Enfer.

Toutes ces distinctions ne sont pas également reçuës de tous les Teinturiers, & dans toutes les Provinces : mais la plus grande partie y sont connuës, & c'est l'unique moyen que l'on ait de donner l'idée de la même couleur, qui ne diffère que par être plus ou moins foncée.

Il n'y a aucune difficulté à faire des bleus foncés : j'ai déja dit que pour cela il n'y a qu'à passer plusieurs fois la laine ou l'étoffe dans

la

la Cuve : mais il n'en est pas de même des bleus clairs ; car lorsque la Cuve est bien en état, on ne peut pas souvent y laisser la laine assés peu de temps pour qu'elle ne prenne que la nuance que l'on veut. Souvent même, lorsqu'on a une certaine quantité de laine à passer, & qu'elle ne peut pas être mise dans la Cuve toute en un même instant, celle qui y entre la premiere se trouve plus foncée que l'autre. Il y a des Teinturiers, qui pour éviter cet inconvenient, & pour faire des bleus très-clairs, qu'ils appellent *Bleus déblanchis* ou *Bleus-blancs*, prennent du bain de la Cuve d'Inde, qu'ils noyent dans une très-grande quantité d'eau claire un peu chaude ; mais cette méthode n'est pas bonne, parceque la laine teinte sur ce mélange n'a pas une couleur à beaucoup près si solide

H

que celle qui est teinte sur la Cuve même, attendu que les ingrédiens altérans qu'on met dans la
Cuve avec l'Indigo, servent autant à disposer les pores du sujet
qu'on y plonge, qu'à ouvrir la fécule colorante qui doit le teindre : leur concours est nécessaire
pour la ténacité de la couleur. Le
meilleur moyen qu'il y ait de faire
ces sortes de bleus clairs, c'est
de les passer sur des Cuves, soit
d'Indigo, soit de Pastel, dont
toute la couleur soit tirée, & qui
commencent à refroidir. Celle
de Pastel y est même encore plus
propre que la Cuve d'Inde, parcequ'elle ne teint pas aussi promptement : je l'ai déja dit dans un
autre endroit.

Il est vrai que les bleus faits
sur des Cuves usées, sont plus ternes que les autres, mais on peut
les aviver assez sensiblement en

paſſant la laine ou l'étoffe ſur de
l'eau boüillante. Cette pratique
eſt même néceſſaire à la perfection de toutes les nuances de
bleu. Outre que par-là on rend
la couleur plus vive, on l'aſſure
encore, & on enléve tout ce qui
n'eſt pas bien incorporé avec la
laine, & qui tacheroit les mains
ou le linge, comme cela arrive
preſque toujours, parceque pour
gagner ſur le temps, les Teinturiers ne prennent pas aſſés ſouvent cette précaution. Après que
la laine eſt retirée de l'eau chaude, il eſt néceſſaire de la laver
encore à la riviere, ou du moins
en aſſés grande eau, afin d'achever d'emporter tout ce qui ſe peut
détacher de la teinture ſuperflue.
Si c'eſt un bleu foncé, il eſt encore mieux de bien fouler & dégorger l'étoffe avec de l'eau & du
ſavon blanc, & de la laver enſui-

te à la rivière. Le savon n'endommage en aucune façon le bleu, il ne fait que le rendre plus vif & plus brillant.

Il faut dégorger avec le même soin les étoffes qu'on teint en bleu pour les mettre en noir, comme je le dirai dans l'article du noir : mais cela n'est pas si essentiel pour celles qui sont destinées à être mises en verd ; on en verra les raisons, lorsque je parlerai de cette couleur.

Je crois qu'il ne doit plus rester aucune difficulté sur ce qui regarde la préparation du bleu ; & la maniere de teindre en cette couleur. Il y a des Teinturiers peu fidéles, qui, pour épargner le Pastel & l'Indigo, font usage dans le bleu de l'Orseille ou du bois d'Inde & de Bresil ; mais cela doit être expressément défendu, quoique ce bleu falsifié soit souvent beaucoup plus brillant qu'un bleu solide & légitime. J'en parlerai dans les Chapitres qui traiteront du petit teint.

Il ne me reste plus qu'à donner la théorie de la mécanique invisible de la teinture bleuë. Cette couleur, que je ne considére ici que par rapport à son usage dans la teinture des étoffes quelconques, n'a été tirée jusqu'à présent que du regne végétal, & il ne paroît pas qu'on puisse espérer d'employer un jour dans cet Art les autres bleus dont les Peintres se servent; tels que sont le bleu de Prusse, qui tient du genre animal & du genre minéral; * l'azur, qui est une matiere minérale vitrifiée; l'outremer, qui vient d'une

* En 1748 M. Macquer, de l'Académie Royale des Sciences, a trouvé le moyen d'employer la préparation du bleu de Prusse, à teindre la soye & le drap en un bleu, dont la vivacité efface tous les bleus faits jusqu'à present.

pierre dure préparée, les terres colorées en bleu, &c. toutes ces matieres ne peuvent, sans perdre leur couleur en tout ou en partie, être réduites en atômes assés ténus pour être suspendus dans le liquide salin, qui doit pénétrer les fibres des matieres, soit animales, soit végétales, dont on fabrique les étoffes: car sous ce nom, on doit comprendre aussi-bien les toiles de fil & de coton, que ce qui a été tissu en soye ou en laine.

Nous ne connoissons, jusqu'à présent, que deux plantes qui donnent le bleu, après leur préparation; l'une est l'*Isatis* ou *Glastum*, qu'on nomme *Pastel* en Languedoc, & *Vouëde* en Normandie; leur préparation consiste dans la fermentation continuée presque jusqu'à la putréfaction de toutes les parties de la plante, la racine exceptée; par conséquent dans un développement de tous leurs principes, dans une nouvelle combinaison & arrangement de ces mêmes principes, d'où il résulte un assemblage de particules infiniment déliées, qui, appliquées sur un sujet quelconque, y réfléchissent la lumiere bien différemment de ce qu'elles feroient, si ces mêmes particules étoient encore jointes à celles que la fermentation en a séparées.

L'autre plante est l'*Anil* qu'on cultive dans les Indes Orientales & Occidentales, & dont on prépare cette fécule qu'on envoye en Europe sous le nom d'*Inde* ou d'*Indigo*. Dans la préparation de cette derniere plante, les Indiens & les Américains, plus industrieux que nous, ont trouvé l'art de séparer les seules parties colorantes de la plante, de toutes les autres parties inutiles ; & les Co-

Ionies Françoifes & Efpagnoles qui les ont imité, en ont fait un objet confidérable de commerce.

Pour que l'Indigo, tel que l'on nous l'envoye de l'Amérique, dépofe fur les étoffes fabriquées ou fur les laines, les particules colorantes, dont le Teinturier a befoin dans fon Art, on le fait infufer de plufieurs manieres dont on a lû ci-devant la defcription. Elles fe peuvent réduire à trois. L'infufion ou la Cuve-d'Inde à froid peut fervir aux fils & coton : celles à chaud font employées pour toutes les étoffes de quelque genre qu'elles viennent originairement. Dans célle à froid, on joint à l'Indigo les cendres gravelées, la couperofe ou vitriol verd, la chaux, la garence & le fon. Celles à chaud fe préparent ou avec l'eau ou avec l'urine. Si on employe l'eau, on met avec l'Indigo

des cendres gravelées & un peu
de garence. Si l'on se sert d'urine,
on joint à l'Indigo l'alun & le tartre. L'une & l'autre de ces Cuves, destinées principalement aux
laines, ont besoin d'un degré de
chaleur modéré, mais cependant
assés fort, pour que la laine s'y
couvre d'une teinture solide ;
c'est-à-dire, comme on l'a vû ci-
devant, qui puisse résister à l'action détruisante de l'air & du soleil, ou aux épreuves ordonnées,
& dont on peut lire le détail dans
la nouvelle instruction de 1733.

J'ai préparé moi-même, ainsi
que je l'ai dit plus haut, ces trois
Cuves en petit, dans des vaisseaux cilindriques de crystal, ex-
posés au grand jour, afin de pouvoir voir ce qui s'y passoit, avant
que l'infusion fut venuë en couleur; c'est-à-dire, qu'elle fut verte au-dessous de l'écume ou fleu-

rée bleuë qui monte à la surface,
& qui est une marque de fermentation intérieure. J'ai déja dit que
cette couleur verte du bain, est
une condition absolument essen-
tielle, & sans laquelle la couleur
que l'étoffe y prendroit, ne seroit
pas de bon teint, & disparoîtroit
presque entierement aux moindres épreuves.

Je vais décrire la petite Cuve
d'Inde à froid, parceque c'est
celle où les changemens se font
le mieux fait appercevoir, & que
ce qui arrive dans les deux autres
n'a pas des différences bien essen-
tielles. Il est bon d'avertir, avant
que d'aller plus loin, que ce que
j'appellerai *partie* dans ce Mémoire d'expériences, est une mesure du poids de quatre gros de
toute matiere, soit liquide, soit
solide, & que ce sera cette quantité qu'il faudra supposer toutes

les fois que je me servirai de ce mot, dans le détail de ces expériences.

J'ai mis trois cens *parties* d'eau dans un vaisseau dont la capacité étoit de cinq cens douze ou de huit pintes, & j'y ai fait dissoudre six parties de couperose verte, qui a donné à la liqueur une teinte jaune. J'ai fait dissoudre à part six parties de potasse dans trente-six autres parties d'eau; & lorsque la dissolution en a été achevée, j'y ai fait digérer pendant trois heures sur un feu très-doux six parties ou trois onces d'Indigo de Saint Domingue bien broyé. Il s'y est gonflé, & ayant pris un plus grand volume, il s'est élevé du fond de cette liqueur alcaline, avec laquelle il a formé une espéce de syrop épais qui étoit bleu; marque que l'Indigo n'étoit que divisé, mais non pas dissout; car

fi fa diffolution eut été parfaite,
cette liqueur épaiffe auroit été
verte, au lieu d'être bleuë, parceque toute liqueur qui a été teinte en bleu, par un végétal, quel
qu'il foit, verdit, lorfqu'on y mêle
un fel alcali, ou concret, ou en
forme liquide, foit qu'il foit fixe,
foit qu'il foit volatile. De-là on
commence à découvrir la raifon
pourquoi l'Indigo ne teint pas une
étoffe en bleu folide, quand fon
bain n'eft pas verd; c'eft qu'alors
la diffolution n'eft pas complette,
& que l'alcali ne peut agir fur ces
premieres particules élémentai-
res, comme il agit par exemple
fur la teinture des violettes, qui
eft une diffolution parfaite des
parties colorantes de ces fleurs,
qu'il verdit dans l'inftant & au
premier contaçt.

J'ai verfé cette liqueur, bleuë,
épaiffe, dans la diffolution du vi-

triol; & après avoir bien agité le
mélange, j'y ai ajoûté six parties de chaux, éteinte à l'air :
il faisoit froid dans le temps de
cette expérience ; le thermometre étoit à deux degrés au-dessous du terme de la congellation :
c'est ce qui a été cause que cette
Cuve a été près de quatre jours
à venir en couleur ; & la fermentation qui doit se faire nécessairement dans toute liqueur vitriolique, où l'on met un sel alcali,
tel que celui de la potasse, & une
terre alcaline, s'est faite avec tant
de lenteur, qu'il n'a paru que
très-peu d'écume ou de bulles
d'air sur la surface du bain. Dans
une saison chaude, & en employant de la chaux nouvellement calcinée, ces sortes de Cuves
sont quelquefois en état de teindre au bout de quatre heures.

A chaque fois que j'ai broüillé

le mélange avec une spatule, j'ai toujours remarqué que ce qui tomboit le premier au fond du vaisseau étoit le fer du vitriol ou couperose, que le sel alcali en avoit précipité pour s'unir à l'acide. Ainsi, dans cette opération de la Cuve d'Inde à froid, on fait un tartre vitriolé à la façon de Tachenius, au lieu que par la méthode ordinaire de préparer ce sel moyen, on verse l'esprit acide du vitriol sur un sel alcali vrai, tel que le sel de tartre ou la potasse. Voilà encore une circonstance qui conduit insensiblement à la théorie du bon teint. Je prie le Lecteur de s'en ressouvenir, parceque j'en ferai usage dans la suite de ce Mémoire & dans d'autres Chapitres.

Après que le fer s'est précipité, on voit tomber la terre de la chaux : elle est aisée à reconnoî-

re par sa couleur blanche, qui
ne commence à disparoître pour
en prendre une plus difficile à
distinguer, que quand les particules colorantes de l'Indigo sont
assés développées. Enfin, au-dessus de cette terre blanche se dé-
pose la fécule de l'Indigo, qui peu
à peu se raréfie de telle sorte, que
cette matiere, qui dans le premier jour n'occupoit au-dessus de
la chaux précipitée, qu'un espace d'un pouce de haut, s'est éle-
vée insensiblement jusqu'à un demi pouce près de la surface du
bain, qui le troisiéme jour est
devenu tellement opaque qu'on
n'y pouvoit plus rien distinguer.

Cette raréfaction de l'Indigo,
lente dans les temps froids,
prompte dans l'été, & qu'on peut
accélérer dans l'hyver, en donnant à la liqueur quinze ou dix-
huit degrés de chaleur, est une

preuve qu'il se fait dans le mêlange
une fermentation réelle, laquelle
ouvre les molécules de l'Indigo ,
& les divise en des particules
d'une ténuité extrême. Alors
leurs surfaces ayant été multi-
pliées presque à l'infini, elles en
font d'autant plus également dis-
tribuées dans la liqueur, qui par-
là devient propre à les déposer
avec l'égalité convenable sur le
sujet qu'on y plonge pour y prendre la teinture.

Si cette fermentation se fait
précipitamment, ou en peu
d'heures, soit à l'occasion de la
chaleur de l'air, soit à l'aide d'un
petit feu, on voit paroître sur la
surface du bain une grande quantité d'écume, que les Teinturiers
appellent *fleurée*, qui est bleuë &
qui a des reflets qu'ils ont aussi
nommés *cuivreux*, parcequ'on y
voit les couleurs de l'arc-en-ciel,

où le rouge & le jaune dominent :
ce phénoméne n'est pas cependant particulier à l'Indigo, puisqu'on apperçoit de semblables
reflets dans tous les mêlanges qui
fermentent actuellement, & principalement dans ceux qui contiennent des particules grasses
mêlées avec des parties salines.
L'urine, la suye, & plusieurs autres corps mis en fermentation,
font paroître à leur surface les
mêmes couleurs de l'Iris.

Cette écume de la Cuve d'Indigo paroît bleuë, parcequ'elle
est exposée à l'air extérieur qui
lui est contigu. Mais si l'on prend
avec une cuillere une petite
quantité du bain ou de la liqueur
qui est au-dessous de cette écume, il paroît plus ou moins verd,
selon qu'il est plus ou moins chargé de particules colorantes. On
verra dans la suite de ce Mémoi-

re la raison de cette différence, ou au moins une explication très-vraisemblable de cette altération du bleu, qui, comme je l'ai dit, est absolument nécessaire pour la réussite de l'opération que je décris.

Quand la Cuve est en cet état, on a déja vû qu'on y peut teindre le coton, le fil, les toiles qui en sont tissuës, &c. & la couleur que ces corps y prennent, est de bon teint ; c'est-à-dire, que ce fil & ce coton la conserveront, même après avoir resté pendant un temps convenable dans une dissolution, actuellement boüillante, de savon blanc. C'est l'épreuve qu'on leur fait subir, & celle qu'on a choisi préférablement à toute autre, parceque les toiles de coton & de fil doivent être blanchies avec le savon, quand elles sont sales.

Quoique le bain d'Indigo, qui est en cet état, puisse teindre solidement sans addition d'aucune autre matiere, les Teinturiers, qui sont dans l'usage d'employer cette Cuve à froid, y ajoûtent, comme dans les autres Cuves à chaud, une décoction de garence & de son dans l'eau commune, & passée par un tamis. C'est ce qu'ils nomment un *brevet*. Ils y mettent la garence, pour assurer, disent-ils, la couleur de l'Indigo, parcequ'il cette racine en fournit une si tenace, qu'elle résiste à toutes les épreuves. Ils y ajoûtent le son pour adoucir l'eau, qu'ils supposent contenir presque toujours des parties d'un sel acide, qu'il est bon, selon eux, d'amortir. Au moins, c'est-là le sentiment de ceux que j'ai consultés.

C'est une suite de l'ancien préjugé où l'on étoit du temps de

M. Colbert contre l'Indigo ; & ce Ministre, qui ne pouvoit prononcer que d'après des expériences que les grandes occupations ne lui permettoient pas de faire faire en sa présence, défendit d'employer l'Indigo seul. Mais depuis que le Conseil a reconnu par les nouvelles épreuves faites par feu M. Dufay, que la stabilité de la teinture bleuë de cet ingrédient est telle qu'on la peut désirer, le nouveau Réglement de 1737 laisse la liberté aux Teinturiers de l'employer seule ou mêlée avec le Pastel. Ainsi, si l'on continue d'y unir la garence, c'est plutôt parceque cette racine fournissant un rouge assés foncé, & ce rouge se mêlant au bleu de l'Indigo, il lui donne une teinte qui le fait approcher du violet, & lui fait prendre un plus bel œil.

Quant au son, lorsqu'on l'em-

ploye, c'est moins pour amortir
le prétendu acide répandu dans
les eaux, que pour y distribuer
une certaine quantité de cole ou
de matiere gluante ; puisque la
petite portion de farine, qui y
reste, se divisant dans l'eau du
bain, doit diminuer un peu sa
trop grande fluidité, & par conséquent empêcher que les particules colorantes, qui y sont suf-
penduës, ne se précipitent aussi
vîte qu'elles le pourroient faire
dans une liqueur qui n'auroit pas
acquis un certain dégré d'épaissis-
sement.

Malgré cette cole distribuée
dans la liqueur, tant de la part
du son, que de la part de la garence, qui fournit aussi quelque
chose de glutineux, les particules colorantes ne laissent pas que
de retomber au fond du vaisseau,
si l'on est quelques jours sans agi-

rer le bain. Alors le haut de la liqueur ne donne plus qu'une foible teinte au sujet qu'on y plonge; & si l'on veut qu'elle en prenne une convenable, il faut rebroüiller le mélange, & le laisser reposer une ou deux heures, pour que le fer de la couperose & les parties grossieres de la chaux se précipitent de nouveau par leur pésanteur, de crainte que se mêlant inutilement aux véritables parties colorantes, elles n'altérent leur teinture, & ne déposent sur le sujet qu'on veut teindre une matiere peu adhérente, qui en se desséchant rendroit ce sujet poudreux, & dont chaque petite partie occuperoit un espace où la particule vraiment colorante ne pourroit ni s'introduire, ni même se déposer, avec un contact immédiat au sujet.

Pour ne rien changer à la mé-

thode des Teinturiers, j'ai fait
boüillir une partie de garence
grappe & une partie de son dans
cent soixante - quatorze parties
d'eau. Cette proportion de l'eau
n'est pas nécessaire; on en peut
mettre davantage ou moins; mais
je voulois remplir mon vaisseau,
dont la capacité étoit de cinq
cens douze parties, comme je l'ai
dit plus haut. J'ai passé cette décoction ou ce brevet, en langage
de Teinturier, à travers un linge,
& avec expression : puis j'ai mis
cette liqueur, encore chaude, &
qui étoit d'un rouge de sang, dans
le bain d'Indigo, avec les précautions nécessaires pour ne pas
casser le vaisseau de crystal qui le
contenoit. J'ai broüillé le tout,
& au bout de deux heures, le
bain s'est trouvé verd; par conséquent propre à teindre, & il a
teint en effet du coton d'une tein-

ture solide & d'un bleu un peu plus vif qu'il ne l'étoit avant cette addition du rouge de la garence.

Cherchons présentement quelle peut être la cause particuliere de la solidité de cette couleur : peut-être sera-t'elle la cause générale de la ténacité de toutes les autres. Car il paroît d'avance, par l'ex-périence ci-dessus décrite, que cette ténacité dépend du choix des sels qu'on ajoûte aux décoc-tions des ingrédiens colorans, quand ces mêmes ingrédiens n'en contiennent pas par eux-mêmes qui soient à peu près de même nature. Si avec les conséquences que je déduirai du choix de ces sels, de leur nature, de leurs pro-priétés, on consent à admettre, ce qu'on ne peut refuser légiti-mement, le plus ou le moins de ténuité & d'homogénéité dans les particules colorantes des ingré-

diens,

diens, dont on peut faire usage dans la Teinture, toute la théorie de cet Art sera bientôt connuë, sans qu'il soit nécessaire de supposer des causes incertaines ou contestées.

On concevra aisément que les sels qu'on ajoûte dans les Cuves d'Indigo, servent autant à ouvrir les pores naturels du sujet qu'on veut teindre, qu'à développer les atômes colorans de cette fécule. Dans les autres préparations de teinture, dont il sera parlé dans la suite de ce Traité, on met les étoffes de laine boüillir dans une dissolution de sels que les Teinturiers appellent *boüillon*. Or, dans ces boüillons on employe presque toujours le tartre & l'alun. Au bout de quelques heures, on retire l'étoffe, on l'exprime légérement, & on la conserve humide pendant quelques jours dans un lieu frais, afin que la liqueur saline, qui y eſt reſtée adhérente, puiſſe agir encore deſſus, & la préparer à recevoir la teinture des ingrédiens, dans la décoction deſquels on la plonge enſuite pour l'y faire boüillir de nouveau. Sans cette préparation, l'expérience a démontré que les couleurs ne ſeroient pas ſolides, du moins dans la plûpart des cas; car il faut avoüer qu'il y a quelques ingrédiens qui donnent des couleurs ſolides, quoique les étoffes n'ayent pas été préparées précédemment; mais c'eſt qu'alors l'ingrédient porte en lui-même des ſels préparans. Il faut donc élargir, & nettoyer les pores naturels des fibres de la laine à l'aide de ces ſels, toujours un peu corrodans; peut-être y en oùvrir de nouveaux, pour y loger les arômes colorans des ingrédiens.

L'ébullition du bain y enfonce ces atômes à coups répétés. Les pores, déja aggrandis par ces sels, sont dilatés encore par la chaleur de l'eau boüillante : ils se resserrent ensuite par le froid extérieur, quand on retire le sujet coloré de la Chaudiere ; quand on l'expose à l'air extérieur, ou quand on le plonge dans l'eau froide : ainsi voilà l'atôme colorant pris & retenu dans les pores ou fissures du Corps teint par le ressort de ses fibres qui se sont contractés & remis dans leur premier état, & ont repris leur premiere roideur aussi-tôt qu'ils ont senti le froid.

Si, outre ce ressort des parois du pore, on suppose que ces mêmes parois ont été enduits intérieurement d'une couche de la liqueur saline du boüillon, on verra aisément que c'est un moyen de plus, employé par l'art, pour retenir l'atôme coloré. Car cet atôme étant entré dans le pore pendant que l'enduit salin des parois étoit encore en diſſolution, & par conſéquent liquide ; & cet enduit s'étant enſuite congelé par le froid extérieur, l'atôme eſt alors retenu, & par le reſſort dont il vient d'être parlé, & par cet enduit salin, qui étant devenu dur en ſe cryſtalliſant, forme une eſpéce de maſtic qui ne l'abandonne pas aiſément. Si outre cela l'atôme coloré eſt d'une ténuité, telle que la petite éminence qui reſte apparente à l'entrée du pore, & ſans laquelle le ſujet ne paroîtroit pas teint, ne ſoit pas aſſés élevé pour être expoſée à des chocs plus puiſſans que la réſiſtance du reſſort des parois & de l'enduit qui le retient, on en doit conclure que la teinture réſultante de tous ces atômes ſuffi

famment retenus, fera extrêmement folide, & qu'elle fera de la
claffe du bon teint, pourvû que
l'enduit falin ne puiffe être emporté, ni par l'eau froide, telle
que celle de la pluie, ni calciné
ou réduit en poudre par les raïons
du foleil. Car pour qu'une couleur,
quelle qu'elle foit, foit réputée
folide ou de bon teint, il faut,
comme on le fçait déja, qu'elle
réfifte à ces deux épreuves. On
n'en doit pas raifonnablement
exiger d'autres pour les étoffes
deftinées à nos habits & à nos emmeublemens.

Mais nous ne connoiffons en
Chymie que deux fels, qui, étant
une fois cryftallifés, puiffent être
humectés par l'eau froide fans s'y
diffoudre. Il n'y a prefque auffi
que ces deux fels qui puiffent demeurer plufieurs jours expofés au
foleil fans s'y réduire en farine ou

pouſſiere blanche. Ces ſels ſont le *tartre*, ou tel qu'on le retire des tonneaux de vin, ou purifié, & le *tartre vitriolé*. Tous les autres manquent de l'une ou de l'autre de ces deux propriétés. Or, on peut faire le tartre vitriolé en mêlant enſemble un ſel dont l'acide ſoit vitriolique, tels que la couperoſe & l'alun, & un ſel qui ſoit déja alcaliſé ou qui puiſſe devenir alcali, auſſi-tôt qu'on en aura chaſſé l'acide : ce qui réuſſit aiſément, pourvû qu'il ſoit plus foible que l'acide du vitriol : tel eſt l'acide de tout ſel eſſentiel tiré des végétaux.

Dans l'opération de la Cuve de bleu, que j'ai faite en petit pour découvrir la cauſe de ſes effets, on mêle enſemble la couperoſe & la potaſſe, qui eſt un ſel alcali tout préparé. On voit que dès l'inſtant que leurs diſſolutions s'u-

niſſent, l'alcali précipite le fer de
la couperoſe en une poudre preſque noire. L'acide vitriolique de
la couperoſe, n'ayant plus alors
de baſe métallique, ſe tranſporte
ſur cet alcali; & de leur union il
ſe forme un ſel moyen, auquel
on a donné le nom de *tartre vitriolé*, comme s'il eut été fait avec
le ſel de tartre & l'acide du vitriol déja ſéparé de ſa baſe; parceque tout ſel alcali, de quelque
végétal qu'il vienne, eſt parfaitement ſemblable, pourvû qu'il ait
été ſuffiſamment calciné. Tout ce
que je viens de dire dans cet article ne ſouffre pas de difficulté.

Il n'en eſt peut-être pas de même du *boüillon* ſervant aux autres
couleurs, comme le *rouge* & le
jaune. Peut-être refuſera-t'on de
m'accorder qu'il ſe puiſſe faire un
tartre vitriolé du mêlange de l'a-
lun & du tartre crud qu'on y fait

bouillir ensemble. Cependant la théorie en est la même, & je ne vois pas qu'on puisse la concevoir autrement. On y employe l'alun, qui est un sel dans lequel l'acide vitriolique est uni à une terre : si l'on y joignoit un sel alcali, cette terre seroit précipitée dans l'instant, & le tartre vitriolé seroit bien-tôt formé. Mais au lieu de ce sel alcali, on fait bouillir avec l'alun le tartre crud, qui est le sel essentiel du vin, c'est-à-dire, un sel composé de l'acide du vin, qui est beaucoup plus volatile que l'acide vitriolique, & d'une huile, l'un & l'autre concentré dans un peu de terre. Ce sel, ainsi que tous les Chymistes le sçavent, deviendra sel alcali dès qu'on en aura chassé l'acide. Ainsi, lorsqu'on fait bouillir ensemble l'alun & le tartre crud, outre l'impression que les fibres de l'étoffe à teindre re-

çoivent du premier de ces sels,
qui est un peu corrodant, le tartre est par lui purifié ; & de sale &
grossier qu'il étoit, il devient net
& transparent à l'aide de la portion de terre qui se sépare de l'a-
lun, & qui fait sur le tartre à peu
près le même effet que la terre
de Merviels, dont on se sert à
Montpellier pour la fabrique de
la crême de tartre. Il peut se faire
aussi, & cela est très-vraisemblable, que l'acide vitriolique de l'a-
lun chassant une partie de l'acide
végétal du tartre, il s'en forme un
tartre vitriolé, aussi dur & aussi
transparent que le crystal de tartre. Que ce soit l'une ou l'autre
supposition qu'il faille admettre,
il en résultera toujours, dans les
pores ouverts des fibres de la laine, un enduit salin, qui se crystallise dès qu'il est exposé à un air rafraîchissant l'étoffe qui sort de la

teinture ; qui ne se calcine point à l'air chaud , & qui ne peut être dissout par l'eau froide. C'est tout ce que j'avois à démontrer dans cette digression que je n'ai pû éviter.

Cette théorie est commune à la Cuve d'Indigo, où l'on met l'urine à la place de l'eau, l'alun & le tartre crud à la place du vitriol & de la potasse. Cette Cuve à l'urine ne peut teindre solidement que lorsqu'elle est très-chaude, & il faut même y laisser tremper la laine une heure ou deux, si l'on veut qu'elle soit teinte égalemenr. Dès que cette Cuve est refroidie, elle ne teint plus. La raison de ces faits seroit difficile à découvrir dans une Cuve opaque de métal ; mais dans un vaisseau de cryftal, on la découvre aisément. J'ai laissé refroidir cette petite Cuve d'essai, & toute

la couleur verte qui y étoit suf-
pendue , pendant qu'elle étoit
chaude, s'est précipité peu à peu
au fond du vaisseau, parcequ'a-
lors le tartre se crystallisoit, & se
réunissant en des masses plus pe-
santes que ses molécules ne l'é-
toient pendant que la liqueur
étoit chaude, & qu'il étoit en dissolution, il tomboit au fond du
vaisseau, & entraînoit avec lui les
particules colorantes. Quand je
rendois à cette liqueur son degré
précédent de chaleur, & qu'a-
près l'avoir broüillée, puis laissé
reposer un peu, j'y faisois tremper
un petit morceau de drap, je
l'en retirois au bout d'une heure
aussi solidement teint que la premiere fois. Ainsi, lorsqu'on se sert
de cette Cuve, & qu'on l'a mise
une fois en état, il ne s'agit plus
que d'y tenir le tartre en dissolution, ce qui ne se peut que par

une chaleur un peu forte. C'eſt l'alcali de l'urine qui la verdit: c'eſt l'alun qui prépare les fibres de la laine : c'eſt le cryſtal de tartre qui aſſure la teinture, en maſtiquant les atômes colorans dépoſés dans les pores.

Il reſte une difficulté par rapport à la Cuve d'Inde, dans laquelle on n'introduit ni vitriol, ni alun, ni tartre, & où l'on ne met ſimplement que la cendre gravelée, en même quantité que l'Indigo, & qu'on fait chauffer aſſés vivement pour y teindre les étoffes de laine. Avant que de rendre raiſon de la ſolidité de ſa teinture, qui eſt égale à celle des autres Cuves de bleu où l'on fait entrer les ſels que je viens de nommer, il faut examiner la cendre gravelée. On ſçait que c'eſt la lie du vin deſſéchée, puis calcinée. C'eſt donc un ſel alcali de la nature du sel de tartre, mais moins pur, puisqu'il vient de la partie la plus pesante des féces du vin, & parconséquent la plus terreuse. Outre cela, l'alcali de la cendre gravelée n'est jamais aussi homogène que le sel alcali du tartre bien calciné, & il n'y a presque point de cendre gravelée non purifiée, comme est celle que l'on vend, dont on ne puisse retirer une quantité considérable de tartre vitriolé. Il est même probable, par une expérience que j'ai rapportée ailleurs, qu'on pourroit à la longue la convertir toute entiere en ce sel moyen : on peut dire la même chose de la potasse & de tous les sels alcalis qui ne contiennent pas la base du sel marin. Ce défaut d'homogénéité est cause que la cendre gravelée ne se met jamais entierement en *deliquium* à l'air. Or, puisque l'expérience démontre qu'il y a un tartre vitriolé tout formé dans la cendre gravelée, il est clair que cette Cuve d'Inde, qui ne teint bien la laine qu'après que le bain a été chauffé assés vivemēnt pour qu'on ne puisse y tenir long-temps la main sans se brûler, dissoudra la petite portion de tartre vitriolé qui s'y trouve, & parconséquent ce sel s'introduira dans les pores de la laine pour les nettoyer & les enduire, & il s'y coagulera aussi-tôt que la laine, retirée du bain, sera exposée à l'air pour s'y refroidir.

J'ai encore à expliquer pourquoi la Cuve d'Indigo est verte sous la premiere surface du bain; pourquoi il faut que ce bain soit verd, pour que la teinture bleuë soit solide, & pourquoi l'étoffe qu'on retire verte du bain devient bleuë aussi-tôt qu'on l'a éventée. Toutes ces conditions étant néceſſairement communes dans toutes les Cuves d'Inde, froides ou chaudes, la même explication ſervira pour toutes.

1°. L'écume ou fleurée qui monte à la ſurface du bain d'Indigo, lorſqu'il eſt en état de teindre, eſt bleuë, & le deſſous de cette écume eſt verd. Ces deux circonſtances prouvent que l'Indigo eſt parfaitement diſſout, & que le ſel alcali s'eſt uni aux atômes colorans de cet ingrédient, puiſqu'il les verdit; car ſans lui, ils reſteroient bleus.

2°. Ces mêmes circonſtances prouvent auſſi qu'il y a dans l'Indigo lui-même un alcali volatile urineux, que l'alcali fixe de la potaſſe, ou l'alcali terreux de la chaux développe & qui s'évapore peu de temps après que cette écume a été expoſée à l'air. On

peut se convaincre de l'existence
de ce volatile urineux, en examinant l'odeur qui se développe de
la Cuve pendant la fermentation;
lorsqu'on l'agite, ou quand on la
chauffe, on y démêle celle d'une
viande gâtée, qu'on feroit rotir,
avec quelque chose d'un peu pic-
quant.

3°. La préparation de l'anil,
pour en séparer la fécule, est une
fermentation continuée jusqu'à la
putréfaction. Or, il y a de l'urineux dans toutes les plantes pour-
ries; soit que ce volatile urineux
soit le produit d'une union intime
des sels avec l'huile du végétal,
soit qu'on doive le rapporter à la
multitude prodigieuse des insectes qui abordent de toutes parts
sur les plantes qui fermentent,
attirés par l'odeur qui s'en exha-
le : ils y vivent, y multiplient, y
meurent, & y laissent parconsé-

quent une infinité de cadavres. Donc il se joint à ce végétal une matiere animale dont le sel est toujours un volatile urineux. Le même urineux existe aussi dans le Pastel, qui est préparé de même par fermentation & par putréfaction, ainsi que je l'ai déja dit, & qu'on le verra incessamment dans le détail abrégé de sa préparation.

4°. Enfin, pour derniere preuve, si on distille de l'Indigo ou du Pastel dans une cornuë, soit seuls, ou encore mieux après y avoir joint quelque alcali fixe salin ou terreux, on en retire une liqueur, qui dans toutes les épreuves chymiques fait l'effet de l'esprit volatile de l'urine.

Mais on demandera peut-être pourquoi ce volatile urineux, que je fais voir dans l'Indigo, ne fait pas paroître cette fécule verte,

puisqu'il doit être distribué également entre toutes ses parties?
Pourquoi même, quand on dissout l'Indigo dans l'eau boüillante pure, il la teint en bleu, & non
pas en verd? Je réponds que ce
volatile urineux est si concentré
qu'il lui faut un corps étranger
plus actif que l'eau boüillante,
pour le chasser des particules qui
l'enveloppent : que la dissolution
de l'Indigo ne se fait jamais parfaitement dans l'eau seule, quelque degré de chaleur qu'on lui
donne ; qu'il n'y est que délayé, &
non dissout : qu'à la vérité cette
décoction de l'Indigo bleuit les
étoffes qu'on y trempe, mais la
couleur bleuë ne s'y applique qu'i-
négalement, & d'autre eau boüillante l'enléve presque sur le
champ. Qu'il me soit aussi permis de répondre par un exemple
tiré d'un autre sujet. Le sel am-

moniac, dont les Chymistes tirent l'esprit volatile le plus pénétrant, n'a point cette odeur vivement urineuse quand on le dissout dans l'eau, & qu'on l'y fait
boüillir : il faut y ajoûter, ou la
chaux ou un sel alcali fixe, pour
en dégager le volatile urineux :
de même l'Indigo exige des alcalis fixes salins ou terreux, pour
être exactement décomposé ,
pour que son sel volatile urineux
se fasse appercevoir, pour que ses
atômes colorans soient réduits à
leur ténuité vraisemblablement
élémentaire.

Je passe à la seconde condition. Il faut que le bain de la Cuve d'Inde soit verd, pour que la
teinture qu'il donne soit solide.
C'est, comme je l'ai déja dit, que
l'Indigo ne seroit pas exactement
dissout, si l'alcali n'agissoit pas
dessus : sa dissolution n'étant pas

aussi parfaite qu'elle le doit être,
il ne pourroit teindre, ni également, ni solidement. Or, dès que
le sel alcali agit dessus, il doit le
verdir, parceque tout alcali, qu'on
mêle à un suc ou teinture bleuë
d'une plante ou d'une fleur quelconque, la verdit dans l'instant,
quand il peut se distribuer également sur toutes ses parties colorantes. Mais si par évaporation,
ces mêmes parties, colorées ou colorantes, se sont rassemblées en
des masses dures, compactes,
l'alcali ne pourra changer leur
couleur, qu'il ne les ait pénétrées,
divisées & réduites à leur premiere ténuité : c'est ce qui arrive
à l'Indigo, dont la fécule est, pour
ainsi dire, un suc épaissi & dessé-
ché de l'*anil*.

A l'égard de la troisiéme &
derniere condition, que l'étoffe
doit être retirée verte du bain,

& devenir bleuë auſſi-tôt qu'on l'a éventée, ſans quoi le bleu ne ſeroit pas de bon teint; on peut en rendre les raiſons ſuivantes: On la retire verte, parceque le bain eſt verd; s'il ne l'étoit pas, le ſel alcali, qu'on auroit mis dans la Cuve, ne ſeroit pas diſtribué également, ou bien l'Indigo ne ſeroit pas exactement diſſout. Si l'alcali n'étoit pas également diſtribué, la liqueur contenuë dans la Cuve ne ſeroit pas également ſaline : le bas de cette liqueur auroit tout le ſel, le haut ſeroit inſipide : en ce cas l'étoffe qu'on y plongeroit ne pourroit être préparée à recevoir la teinture, ni à la retenir. Mais quand on la retire verte au bout d'un quart d'heure d'immerſion, c'eſt une marque que la liqueur étoit également ſaline, également chargée d'atômes colorans : c'eſt une marque aussi que le sel alcali a pû s'insinuer dans les pores des fibres de cette étoffe, & les élargir comme il a été dit précédemment, peut-être y en former de nouveaux. Or, on ne doutera pas que le sel alcali ne puisse faire cet effet sur une étoffe de laine, lorsqu'on se ressouviendra, que quand une lessive alcaline est très-âcre, elle brûle & dissout presque dans l'instant un flocon de laine ou la barbe d'une plume qu'on y trempe. Une opération de teinture, qu'on nomme la *fonte de boure*, en est encore un exemple ; la boure qu'on y employe, & qu'on fait bouillir dans une dissolution de cendres gravelées faite dans l'usine, s'y dissout si parfaitement qu'on n'en retrouve pas la moindre fibre. Donc, si une lessive extrêmement âcre détruit entièrement la laine, une lessive qui

n'aura de fel alcali que ce qu'il
lui en faut pour agir fur la laine
fans la détruire, en préparera les
pores à recevoir & conferver les
atômes colorans de l'ingrédient,
qui eft l'objet de cette Differtation.

On évente l'étoffe après l'avoir
retirée verte de la Cuve & l'avoir
exprimée ou torfe ; & elle devient
bleuë. Que fait-on en l'éventant?
on la refroidit. Si c'eft le volatile
urineux, développé de l'Indigo,
qui lui a donné cette couleur verte, il s'évapore, & le bleu reparoît. Si c'eft l'alcali fixe qui eft la
caufe de ce verd, outre qu'on en
a ôté la plus grande partie en ex-
primant fortement l'étoffe ; ce qui
en refte ne peut plus agir fur la
partie colorée, parceque le petit
atôme de tartre vitriolé, qui contient un atôme coloré encore plus
petit que lui, s'eft cryftallifé dès

qu'il a été exposé au froid de l'air, & resserrant ce même atôme coloré à l'aide du ressort des parois du pore, il achéve d'exprimer ce qui pourroit y être resté d'alcali, qui ne se crystallise pas comme un sel moyen.

On avive ce bleu, c'est-à-dire, qu'on le rend & plus vif & plus beau, en faisant tremper dans de l'eau chaude l'étoffe qui vient d'être teinte, parcequ'alors les particules colorantes qui n'avoient qu'une adhérence superficielle aux fibres de la laine, sont emportées. On se sert du savon pour éprouver la solidité de la teinture bleuë, & elle doit lui résister, parceque le savon, que d'ailleurs on ne met qu'en petite quantité dans beaucoup d'eau, & qui ne doit agir sur l'échantillon teint que pendant cinq minutes, à quoi on a fixé le temps de l'épreuve, est

un

un alcali mitigé par l'huile, qui ne peut agir fur un fel moyen. S'il décharge l'échantillon de quelques parties de fa couleur, c'eft que ces parties n'étoient que fuperficiellement adhérentes. D'ailleurs, le petit cryftal falin enchaffé dans le pore, & qui fert à y maftiquer l'atôme colorant, ne peut être diffout dans un fi court efpace de temps, de maniere qu'il refforte du pore avec l'atôme qu'il retient.

On a vû dans cette Differtation un effai de la méthode que j'employe pour traiter de la Teinture, autrement qu'on ne l'a fait jufqu'à préfent: je la foumets aux Phyficiens qui feroient peu contens d'un fimple détail de procédés, fi je ne leur préfentois pas en même temps la théorie de leur réuffite. Je fuivrai cette méthode dans les autres expériences fur

les rouges, les jaunes, autres
couleurs simples; car il est absolument nécessaire de les connoître avant que de passer aux couleurs composées, parceque ces
dernieres ne sont ordinairement
que des couleurs appliquées les
unes après les autres, & rarement
mêlées ensemble dans un même
bain ou décoction. Ainsi, con-
noissant ce qui procure la ténacité
d'une couleur simple, on pourra
sçavoir plus aisément si la seconde couleur peut prendre place à
côté, dans les espaces que la premiere a laissés vuides, sans dépla-
cer la premiere de ceux qu'elle
occupe déja. C'est-là l'idée que
je me suis formée de l'arrangement des couleurs différentes,
appliquées sur une même étoffe;
parcequ'il me paroît assés difficile
de concevoir que des atômes colorans puissent se poser les uns

fur les autres, & former ainfi des
efpéces de pyramides, en con-
fervant chacune leur couleur,
pour que du mêlange de toutes
il en réfulte une couleur compo-
fée, & qui cependant paroiffe
uniforme, & pour ainfi dire, ho-
mogéne. Il faudroit pour cela
fuppofer à ces atômes une tranf-
parence, qu'il feroit difficile de
démontrer. De plus, pour qu'un
atôme jaune fe place immédiatement fur un atôme bleu, déja
enchaffé dans le pore de la fibre
d'une étoffe, & pour qu'il y refte
folidement attaché, il faut nécef-
fairement qu'ils fe touchent par
des plans extrêmement polis.
Qu'un atôme rouge vienne enfuite fe placer fur le jaune, il faut
encore fuppofer de nouveaux
plans auffi exacts & auffi polis que
les premiers. L'imagination a de
la peine à fe prêter à toutes ces

suppofitions ; & il me paroît bien plus probable, que la premiere couleur n'a occupé que les pores qu'elle a trouvé ouverts par la premiere préparation des fibres de l'étoffe : qu'à côté de ces pores remplis, il en refte encore à remplir, ou au moins des efpaces non occupés, où l'on peut ouvrir de nouveaux pores pour y loger les nouveaux atômes d'une feconde couleur, à l'aide d'un fecond boüillon compofé de fels corrodans, qui étant les mêmes que ceux du premier boüillon, ne détruiront pas les premiers cryftaux falins introduits dans les premiers pores.

Ce que j'ai dit pour expliquer la maniere d'agir d'une Cuve d'Indigo, peut fervir à expliquer auffi l'action de la Cuve de Paftel fur les laines & étoffes qu'on y paffe ; il n'y a qu'à fuppofer dans le Pastel des sels naturellement existans, & à peu près de même caractere que ceux qu'on ajoûte à la Cuve d'Inde. On a vû par la description que j'ai donnée de l'une & l'autre de ces Cuves, que celle de Pastel est infiniment plus difficile à conduire que l'autre. J'estime, & je crois qu'il est très-raisonnable de le supposer, qu'on pourroit applanir toutes ces difficultés, si l'on vouloit tenter de préparer en France l'*Isatis*, comme on prépare l'Anil aux Indes Occidentales. Il faut donc mettre ici en paralléle leurs différentes préparations. J'emprunte ce qu'on va lire des *Mémoires* de M. Astruc, pour l'*Histoire naturelle du Languedoc.* Paris, Cavelier 1737. in-4°. pag. 330. & 331.

« Selon les Teinturiers, le Pastel ne fait que des couleurs languissantes & foibles, au lieu que

» celles de l'Indigo sont vives &
» éclatantes. Il faut même con-
» venir que l'opinion des Teintu-
» riers est assés conforme à la rai-
» son. L'Indigo est une poudre
» fine & subtile, capable parcon-
» séquent de pénétrer aisément
» dans les étoffes, & de leur don-
» ner une couleur éclatante. Le
» Pastel au contraire n'est qu'un
» marc grossier chargé de beau-
» coup de parties terreuses, qui
» rallentissent l'action & le mou-
» vement des parties subtiles, &
» les empêche d'agir efficace-
» ment.

» Je ne connois qu'un moyen
» de remédier à cet inconvé-
» nient; c'est de préparer le Pas-
» tel de la même maniere qu'on
» prépare l'Indigo : par-là on don-
» neroit aux couleurs, faites avec
» le Pastel, éclat & la vivacité
» de celles qu'on fait avec l'Indi-

» go, sans rien diminuer de l'ex-
» cellence & de l'*assurance* qui
» rendent particulierement re-
» commandables les couleurs où
» le Pastel entre.

» J'ai déja fait en petit, ajoûte
» M. Astruc, des épreuves de ce
» que je propose, & ces épreu-
» ves m'ont réussi, non-seulement
» dans la préparation de la pou-
» dre de Pastel, mais aussi dans
» l'usage de cette poudre pour la
» teinture. C'est à ceux qui sont
» préposés pour veiller à l'utilité
» publique, de faire faire sur cette
» matiere des épreuves en grand;
» & si elles ont le succès qu'on
» croit pouvoir s'en promettre,
» ce sera à eux d'exciter ceux qui
» cultivent le Pastel à suivre cette
» nouvelle maniere de le prépa-
» rer, & à régler les *encourage-*
» *mens* qu'il convient de leur don-
» ner au commencement, pour

K iiij

» les mettre en état de soutenir
» les dépenses où cette nouvelle
» pratique les engagera, jusqu'à
» ce que l'avantage connu qu'ils
» en retireront, puisse suffire pour
» les y déterminer.

Je ne sçavois pas que M. Astruc eut eu la même idée que moi, quand je proposai la premiere fois d'essayer en Languedoc la méthode des Américains ; mais ayant lû depuis ses Mémoires sur cette Province , je fus charmé d'avoir pensé comme cet habile homme ; & puisqu'il a réussi dans des expériences en petit, il est probable que l'entreprise auroit le même succès en grand. Car je suis bien éloigné d'être de l'avis de celui qui critiqua cette proposition, lorsqu'elle lui fut communiquée. Trop de préjugés en faveur des routines établies dans sa Province lui fit même proposer d'obliger les Colons de l'Amérique à préparer leur *Anil* aussi grossierement qu'on prépare le Pastel en Languedoc ; sans faire réflexion que l'expérience est contre lui ; que l'Indigo, tel qu'on nous l'envoye, donne une teinture non-seulement plus belle, mais aussi solide que celle du Pastel, & sans faire attention à l'embarras & aux frais du transport d'une marchandise dont le volume décupleroit, s'il falloit apporter en Europe toute la plante de l'Anil. Au reste, l'entêtement ne prouve rien ; c'est à l'expérience qu'il faut avoir recours : & si l'on pouvoit parvenir à séparer la fécule colorante du Pastel, comme on prépare celle de l'Anil, les habitans du Languedoc n'auroient pas dans la suite autant de sujet de s'en repentir, qu'en auroient les François & les Espagnols de l'Amérique, aufquels on ne peut fe difpenfer d'avoüer qu'une femblable fabrique feroit beaucoup de tort. Il eft donc queftion de fçavoir s'il y a plus d'avantage à rétablir dans le Languedoc les produits confidérables qui réfultoient autrefois de la culture du Paftel, avant qu'on fit ufage de l'Indigo en Europe, qu'à tirer l'Indigo des Colonies de l'Amérique, où cette marchandife fait fubfifter plufieurs François. Les uns & les autres font fujets du Roy, & doivent avoir part à fa protection. Ce font des combinaifons & des calculs à faire, qui font inutiles dans ce Traité. Je vais feulement propofer les moyens de faire réuffir l'expérience propofée par M. Aftruc, & ces moyens réfultent naturellement de la comparaifon qu'on fera de la méthode employée dans le Languedoc pour la préparation du Pastel, & de la méthode ingé-nieuse par laquelle on sépare en Amérique la fécule de l'Anil. J'ai déja donné celle-ci au commencement du Chapitre 7 : si on la veut avoir plus étenduë, il faut lire l'*Histoire des Antilles du P. du Tertre & du P. Labat.* Quant à la fabrique du Pastel, voici ce que M. Astruc en dit, & on sera bien-aise, à ce que je crois, de trouver tout ce détail dans ce Traité.

Les Païsans (de l'Albigeois) ont accoutumé de distinguer deux différentes graines de Pastel ; l'une violette, & l'autre jaune. Ils préférent la violette, parce-que le Pastel ; qui en léve, a les feüilles lisses & unies, au lieu que celui qui léve de l'autre graine, les a veluës ; ce qui fait qu'il se charge de poussiere & de terre, & que le Pastel en vaut moin.

K vj

Ce Paſtel s'appelle *Paſtelbourg* ou *Bourdaigne.*

Le Paſtel pouſſe d'abord hors de terre cinq ou ſix feüilles, qui ſe ſoutiennent droites pendant qu'elles ſont vertes. Elles ſont longues d'environ un pied, & larges de ſix pouces. Elles commencent à mûrir vers la Saint Jean : on connoît qu'elles ſont mûres, en ce qu'elles s'affaiſſent & commencent à jaunir ; on les cuëille alors, &c. On ſarcle enſuite de nouveau le Paſtel, ce qu'on a ſoin de réïtérer à chaque récolte.

En Juillet, s'il y a eu quelque pluie, on fait une ſeconde récolte. La pluie ou la ſechereſſe l'avancent ou la retardent de huit jours. A la fin du mois d'Août, on en fait encore une autre. On en fait une quatriéme à la fin de ſeptembre ; & huit jours après la Touſſaint, on fait la derniere.

Elle est plus forte que les autres, parceque l'intervalle est plus long: on coupe à cette récolte le colet de la plante, c'est-à-dire, le haut de la racine, d'où partent toutes les feüilles. Le Pastel qui en provient est mauvais, & cette récolte est défenduë par les Réglemens.

On ne cüeille jamais le Pastel pendant la pluie ni le broüillard: il faut que le temps soit serain, & que le soleil ait donné sur les feüilles.

A chaque récolte, on porte les feüilles au moulin, à mesure qu'on les cüeille, pour les écraser & les réduire en pâte fine, où l'on ne distingue plus les côtes. Cela doit se faire promptement, parceque ces feüilles, lorsqu'on les laisse entassées, fermentent & se pourrissent bien-tôt, avec une puanteur insupportable. Ces moulins

font affés femblables aux moulins
à huile ou à tan. Ils font compofés
d'une meule pofée de champ, qui
roule autour d'un pivot perpen-
diculaire, dans une orniere cir-
culaire affés profonde, dans laquelle on met le Paftel qu'on veut
faire broyer. M. Aftruc en a fait
graver la figure.

Quand les feüilles font bien
écrafées & réduites en pâte fous
la meule, on en fait une pile dans
les galleries du moulin, ou en dehors, à l'air ouvert. Après avoir
bien preffé la pâte avec les pieds
& les mains, on la bat & on l'u-
nit par-deffus avec la pêle. C'eft-
là le *Paftel en pile.*

Il s'y forme par dehors une
croûte qui devient noirâtre :
quand elle s'entr'ouvre, on l'unit
de nouveau avec beaucoup de
foin : autrement le Paftel s'évente, & il fe forme dans les cré-

raffes de petits vers qui le gâtent.

Après quinze jours, on ouvre le monceau de Paftel, on le broye entre les mains, & l'on mêle enfemble la croûte & le dedans : il faut même quelquefois écrafer la croûte avec une maffe pour la pouvoir broyer.

On fait enfuite de cette pâte de petits pains ou pelotes rondes qui doivent pefer, fuivant les Ordonnances, cinq quarterons, poids de Table. On ferre bien ces pelotes en les formant, & on les donne enfuite à une autre perfonne, qui les appuyànt dans une écuelle de bois, les preffe de nouveau, les allonge par les deux bouts oppofés, les rend ovales, & les unit bien. Enfin, on les donne à une troifiéme perfonne qui achéve de les façonner dans une autre écuelle plus petite, en les ferrant & les uniffant parfaitement.

Ces pelotes s'appellent *Coques* ou *Coquaignes*, & le Paſtel ainſi apprêté, *Paſtel en Cocaigne*. C'eſt delà que vient l'uſage de dire *païs de Cocaigne*, pour dire un païs riche, parceque le païs où croît le Paſtel (*) s'enrichiſſoit autrefois par le commerce de cette drogue.

On étend ces pelotes (**) ou cocaignes ſur des claies, & on les expoſe au ſoleil, s'il fait beau; ſinon, on les porte d'abord au deſſus du moulin. Le Paſtel qui a été expoſé pendant quelques heures au ſoleil, prend une couleur noire au dehors, au lieu que celui qui a été d'abord renfermé, eſt ordinairement jaunâ-

(*) L'*Albigeois* & le *Lauragais*.
(**) Il y a un endroit dans l'Inde, dont je ne puis retrouver le nom, où l'on prépare l'*Anil* comme le *Paſtel*, & il en vient de l'*Indigo* en cocaigne, qui contient toute la matiere inutile de la plante. Auſſi eſt-il très-difficile d'en préparer une Cuve de bleu.

 $\overline{\text{ße}}$, sur-tout si le temps est plu-vieux. Les Marchands préférent le premier ; on assure cependant que la différence n'est pas consi-dérable dans l'usage : il arrive même que le Pastel est toujours jaunâtre, parceque les païsans ne le travaillent ordinairement que pendant la pluie, & lorsqu'ils ne peuvent faire autre chose.

Les pelotes sont communément séches en été dans quinze ou vingt jours : au lieu qu'en autom-ne, le Pastel de la derniere ré-colte est long-temps à sécher. Le vent de Sud-Est, qui est chaud & sec, contribue beaucoup à le faire sécher plus vîte.

Les bonnes pelotes se distin-guent des autres, en ce qu'en les écrasant elles sont violettes en-dedans, & qu'elles ont une odeur assés agréable ; au lieu que les au-tres ont une couleur de terre, &

une mauvaise odeur: ce qui vient de ce qu'on a cüeilli le Pastel pendant la pluie, lorsque les feüilles étoient chargées de terre. On juge aussi de la bonté des pelotes par le poids; car elles sont légéres, lorsque la matiere s'est éventée ou pourrie, faute d'avoir été bien pressée.

Poudre de Pastel. C'est de ces pelotes bien apprêtées qu'on fait la poudre de Pastel. Pour entreprendre cette opération, il faut au moins cent milliers de pelotes. On y procéde ainsi. On choisit une grange écartée, un magasin plus ou moins grand, suivant la quantité de Pastel. Ce magasin doit être sur un terrein pavé de briques, & revêtu de même jusqu'à la hauteur de quatre ou cinq pieds. Il seroit bon que les murailles fussent de pierres jusqu'à cette hauteur. On se contente cependant souvent de

les faire enduire avec de la terre.
Comme cet enduit se détache &
se mêle avec le Pastel, cela l'altére & le gâte. On porte les pelotes dans ce magasin, & on les
écrase en poudre grossiere avec
des masses de bois. On entasse
cette poudre vers le milieu du
magasin, à la hauteur de quatre
pieds, conservant un espace à
l'entour pour passer. On humecte
cette poudre avec de l'eau ; la plus
limoneuse (*), pourvû qu'elle soit
claire, est la meilleure. Ce Pastel ainsi humecté, fermente, s'é-
chauffe, & jette une fumée très-
épaisse & fort puante.

On remue ce Pastel tous les
jours pendant douze jours, le

(*) Je ne vois pas pour quelle raison on préfére
de l'eau limoneuse, & qui cependant soit claire. Il
me paroît que l'eau de riviere bien claire seroit beaucoup plus sûre. On éviteroit par-là les abus qui doivent suivre d'une eau croupie, toujours remplie
d'ordures, ou d'une eau bourbeuse qui contient une
terre tout au moins inutile, & qui doit rendre la
teinture de cette drogue fort inégale.

jettant à pelletées d'un côté du magasin à l'autre, & on l'humecte ainsi chaque jour pendant ce temps-là ; après quoi on n'y jette plus d'eau : mais on se contente de le remuer, d'abord de deux jours en deux jours, puis de trois en trois, de quatre en quatre, de cinq en cinq. Enfin, on le met en tas au milieu du magasin, & on le visite de temps en temps pour l'éventer, en cas qu'il s'échauffe. C'est le *Pastel en poudre*, prêt à être vendu aux Teinturiers.

M. Astruc, pour faire voir que le commerce du Pastel enrichis-soit autrefois le Haut-Langue-doc, cite le passage suivant d'un livre intitulé *Le Marchand.* » An-» ciennement on faisoit traduire » de Toulouze à Bordeaux, par la » riviere de la Garonne, tous les » ans cent mille balles de Pastel, » qui valent pour le moins sur le

» païs quinze livres la balle ; ce
» qui revient à un million cinq
» cens mille livres, d'où procé-
» doit l'abondance d'argent & ri-
» cheſſe de ce païs. « Ainſi par-
loit Caſtel, Auteur du livre cité
en 1633, *Mémoires de l'Hiſtoire du
Languedoc, pag.* 49.

La comparaiſon des deux méthodes par leſquelles on prépare
le Paſtel & l'Indigo, peut ſuffire
à une perſonne intelligente qui
ſeroit chargée d'expérimenter
s'il eſt poſſible de tirer de l'*Iſatis*
du Languedoc une fécule ſemblable à celle de l'Anil. Ce n'eſt
point à un Teinturier qu'il faut
s'adreſſer pour cela, ni même à
un Fabriquant. L'un & l'autre
commenceroient par condamner
le projet, parceque c'eſt une nou-
veauté, & je doute même qu'ils
fuſſent en état de bien conduire
une fermentation. Il faut être un

peu plus dans l'habitude de faire
des expériences de ce genre,
qu'ils ne le font communément.
Je fouhaiterois que cette expérience fe fit en grand, enforte
qu'on pût avoir au moins cinquante livres de cette fécule, pour
qu'on pût ici en pofer plufieurs
Cuves, au cas qu'on manquât les
premieres. Celui qu'on aura choi-
fi, aura foin de bien décrire toutes les circonftances de fon opération. Peut-être la manquera-t'il
à la premiere cueille des feüilles
de Paftel, parcequ'il n'y aura pas
encore affés de chaleur en Juin ;
mais vraifemblablement il réuf-
fira en Août.

Suivant les lettres que j'ai re-
çües de M. Roman le fils, Ingé-
nieur général à la Dominique, le
thermometre monte à la Marti-
nique dans les grandes chaleurs
de cette Ifle, de 30 à 36 degrés,

suivant la graduation de M. de
Reaumur. En Languedoc, il monte pendant les mois de Juillet &
d'Août, de 27 à 32 & 33, qui est
la chaleur de la bouche, de la poi-
trine, de l'aisselle ; chaleur suffisante pour faire fermenter les
feüilles du Pastel, qu'on mettroit
tremper & macérer comme celles
de l'Anil, dans une grande Cuve
de maçonnerie remplie d'eau, &
peut-être ne faudroit-il pas plus
de trente ou quarante heures. On
accéleroit la fermentation, en
jettant d'abord dans la Cuve ou
trempoire, plein trois ou quatre
chaudrons d'eau boüillante.

Il faut que celui qui sera chargé de l'expérience, se procure les
feüilles les moins fannées qu'il
sera possible, & qu'il les fasse con-
dasser légérement, s'il le juge nécessaire. Il pourra, pour ces premieres épreuves, faire construire

des Cuves de maçonnerie au tiers
de capacité de celles dont le P.
Labat a donné les dimenfions.
Des échopes ordinaires de Bate-
lier peuvent fervir à faire battre
l'eau, fi elle fe charge de couleur, comme celle où l'Anil a fer-
menté. Tout le refte étant bien
décrit dans le Mémoire du P. Labat, il n'y a qu'à le fuivre. Si l'on
réuffit, il n'y a pas de doute qu'il
ne fe trouve beaucoup d'autres
plantes du même caractere que
l'*Ifatis*, qui donneront une même
fécule. Il eft probable que le verd
foncé de plufieurs plantes eft
compofé de jaune & d'une forte
dofe de parties bleuës; fi par la
fermentation on pouvoit détruire
le jaune, le bleu refteroit. Cette
idée n'eft pas abfolument chymé-
rique, & peut-être ne feroit-il
pas difficile de prouver qu'on en
peut tirer quelque utilité.

CHAP. XI.

CHAPITRE XI.

Du Rouge.

LE rouge est, comme je l'ai déja dit, une des cinq couleurs matrices ou primitives, reconnuës pour telles par les Teinturiers. Dans le bon teint il y a quatre principales sortes de rouge, qui sont la base de toutes les autres. Ces rouges sont, 1°. l'Ecarlatte de graine, connuë autrefois sous le nom d'*Ecarlatte de France*, & aujourd'hui, sous celui d'*Ecarlatte de Venise*. 2°. L'Ecarlatte à présent d'usage, ou *Ecarlatte couleur de feu*, qui se nommoit autrefois *Ecarlatte de Hollande*, & qui est connuë aujourd'hui de tout le monde sous le nom d'*Ecarlatte des Gobelins*. 3°. Le *Cramoisi*, & 4°. le *Rouge de Garen-*

L

ce. Il y a aussi le *demi-Ecarlatte* &
le *demi-Cramoisi* ; mais ce ne sont
que des mélanges des autres rouges, qui ne doivent pas être
regardés comme des couleurs
particulieres. Le *Rouge* ou *Nacarat de bource* étoit permis autrefois dans le bon teint ; mais son
peu de solidité l'en a fait bannir
par le nouveau Réglement. On
juge bien que tous ces différens
rouges ont leurs nuances particulieres, depuis la plus foncée jusqu'à la plus claire. Mais cela n'empêche pas qu'ils ne puissent être
regardés comme faisant des classes séparées, parceque les nuances des uns ne tombent jamais
dans celles des autres.

Les rouges sont dans un cas
tout différent des bleus, dont j'ai
parlé dans le Chapitre précédent:
car la laine ou l'étoffe de laine ne
se plonge pas immédiatement

dans la teinture. Elle reçoit auparavant une préparation qui ne lui donne point de couleur, mais qui la dispose seulement à recevoir celle de l'ingrédient colorant. Cette préparation, ainsi qu'on le sçait déja, se nomme *Boüillon*. Elle se fait ordinairement avec des acides, comme eaux sûres, alun & tartre, qui peuvent être regardés comme tels, eau forte, eau régale, &c. On met ces ingrédiens préparans en différente quantité, suivant la couleur & la nuance qu'on veut avoir. On se sert souvent aussi de noix de galle, & quelquefois de sels alcalis. C'est ce que j'expliquerai dans la suite, en décrivant la manière de travailler chacune de ces couleurs.

CHAPITRE XII.

Dé l'Ecarlatte de Graine, ou Ecarlatte de Venise.

ON appelle cette couleur *Ecarlatte de Graine*, parcequ'elle est faite avec le Kermés, qu'on a cru long-temps être la graine de l'arbre sur lequel on le trouve. On l'appelloit anciennement *Ecarlatte de France*, parceque quelques gens pensent que c'est en France qu'elle a été trouvée; & on la connoît aujourd'hui sous le nom d'*Ecarlatte de Venise*, parcequ'elle y est extrêmement en usage, & qu'on y en fait plus qu'en aucun autre endroit, le goût en étant passé en France & dans la plûpart des autres païs. Elle a effectivement moins de feu, & est plus brune que l'écarlatte à la-

quelle on est maintenant accou-
tumée ; mais elle a sur elle l'avantage de soutenir plus long-temps
son éclat, & de ne point se tacher
par la bouë & par les liqueurs
âcres.

Le Kermés, dont on la fait, est
une galle-insecte qui croît, qui
vit & qui se multiplie sur l'*Ilex
aculeata cocci glandifera.* C. B. P.
On le trouve dans les Garigues
des environs de Vauvert, de Ven-
demian & de Narbonne ; mais en
plus grande quantité en Espagne,
du côté d'Alicant & de Valence.
Les Païsans de Languedoc le
viennent vendre tous les ans à
Montpellier & à Narbonne, aussi-
tôt qu'ils en ont fait la recolte.
Ceux qui l'achetent, pour l'envoyer à l'Etranger, l'étendent sur
des toiles, & ont soin de l'arroser
avec du vinaigre pour tuer les
vermisseaux qui sont dedans, &

qui produisent une poudre rouge, qu'en Espagne, sur-tout, on
sépare de la coque, après l'avoir
laissé sécher, en la passant par un
tamis. On en fait ensuite de grosses balles, & l'on met au milieu
de chacune, dans un sac de peau,
de cette poudre au *prorata* de la
quantité que toute la partie a pro-
duite, afin qu'en vendant les balles à différens particuliers, chacun ait sa portion de cette poudre. On envoye ordinairement
ces balles à Marseille, d'où on les
fait passer dans le Levant, principalement à Alger & à Tunis,
où l'on assure qu'on en fait un
grand usage dans la teinture.

Les draperies rouges des Fi-
gures qu'on voit dans les ancien-
nes tapisseries de Bruxelles & des
autres Manufactures de Flandres,
sont teintes avec cet ingrédient;
& leur couleur, qui, dans quel-

ques-unes de ces tapisseries, a
jusqu'à deux cens ans d'ancienneté, n'a presque rien perdu de
sa vivacité. Voici de quelle maniere on doit faire cette écarlatte
de graine, qui n'est plus guères
en usage que pour les laines destinées aux tapisseries.

On commence par ébroüer la
laine, c'est-à-dire, que pour vingt
livres de laine, qui est la quantité
que j'ai vû teindre à la fois, on
met dans une Chaudiere un demi
boisseau de son, avec la quantité
d'eau nécessaire, pour que les
vingt livres de laine soient bien
baignées & abbreuvées: on les fait
boüillir une demie heure dans
ce bain, en les remuant de temps
en temps; après quoi on les léve
& on les met égoûter. Il est bon
d'observer, une fois pour toutes,
que lorsqu'on teint des laines filées, on passe un bâton dans cha-

Ebroüage
des laines.

L iiij

que botte, qui est ordinairement
d'une livre, & on les laisse ainsi
avec le bâton pendant tout le
cours du travail; ce qui sert à empêcher qu'elles ne se broüillent
l'une avec l'autre. Cela donne
aussi la facilité de retourner les
laines, pour faire plonger succes-
sivement dans le bain chaque
partie de l'échevau, afin que la
couleur soit égale partout. On
souléve pour cela la botte avec le
bâton, & on la tire à demi de la
Chaudiere; on tient d'une main
le bâton, & prenant de l'autre la
partie de l'échevau qui le touche,
on la retourne vers le bas, ensorte qu'elle rentre la premiere
dans la Chaudiere. Si la laine est
trop chaude, & qu'on craigne de
se brûler, on peut faire la même
chose avec deux bâtons. On ne
sçauroit trop recommander de
faire cette manœuvre fort sou-

vent, parceque de-là dépend l'é-
galité de la couleur. Pour mettre
égoûter les laines après qu'elles
ont été ébroüées, ainſi qu'on vient
de le dire, on poſe les deux bouts
du bâton, qui eſt paſſé dans la
botte ou dans l'échevau, ſur les
deux perches que j'ai dit devoir
être ſcellées dans la muraille au-
deſſus de la Chaudiere.

La laine étant ainſi ébroüée,
& pendant qu'elle s'égoûte, on
prepare un bain frais, c'eſt-à-dire, qu'on jette l'eau qui étoit
dans la Chaudiere, & qu'on y en
met de nouvelle : on ajoûte à
celui-ci environ un cinquiéme
d'eau ſûre, quatre livres d'alun
de Rome pilé groſſierement, &
deux livres de tartre rouge : on
fait boüillir le tout, & auſſi-tôt on
y met la laine ſur les bâtons, que
l'on y laiſſe pendant deux heures,
ayant ſoin de remuer preſque

Boüillon
pour le
Kermés.

L v

continuellement toutes les bottes l'une après l'autre, de la maniere que je l'ai dit.

Il faut observer que lorsque le bain, où l'on a mis de l'alun, est sur le boüillon, c'est-à-dire, prêt à boüillir, il s'éléve quelquefois très-promptement & fort de la Chaudiere, si l'on n'a soin d'abattre le boüillon, en y jettant un peu d'eau froide. Si, lorsqu'il est prêt de monter, on y met promptement la laine, comme elle a eu le temps de se refroidir, cela l'arrête & fait le même effet que l'eau froide. Il est bon d'avertir aussi que lorsque les Teinturiers travaillent en grand, & qu'ils craignent cet accident, ils doivent avoir les jambes nuës, parceque s'ils viennent à être brûlés, l'eau boüillante ne séjournant pas, comme elle feroit s'ils avoient des bas, ils n'en sont pas si fort incommodés.

Le bain ne s'éléve pas de la sorte, lorsqu'il y a une quantité de tartre un peu considérable, comme dans l'opération présente : mais quand il n'y a que de l'alun seul, il sort quelquefois la moitié du bain de la Chaudiere, lorsqu'elle commence à boüillir, si l'on ne prend pas les précautions que l'on vient d'indiquer.

Lorsque la laine a boüilli pendant deux heures sur ce bain, on la léve, on la laisse égoûter, on l'exprime légérement, & on l'enferme dans un sac de toile que l'on porte dans un lieu frais, où on la laisse cinq ou six jours, & quelquefois plus long-temps ; cela s'appelle *laisser la laine sur le boüillon*. Ce retard sert à le faire pénétrer d'avantage & à augmenter l'action des sels, parceque, comme une partie de la liqueur se dissipe toujours, il est clair que ce qui reste, étant plus chargé de parties salines, en devient plus actif, bien entendu qu'il y reste cependant une quantité suffisante d'humidité. Car les sels étant une fois crystallisés & à sec n'agissent plus.

Je me suis étendu sur ce boüillon & sur la maniere de le préparer, beaucoup plus que je ne ferai dans la suite, parcequ'il y a un grand nombre de couleurs pour lesquelles il se dose à peu près de même ; ainsi je me contenterai alors de le décrire fort légérement, marquant seulement les changemens qu'il y aura à faire dans les doses d'alun, de tartre, d'eau sûre ou d'autres ingrédiens.

Après que les laines ont été sur le boüillon pendant cinq ou six jours, elles sont en état de recevoir la teinture. On prépare donc un bain frais, suivant la quantité

de laine que l'on veut teindre, &
lorſqu'il commence à être tiede,
on y jette douze onces de Kermés
pulvériſé ou concaſſé pour chaque livre de laine à teindre, ſi
l'on veut une écarlatte bien pleine & bien fournie en couleur. Si
le Kermés étoit trop vieux ou
éventé, il en faudroit une livre
pour chaque livre de laine. Lorſque le bain commence à boüillir, on y met la laine qui doit être
encore humide, ſi elle a toujours
demeuré ſur le boüillon, c'eſt-à-
dire, ſi elle a toujours été enve-
loppée dans le ſac & tenuë dans
un lieu frais depuis qu'elle a été
boüillie. Si elle étoit boüillie depuis long-temps, & qu'on l'eut
laiſſé ſécher, il faudroit la paſſer
ſur l'eau ſimplement tiéde, & la
bien exprimer avant que de la
mettre dans la teinture.

Avant que de plonger cette

laine dans la Chaudiere où est le Kermés, il est bon d'y jetter une petite poignée de laine de rebut, qu'on y laissera boüillir un moment. Elle enléve une espéce de noirceur ou de crasse que jette le Kermés, & la laine qu'on y passe ensuite en prend une plus belle couleur. Lorsqu'on aura levé cette poignée de laine, on y mettra celle qui a été boüillie, & que l'on veut teindre : on passera les bottes sur des bâtons, comme on fait lors du boüillon, & on la remuera continuellement, l'éventant, ou faisant de temps en temps prendre l'air aux bottes l'une après l'autre. On la laissera boüillir de la sorte pendant une bonne heure : on la levera ensuite sur les chevilles ou perches, on la laissera égoûter, on l'exprimera, & on la portera laver à la rivière.

Si l'on vouloit profiter de ce

qu'il peut y avoir encore de teinture dans le bain, on pourroit y
passer un peu de laine boüillie,
& elle ne laisseroit pas d'y prendre de la couleur, à proportion
de la bonté du Kermés, & de la
quantité qu'on en aura mise dans
la Chaudiere.

Lorsqu'on veut faire une suite
de nuances, dont les unes soient
plus foncées que les autres, on
met beaucoup moins de Kermés;
ensorte que pour vingt livres de
laine boüillie, on n'en mettra
peut-être que sept ou huit livres.
On y passe d'abord la quantité
de laine que l'on veut avoir de
la nuance la plus claire, & on ne
la laisse dans la Chaudiere que le
temps qu'il faut pour la retourner,
ensorte qu'elle prenne la teinture
également. On la léve ensuite sur
les chevilles, & on y met tout de
suite celle qui doit être d'une

nuance plus foncée, & on l'y laisse un peu plus long-temps. On continue de la sorte jusqu'à la derniere qu'on y laisse aussi long-temps qu'il est nécessaire pour acquérir la couleur que l'on veut.

La raison pour laquelle on commence par la nuance la plus claire, est que si on laisse la laine dans la Chaudiere plus long-temps qu'il ne faut, il n'y a rien de perdu, attendu qu'on réserve cette botte de laine pour une nuance plus foncée : au lieu que si l'on commençoit par les plus brunes, il n'y auroit plus de reméde, lorsqu'on viendroit par hazard à manquer quelqu'une des nuances claires. Il faut prendre la même précaution dans toutes les couleurs dont on fait des *suites*, c'est-à-dire, des nuances dégradées toujours de plus foibles en plus foibles. Il est rare qu'on en fasse de la couleur dont il est question maintenant, parceque les basses nuances de cette couleur ne font pas d'un grand usage. Mais comme la manœuvre est la même pour toutes les couleurs, ce que j'ai dit à l'occasion de celle-ci peut servir pour toutes les autres.

Après que les laines font teintes de cette maniere, & avant que de les porter à la riviere, on peut les passer sur un bain d'eau un peu tiéde, dans laquelle on a fait fondre exactement une petite quantité de savon : cela donne de l'éclat à la couleur ; mais, en même temps, la rose un peu, c'est-à-dire, qu'elle y prend un petit œil tirant sur le cramoisi. Comme je me servirai très-souvent dans la suite de ce Traité, sur-tout en parlant des rouges, du terme de *Roser* & de celui d'*Aviver*, il est bon d'expliquer ce que l'on entend par ces mots.

Roser est, comme je viens de le dire, donner un œil cramoisi au rouge ; le faire tirer un peu sur le gris de lin ou sur le violet. Le savon & les sels alcalis, tels que la lessive de cendres, la potasse, les cendres gravelées, la chaux, rosent les rouges ; ensorte qu'ils servent de moyen pour les amener à la nuance qu'ils doivent avoir, lorsqu'on leur a donné un peu trop de feu, & qu'ils sont ce qu'on appelle trop avivés ou rancis.

Aviver, c'est faire précisément tout le contraire : c'est donner du feu au rouge ; c'est le faire tirer un peu sur le jaune ou sur l'orangé. On appelle aussi quelquefois cette opération *Rancir*. Elle se fait sur la laine à l'aide des acides, comme le tartre rouge ou blanc, la crême de tartre, le vi

naigre, le citron, l'eau forte feule. On met plus ou moins de ces
acides, fuivant que l'on veut la
couleur plus ou moins orangée.
Si, par exemple, dans le cas préfent on vouloit que l'écarlatte de
graine eût plus de feu & appro-
chât un peu plus de l'écarlatte ordinaire, on n'auroit qu'à verfer
dans le bain, après y avoir mis le
Kermés, un peu de compofition
d'écarlatte, dont il fera parlé dans
la fuite, la couleur brune du bain
feroit éclaircie fur le champ par
cet acide, & elle deviendroit
d'un rouge plus vif : la laine qu'on
y pafferoit tireroit plus fur l'orangé; mais en même temps elle deviendroit plus fujette à fe tacher
par la bouë & par les liqueurs
âcres. On en verra la raifon dans
le Chapitre de l'Ecarlatte des
Gobelins.

J'ai fait fur cette couleur un

grand nombre d'expériences pour tâcher de la rendre plus belle & plus éclatante qu'elle ne l'est ordinairement; mais je n'ai pû en tirer de rouge qui fut comparable à celui que donne la cochenille. De tous les boüillons que j'ai dosés pour préparer la laine, celui qui m'a le mieux réussi est celui qui a été fait suivant les proportions que j'ai rapportées. En altérant le teint naturel du Kermés par diverses sortes d'ingrédiens, de dissolutions métalliques, &c. on en tire diverses couleurs, dont je parlerai incessamment.

Je ne dirai qu'un mot sur la maniere de teindre les étoffes du même rouge que la laine ci-dessus; car ne pouvant prescrire aucune proportion par aune d'étoffe, vû la variété infinie de leur largeur, & même de leur épaisfeur, ou de la quantité de laine qui entre dans leur fabrication, il n'y a guères que l'ufage qui puiffe apprendre les dofes nécef-faires à chaque forte d'étoffe. Si l'on veut cependant avoir quel-que chofe de précis pour ne pas faire des expériences au hazard, le plus fûr eft de pefer l'étoffe que l'on veut teindre, & de di-minuer environ d'un quart les in-grédiens colorans que j'ai prefcrit pour les laines filées, parceque les étoffes prennent moins de couleur dans l'intérieur, attendu que leur tiffure ferrée l'empêche de pénétrer, au lieu que la laine filée ou la laine en toifon la prend auffi facilement dans l'intérieur, que fur la furface extérieure.

On doit auffi diminuer, à peu près dans la même proportion, l'alun & le tartre qui entrent dans le bouillon des étoffes, & il n'eft

pas néçeſſaire que l'étoffe ſéjour-
ne ſur le boüillon auſſi long-temps
que la laine : on pourroit même
la mettre à la teinture le lendemain qu'elle a été boüillie.

Si l'on teint en rouge de Kermés de la laine en toiſon, pour
l'incorporer enſuite dans des
draps de mêlange, ou pour en
fabriquer des draps pleins, elle
fera dans ces ſortes de draps un
beaucoup plus bel effet que la laine teinte en rouge de garence.
J'en parlerai dans la deſcription
des couleurs compoſées de celles
où entre le Kermés, ou du moins
où il devroit entrer préférablement à la garence, qui ne donne
pas un ſi beau rouge, mais qui
étant à beaucoup meilleur marché, y eſt preſque par-tout employée.

On appelle *Ecarlatte demi graine*, celle où l'on employe moitié

Kermés & moitié garence. Ce mélange donne une couleur extrêmement solide, mais qui n'est pas vive, & qui tire un peu sur la couleur de sang. Elle se prépare & se travaille précisément comme l'écarlatte de pur Kermés, si ce n'est que dans le bain on ne met que moitié de cette graine, pour me servir de l'expression des Teinturiers, & que l'autre moitié est remplacée par la garence. Elle est parconséquent moins chére, & il arrive souvent que les Teinturiers qui en font, la livrent beaucoup moins belle qu'elle ne devroit être, parcequ'ils diminuent la quantité du Kermés, & qu'ils augmentent celle de la garence.

Par les épreuves qui ont été faites de l'écarlatte de graine ou de Kermés, soit en l'exposant au soleil, soit par les différens déboüillis, on a reconnu qu'il n'y a point de meilleure couleur ni de plus solide : elle va de pair pour sa solidité avec les bleus dont j'ai parlé. Cependant le Kermés n'est presque plus d'usage en aucun endroit qu'à Venise. Le goût de cette couleur a passé entièrement depuis qu'on a pris celui des écarlattes couleur de feu. On appelle présentement cette écarlatte de graine, une *couleur de sang de bœuf*. Cependant elle a de grands avantages sur l'autre; car elle ne noircit point & ne se tache point, & si l'étoffe s'engraisse, on peut enlever les taches sans endommager la couleur. Elle n'est plus de mode néanmoins, & cette raison prévaut à tout. Elle a fait tomber entièrement la consommation du Kermés en France. A peine y a-t-il un Teinturier qui le connoisse; & lorsque j'ai

voulu

voulu en avoir une certaine quantité pour en faire les expériences
ci-deſſus rapportées, il a fallu le
faire venir de Languedoc; les
Marchands de Paris ne s'en char-
geant que de ce qu'ils en peuvent
débiter pour l'uſage de la Médecine.

Quand un Teinturier eſt obligé de faire quelque piéce de drap
de la couleur connuë encore ſous
le nom d'écarlatte de graine;
comme il n'a ni la connoiſſance
du Kermés ni l'uſage de l'employer, il la fait avec la cochenille, ainſi que je le dirai dans le
Chapitre ſuivant : elle lui coûte
plus cher, & elle eſt moins ſolide
que celle qui eſt faite avec le
Kermés. Ils font la même choſe
pour les laines filées deſtinées aux
tapiſſeries; & comme cette nuance eſt aſſés difficile à attraper
avec la cochenille, ils y mêlent

M

lé plus souvent du bois de bresil, qui jusqu'à présent a été un faux ingrédient, permis seulement dans le petit teint. C'est ce qui fait que ces sortes de rouges se passent en très-peu de temps, & que quoiqu'ils soient beaucoup plus vifs qu'il ne faut en sortant des mains de l'Ouvrier, ils perdent tout leur éclat souvent avant que l'année soit révolue. Ils blanchissent & grisent extraordinairement. Il seroit donc extrêmement à souhaiter que l'usage du Kermés se rétablît. Il est même certain que si quelque Teinturier s'addonnoit à l'employer, il y a plusieurs couleu qu'il en tireroit avec plus de faci é & moins de dépense : l'on pourroit être assuré que ces couleurs seroient des meilleures & des plus solides, & par-là il parviendroit peut-être à se mettre en plus grande réputa-

tion. J'ai fait avec le Kermés cinquante expériences dont on peut
tirer quelque utilité dans la pratique. Je ne les rapporterai pas
toutes, mais seulement celles qui
ont donné les couleurs les plus
singulieres.

En employant le Kermés avec
la crême de tartre sans alun, &
autant de composition qu'on en
mettroit pour une écarlatte de
cochenille, on a en un seul bain
un canelle extrêmement vif, parceque ne faisant entrer que de
l'acide dans ce mêlange, les parties rouges du Kermés deviennent si ténuës qu'elles échappent,
pour ainsi dire, à la vûë. Mais si
l'on passe ce canelle dans un bain
d'alun de Rome, on fait reparoî-
tre une partie de ce rouge, soit
parceque l'alun ajoûté chasse une
partie de l'acide de la composition, soit parceque la terre de

l'alun, étant précipitée par l'ad-
striction du Kermés qui fait l'effet de la galle, cette terre réünit
les parties rouges dispersées, &
s'applique avec elles sur la laine.
Au reste, le rouge qui reparoît
par ce moyen n'est pas beau.

Avec la crême de tartre, la
composition pour l'écarlatte &
l'alun mis en plus grande quantité que le tartre, le Kermés donne une couleur de *Lilas*, qui varie
selon qu'on change les proportions de ces ingrédiens.

Si, à l'alun & au tartre on substitue le tartre vitriolé déja préparé, qui est un sel fort dur, ré-
sultant du mélange de l'acide du
vitriol avec un alcali fixe, tel que
l'huile de tartre, la lessive de potasse, &c. & qu'après avoir mis
boüillir le Kermés dans la dissolution d'une petite quantité de ce
sel, on y plonge l'étoffe pour l'y

faire boüillir environ une heure,
on a un gris d'agathe affés beau,
dans lequel on apperçoit peu de
rougeur, parceque l'acide de la
compofition a trop divifé le rouge du Kermés, & parceque le
tartre vitriolé ne contenant pas
la terre de l'alun, elle n'a pû raf-
fembler ces atômes rouges dif-
perfés en fe précipitant. Mais ces
gris d'agathe font de bon teint,
parceque, comme je l'ai dit dans
le Chapitre de l'Indigo, le tartre
vitriolé eft un fel dur, qui ne fe
calcine pas aux raïons du foleil,
& qui ne peut être diffout par
l'eau de la pluie.

Le fel de Glauber employé
avec le Kermés détruit entiérement fon rouge, & donne un gris
terreux qui ne tient pas aux épreuves, parceque ce fel ne réfifte ni à
l'eau froide ni à l'action des raïons
du foleil qui le réduifent en farine.

Le vitriol ou couperofe verte,
& le vitriol bleu, fubftitués fépa-
rément à l'alun, mais employés
avec le cryftal de tartre, détruifent pareillement, ou voilent la
couleur rouge du Kermés, qui dans
ces deux expériences fait le même effet que fi l'on eut employé
avec lui la noix de galle ou le fumach, puifqu'il précipite le fer du
vitriol verd, qui teint le drap en
gris-bruni ; & le cuivre du vitriol
bleu qui teint le fien en olivâtre.

Quant au vitriol bleu, je fubftitue une diffolution de cuivre
dans l'eau forte : j'ai auffi une couleur olivâtre, marque certaine
que le Kermés a la faculté précipitante de la galle, puifqu'il précipite le cuivre de ce vitriol,
comme le feroit une décoction
de noix de galle.

Il y a grande apparence que
ce qui rend le rouge du Kermés

auffi folide que celui de la garence, c'eft que cet infecte s'étant
nourri fur un arbriffeau aftrin-
gent, il a confervé, malgré les
changemens qu'a pû caufer au
fuc ou féve de la plante la digef-
tion qui s'en eft faite dans l'efto-
mac de l'infecte, la vertu aftrin-
gente du végétal, & parconfé-
quent la vertu de donner plus de
reffort aux parois des pores de la
laine pour fe refferrer plus vîte &
plus fortement, quand elle fort
de l'eau boüillante, & qu'on l'expofe à l'air froid. Car j'ai remarqué que toutes les écorces, les
racines, les bois, les fruits & les
autres matieres qui ont quelque
aftriction, donnent toutes des
couleurs de bon teint.

Le vitriol blanc de Goflar, dont
la bafe eft le zinc (comme je l'ay
dit dans mon Mémoire fur ce fe-
mi-métal, de l'année 1735) étant

Violets
fans bleu.

employé avec le cryſtal de tartre,
change le rouge duKermés en violet. Ainſi, avec une ſeule drogue
colorante & de ſimples altérans,
on peut faire des violets ſans donner auparavant des pieds de bleu.
Car cette couleur compoſée, ou
regardée comme telle, parceque
juſqu'à préſent on n'a pû l'avoir
qu'en appliquant le bleu ſur le
rouge, ou le rouge ſur le bleu,
réuſſit auſſi avec la cochenille,
même avec la garence, ainſi
qu'on le verra quand je parlerai
de ces deux ingrédiens. Comme
le vitriol blanc eſt tiré d'une mine qui contient du plomb, de
l'arſenic, & pluſieurs autres matieres dont les recrémens fondus
enſuite avec le ſable & des ſels
alcalis ſe vitrifient en une maſſe
bleuë, qu'on nomme le *ſafre* ; je
ſoupçonnai que le vitriol blanc
pourroit bien contenir une por-

tion de ce bleu, lequel avoit pû
convertir le rouge du Kermés en
violet, & que par conséquent la
mine de bismuth, qui renferme
réellement cette matiere bleuë,
& le bismuth lui-même, feroit le
même effet que le vitriol blanc : &
l'on va voir que je ne me suis pas
trompé dans ma conjecture. Car
ayant fait tomber de l'extraction
de la mine de bismuth sur le bain
d'une expérience que je faisois
avec le Kermés, & de la dissolution du bismuth même, sur une
autre décoction du même ingrédient, l'une & l'autre teignirent
le drap blanc en violet. Je ne
donnerai point ici la maniere de
faire l'extraction de la mine de
bismuth, parcequ'outre que c'est
une opération un peu difficile
pour un Téinturier, on ne trouve
point de cette mine en France ;
il faut la faire venir de la *Misnie*,

M v

& où on ne la laisse pas sortir ai-
sément. Si le Lecteur est cependant curieux de sçavoir ce que j'entends par extraction de la mine de bismuth, il en trouvera le procédé dans les Mémoires de l'Académie des Sciences de l'année 1737, où il y a un Mémoire de moi sur les encres sympathi-
ques. Quant à la dissolution de bismuth, qui fait à peu près le même effet, voici comme je la fais. Je prends quatre parties d'esprit de nitre & quatre parties d'eau bien pure, je les mêle ensemble, & j'y fais dissoudre une partie de bismuth ou étain de glace, que j'ai cassé en petits morceaux, pour les mettre peu à peu dans la liqueur, de crainte qu'il ne se fasse d'abord une trop violente fermentation.

Toutes les fois qu'on verse sur un bain de Kermés des acides en

trop grande quantité; que ce soit
l'esprit de vitriol, l'esprit de nitre
ou l'eau forte, le vinaigre, le jus
de citron, même l'eau sûre; on
divise si fort les particules rouges
colorantes, que le drap n'en reçoit qu'une couleur de canelle
tirant à l'aurore, s'il y a trop d'a-
cide, & un peu plus rouge, s'il y
en a moins.

Les sels alcalis fixes, joints à
l'eau sûre & à la crême de tartre,
à la place de l'alun, ne détruisent
pas le rouge du Kermés, comme
les acides, mais ils le rosent & le
salissent, si l'on en met trop; ensorte que le drap n'en reçoit qu'u-
ne couleur de lilas assés terne.
D'autres expériences encore plus
variées que celles qu'on vient de
lire, m'ont donné une infinité de
couleurs; mais comme elles ne
présentent à la vûë rien de plus
beau que ce qu'on peut faire avec

des ingrédiens beaucoup moins
chers que le Kermés ; je n'ai pas
cru devoir les rapporter, parceque ce seroit allonger inutilement
ce Traité.

************ ************

CHAPITRE XIII.

De l'Ecarlatte couleur de feu.

L'ECARLATTE couleur de
feu, connuë autrefois sous
le nom d'*Ecarlatte de Hollande*,
& aujourd'hui sous celui d'*Ecarlatte des Gobelins*, & dont Kunckel attribue la découverte à Kuf-
ter, Chymiste Allemand, est la
plus belle & la plus éclatante couleur de la Teinture. Elle est aussi
la plus chere, & une des plus difficiles à porter à sa perfection. On
ne peut même guères déterminer
quel est ce point de perfection ;
car indépendamment des diffé-

rens goûts qui partagent les hommes sur le choix des couleurs, il y a aussi des goûts généraux, pour ainsi dire, qui font que dans un temps, des couleurs sont plus à la mode que dans d'autres. Ce sont alors ces couleurs de mode qui sont des couleurs parfaites. Autrefois, par exemple, on vouloit les écarlattes pleines, foncées, d'une couleur que la vûë soutenoit aisément. Aujourd'hui, on les veut orangées, pleines de feu, & que l'œil ait peine à en soutenir l'éclat. Je ne déciderai point lequel de ces goûts mérite la préférence; mais je vais donner la maniere de les faire d'une façon & de l'autre, & de toutes les nuances qui tiennent le milieu entre ces extrémités.

La Cochenille qui donne cette belle couleur, & qu'on nomme *Méfleque* ou *Tefcalle*, est un inſec-

te dont on fait une récolte confidérable dans le Méxique. Les
Naturels du Païs & les Espagnols,
qui n'ont que de petits Etablisse-
mens, le cultivent, c'est-à-dire,
qu'ils ont soin de le retirer de dessus la plante qui le nourrit avant
la saison des pluies. Ils font mourir & sécher ce qu'ils ont dessein
d'en vendre, & conservent le
reste pour le faire multiplier,
quand la mauvaise saison est passée. Cet insecte se nourrit & multiplie sur une espéce d'*Opuntia* épi-
neux, qu'on nomme *Topal* : il se
conserve dans un lieu sec pendant des siécles sans se gâter, &
j'en ai une petite quantité qu'on
a envoyée d'Amsterdam avec les
preuves requises de cent trente
ans d'ancienneté. Cependant il
est tout aussi entier que s'il arrivoit de la Véra-Cruz, & fait en
teinture le même effet qu'une Cochenille nouvelle.

La Cochenille *Sylvestre* ou *Campessiane* est aussi apportée de la Vera-Cruz en Europe. C’est dans les bois du Nouveau Méxique & de l’Ancien que les Indiens vont la chercher. L’insecte s’y nourrit, y croît, y multiplie sur les *Opuntias* non cultivés, qui y sont en abondance. Il y est exposé, dans la saison des pluies, à toute l’humidité de l’air, & y meurt naturellement. Cette Cochenille est toujours beaucoup plus menuë que la Cochenille fine ou cultivée. Sa couleur est meilleure & plus solide que celle qu’on tire de la Cochenille fine ; mais elle n’a jamais le même éclat : & d’ailleurs il n’y a pas de profit à l’employer, puisqu’il en faut quatre parties, & quelquefois davantage pour tenir lieu d’une seule partie de Cochenille fine.

On trouve aussi quelquefois à

Cadix de la Cochenille avariée.

C'est de la Cochenille fine qui a été moüillée de l'eau de la mer, à l'occasion de quelque naufrage, comme, par exemple, celui de la Flotille au Canal de Bahama en 1734. Ces sortes d'accidens en diminuent considérablement le prix; car, comme le sel marin rose le teint de la Cochenille, celle-ci ne peut servir qu'à faire des pourpres, qui encore ne font pas des plus beaux. Il s'est pourtant trouvé un particulier en 1735, qui avoit le secret de l'employer presque aussi avantageusement pour l'écarlatte, que la Cochenille la plus fine. Ce secret n'est pas difficile à découvrir; mais il en faut laisser joüir celui qui le possède, & ne pas le priver, en le publiant, de la récompense qu'il pourroit en espérer dans des temps où l'on en auroit besoin.

Il n'y a point de Teinturier qui n'ait une recette particuliere pour faire l'écarlatte, & chacun d'eux est persuadé que la sienne est préférable à toutes les autres. Cependant la réussite ne dépend que du choix de la Cochenille, de l'eau qui doit servir à la teinture, & de la maniere de préparer la dissolution de l'étain, que les Teinturiers ont nommé *Composition pour l'écarlatte.*

Comme c'est par cette composition qu'on donne la couleur vive de feu au teint de la Cochenille, qui sans cette liqueur acide seroit naturellement de couleur cramoisie, je vais décrire la maniere de la préparer, qui m'a le mieux réussi. Je prends huit onces d'esprit de nitre, qui est toujours plus pur que l'eau forte commune, & de bas prix, employée ordinairement par les

Composition d'Ecarlatte.

Teinturiers. Je m'assure par les méthodes connuës des Chymistes, qu'il ne contient point d'acide vitriolique. J'affoiblis cet acide nitreux, en versant dessus huit onces d'eau de riviere filtrée. J'y dissous peu à peu une demie once de sel ammoniac bien blanc, pour en faire une eau régale, parceque, comme on le sçait, l'esprit de nitre seul n'est pas le dissolvant de l'étain : enfin, j'y ajoûte seulement deux gros de salpêtre de la troisiéme cuite. On pourroit à la rigueur le supprimer ; mais je me suis apperçu qu'il contribuoit à unir la couleur, c'est-à-dire, à la faire prendre plus également. Dans cette eau régale affoiblie, je fais dissoudre une once d'étain d'Angleterre en larmes, que j'ai grenaillé auparavant, en le jettant fondu, d'un peu haut, dans une terrine

pleine d'eau fraîche ; mais je ne
fais tomber mes petits grains d'é-
tain dans le diffolvant, que les
uns après les autres; attendant
que les premiers foient diffous,
avant que d'en mettre de nouveaux, afin d'éviter la perte des
vapeurs rouges qui s'éléveroient
en grande quantité, & qui fe perdroient fi la diffolution du métal fe faifoit trop précipitamment. Ces vapeurs font néceffaires à conferver ; & , comme
Kunckel l'avoit obfervé de fon
temps, elles contribuent beaucoup à la vivacité de la couleur,
foit, parceque c'eft un acide qui
s'évaporeroit en pure perte, foit
qu'elles contiennent un fulphu-
reux particulier au falpêtre, qui
donne de l'éclat à la couleur.
Cette méthode eft beaucoup plus
longue à la vérité que celle des
Teinturiers, qui verfent d'abord

leur eau forte sur l'étain grenaillé, & qui attendent qu'il se fasse une vive fermentation, & qu'il s'en éléve beaucoup de vapeurs pour l'affoiblir par l'eau commune. Quand mon étain est ainsi dissout peu à peu, la composition d'écarlatte est faite, & la liqueur est d'une belle couleur de dissolution d'or, sans aucune bouë précipitée ni sédiment noir, parceque je me sers d'un étain très-pur sans alliage, & tel qu'il coule de la premiere fonte des fourneaux de Cornoüailles, au lieu qu'il est rare de trouver de l'étain à petit chapeau, qui ne laisse pas de sédiment noir au fond du vaisseau. Cette dissolution de l'étain, fort transparente quand elle est nouvellement faite, devient laiteuse & opaque dans les grandes chaleurs de l'été. La plûpart des Teinturiers sont dans l'opinion qu'alors elle eſt tournée, & qu'elle n'eſt plus bonne à rien. Cependant j'ai reconnu que la mienne, malgré ce défaut, faiſoit l'écarlatte auſſi vive que ſi elle fut reſtée limpide. De plus, dans les temps froids, la mienne reprend ſa premiere tranſparence; ce qui, à la vérité, n'arrive pas à une compoſition qui n'a pas été préparée avec toutes les précautions que j'ai indiquées. J'ajoûte qu'il eſt néceſſaire de la conſerver dans des flacons bien bouchés d'un bouchon de cryſtal, de crainte que le plus volatil ne s'évapore.

Les Teinturiers n'ont pas cette attention; auſſi leur compoſition leur devient très-ſouvent inutile au bout de douze ou quinze jours. Je leur indique ce qu'il y a de mieux à faire, & s'ils cherchent la perfection, ils changeront leur routine, qui eſt défectueuſe. Ceux qui ſont en état de juger d'après des connoiſſances préliminaires, qui d'eux ou de moi a raiſon, ne peuvent le faire qu'après la lecture de ce qui ſuit.

Les Teinturiers mettent d'abord dans un vaiſſeau de grais, de large ouverture, deux livres de ſel ammoniac, deux onces de ſalpêtre raffiné, & deux livres d'étain grénaillé à l'eau, ou pour le mieux, en rapures, parceque quand il a été fondu & grenaillé, il y en a une petite portion de convertie en chaux, laquelle ne ſe diſſout pas : ils peſent quatre livres d'eau dans un vaiſſeau à part, & ils en jettent environ un demi-ſeptier ſur ce mélange dans le vaſe de grais. Ils y mettent enſuite une livre & demie d'eau forte commune, qui produit une fermentation violente. Lorſque l'ébullition eſt ceſſée, ils y remettent encore autant d'eau forte, & un inſtant après ils y en ajoûtent encore une livre. Après quoi ils y verſent le reſte des quatre livres d'eau qu'ils avoient miſe à part. Ils couvrent bien le vaiſſeau, & ils laiſſent repoſer la compoſition juſqu'au lendemain. On peut mettre diſſoudre le ſalpêtre & le ſel ammoniac dans l'eau forte, avant que d'y mettre l'étain ; ce qui revient abſolument au même, ſelon eux, quoiqu'il ſoit ſûr que cette derniere maniere eſt la meilleure. D'autres mêlent l'eau & l'eau forte enſemble, & mettent ce mêlange ſur l'étain & le ſel ammoniac. D'autres enfin ſuivent différentes proportions.

Le lendemain de la préparation de la compoſition, on fait le bouillon pour l'écarlatte, qui ne reſſemble point à celui dont j'ai

Boüillon
d'Ecarlat-
te.

parlé dans le Chapitre précédent. Voici de quelle maniere on le prépare. Pour une livre de laine filée, par exemple, on met dans une petite Chaudiere vingt pintes d'eau bien claire, qui soit de riviere, & non de puits ou de source trop vive. Lorsque l'eau est un peu plus que tiéde, on y jette deux onces de crême de tartre en poudre subtile, & un gros & demi de cochenille pulvérisée & tamisée. On pousse le feu un peu plus fort, & lorsque le bain est prêt à boüillir, on y jette deux onces de composition. Cette liqueur acide change tout d'un coup la couleur du bain, qui, de cramoisi qu'il étoit, devient couleur de sang d'artere. Aussi-tôt que le bain a commencé de boüillir, on y plonge la laine, qui doit avoir été précédemment moüillée dans l'eau chaude, & exprimée :

on

on remue fans difcontinuer, la laine dans ce bain, & on l'y laiffe boüillir pendant une heure & demie, après quoi on la léve, on l'exprime doucement, & on la lave dans de l'eau fraîche. En fortant de ce boüillon, la laine eft de couleur de chair affés vif, ou même de quelques nuances plus foncé, fuivant la bonté de la Cochenille, & la force de la compofition. La couleur du bain eft alors entiérement paffée dans la laine, enforte qu'il demeure prefqu'auffi clair que de l'eau commune; c'eft-là ce qu'on appelle le boüillon d'Ecarlatte, & la premiere préparation que l'on doit faire avant que de teindre; préparation abfolument néceffaire, & fans laquelle la teinture de la Cochenille ne tiendroit pas.

Pour l'achever, on prépare un nouveau bain d'eau claire; car la

N

beauté de l'eau importe infiniment pour la perfection de l'E-
carlatte; on y met en même
temps une demie once d'amidon;
& lorſque le bain eſt un peu plus
que tiéde, on y mêle ſix gros &
demi de Cochenille, auſſi pulvériſée & tamiſée. Un peu avant
que le bain boüille, on y verſe
deux onces de compoſition; le
bain change de couleur comme
la premiere fois. On attend qu'il
ait jetté un boüillon, & alors on
met la laine dans la Chaudiere.
On l'y remue continuellement
comme la premiere fois; on l'y
laiſſe boüillir de même pendant
une heure & demie; après quoi
on la léve, on l'exprime, & on la
porte laver à la riviere: l'Ecarlatte eſt alors dans ſa perfection.

Il ſuffit d'une once de Cochenille par livre de laine, pour la
faire belle & ſuffiſamment fournie

dé couleur, pourvû qu'elle foit travaillée avec attention, de la maniere que je viens de dire, & qu'il ne refte aucune teinture dans le bâin. Si cependant on la vouloit encore plus foncée de Cochenille, on en mettroit un gros ou deux de plus; mais fi on alloit au-delà, elle perdroit tout fon éclat & fa vivacité.

Quoique j'aie fixé la quantité de la compofition, tant dans le boüillon que dans la teinture, il ne faut pas, à beaucoup près, regarder cette dofe comme invariable; l'eau forte dont fe fervent les Teinturiers eft rarement d'une force égale; on juge par-là que fi on la mêle toujours avec une égale quantité d'eau, la compofition qui fera faite avec la plus foible ne fera pas le même effet que l'autre. Il y auroit certainement des moyens de s'affurer des degrés de l'acidité de l'eau forte, comme, par exemple, de ne se servir que de celle dont deux onces dissoudroient une once d'argent, on pourroit par-là réussir à faire une composition qui seroit toujours la même : mais la qualité de la Cochenille produira alors de nouvelles variétés; & d'ailleurs, le peu de différence que cela cause ordinairement dans la nuance de l'Ecarlatte, n'est pas fort à considérer, outre qu'il y a moyen de la raccommoder & de la mener précisément au point que l'on veut.

Si la composition est foible, & qu'on n'en mette pas la quantité que je viens de marquer, l'Ecarlatte sera un peu plus foncée & plus nourrie en couleur; si au contraire on en met un peu plus, elle sera plus orangée, & aura ce qu'on appelle plus de feu. On

peut, pour lui donner cette nuance, y ajoûter après coup un peu
de composition, si on trouve
qu'elle prenne dans le bain une
couleur trop foncée. Mais pour
ajoûter cette composition dans le
bain, il faut en tirer la laine, &
bien mêler la composition dans
la Chaudiere ; car si elle venoit à
toucher une partie de la laine,
avant que d'être bien mêlée, elle
feroit des taches. Si au contraire
on trouve que l'Ecarlatte a trop
de feu, qu'elle est trop orangée
ou trop *rance*, il n'y a qu'à, lorfqu'elle est entiérement achevée,
la passer sur un bain d'eau chaude : ce bain la *rose* un peu, c'est-
à-dire, qu'il diminue de son éclat
orangé. Si on y en trouvoit encore trop, il faudroit ajoûter dans
ce bain d'eau chaude un peu d'a-
lun de Rome.

Quand on veut faire de la laine

filée de toutes les nuances qui dérivent de l'Ecarlatte, il ne faut mettre qu'environ la moitié de la Cochenille & de la composition qu'on employeroit pour la même quantité d'Ecarlatte pleine : on diminuera aussi à proportion la crême de tartre dans le boüillon ; on partagera la laine en autant de *flottes* ou d'échevaux que l'on veut faire de nuances ; & lorsque le boüillon sera préparé, on y passera d'abord la laine qui doit être la plus claire, qu'on n'y laissera que très-peu de temps ; on mettra ensuite celle qui doit être un peu plus chargée, qu'on y laissera plus long-temps ; & l'on continuera de la sorte jusqu'à la plus foncée : après quoi on lavera les laines, & on préparera le bain pour les achever. Lorsqu'il sera en état, on y passera toutes ces nuances boüillies l'une après l'autre, en commençant toujours par la plus claire; & s'il y en avoit quelqu'une qu'on s'apperçût n'être pas assés chargée, ensorte que cela fit un trenchant, dans la suite des nuances, on la repasseroit dans le bain. L'œil juge très-facilement de cette dégradation nécessaire dans les nuances, & il ne faut qu'un peu d'habitude pour réussir parfaitement dans leur assortiment.

Il y a une circonstance dans la teinture de l'Ecarlatte dont je n'ai point encore parlé, & qui mérite attention : il s'agit de sçavoir de quelle matiere doit être la Chaudiere dont on se sert. Tous les Teinturiers sont partagés sur ce point. On se sert en Languedoc de Chaudieres d'étain fin. Il y a à Paris plusieurs Teinturiers qui s'en servent aussi. Cependant M. de Jullienne, qui

fait des Ecarlattes fort recher-
chées, ne se sert que de Chaudieres de cuivre jaune. On n'en
a pas d'autre non plus dans la
Manufacture des Teintures de
Saint Denis. M. de Jullienne a
seulement la précaution de placer un grand réseau de corde,
dont les mailles sont assés étroites, dans la Chaudiere, afin que
l'étoffe n'y touche point. Au lieu
d'un réseau, on se sert à Saint
Denis d'un grand panier d'osier
écorcé à claires voyes, qui est
moins commode que le réseau,
parceque jusqu'à ce qu'il soit
chargé du drap ou de l'étoffe
qu'on y doit plonger, il faut un
homme à chaque côté de la Chaudiere pour appuyer dessus, &
l'empêcher de remonter à la surface du bain.

Cette pratique si différente par
rapport au métal dont on doit

faire la Chaudiere, m'a fait prendre le parti d'en faire l'expérience moi-même. J'ai pris deux aunes de drap blanc de Sedan, que j'ai teintes dans deux Chaudieres égales, dont l'une étoit de cuivre, garnie d'un réseau ou filet de cordes, & l'autre étoit d'étain. J'ai pesé, avec toute l'exactitude possible, la Cochenille, la composition, & les autres ingrédiens. Je les ai fait boüillir précisément le même temps. Enfin, j'ai apporté toute l'attention nécessaire, pour que l'opération fût la même de tout point, afin que s'il s'y trouvoit quelque différence, on ne pût l'attribuer qu'à la différente matiere des Chaudieres. Après le premier boüillon, les deux morceaux de drap étoient absolument semblables, si ce n'est que celui qui avoit été fait dans la Chaudiere d'étain paroissoit un peu plus marbré, & moins égal; ce qui pouvoit venir, selon toute apparence, de ce que ces deux aunes de drap avoient peut-être été moins dégorgées au moulin, que l'autre portion de deux aunes. J'achevai mes deux morceaux de drap, chacun dans la Chaudiere où il avoit été commencé, & ils devinrent tous deux très-beaux. Cependant il étoit aisé de reconnoître que celui qui avoit été fait dans la Chaudiere d'étain avoit un peu plus de feu que l'autre, & que ce dernier étoit un peu plus rosé. Il eut été facile de les amener l'un & l'autre à la même nuance, mais ce n'étoit pas alors mon objet. Il résulteroit de cette expérience, que lorsqu'on se sert de la Chaudiere de cuivre, il faudroit employer un peu plus de composition que dans la Chaudiere d'étain. Mais plus on met de composition, plus le drap est rude au toucher; pour éviter ce défaut, les Teinturiers qui se servent de Chaudieres de cuivre, employent un peu de *terra merita*, drogue de faux teint, prohibée par les Réglemens aux Teinturiers du grand Teint, mais qui donne à l'Ecarlatte cette nuance qui est présentement en mode, c'est-à-dire, ce couleur de feu, que la vûë a peine à soutenir. Il est aisé de reconnoître cette sorte de falsification, quand on en a quelque soupçon; il n'y a qu'à couper un petit échantillon du drap avec des ciseaux, & en regarder la tranche, elle sera d'un beau blanc, s'il n'y a point de *terra merita*, & elle paroîtra jaune, s'il y en a. On appelle tranche, en Teinture, l'intérieur, la corde, ou le plus serré du tissu d'un drap. Quand ce tissu serré

est teint, comme la superficie,
d'une couleur quelle qu'elle soit,
on dit que cette couleur *tranche*,
& l'on dit le contraire, quand ce
milieu du tissu est resté blanc.
L'Ecarlatte légitime ne tranche
jamais. Je l'appelle légitime, &
l'autre falsifiée, parceque celle
où l'on a employé le *terra merita*, qu'on nomme aussi *curcuma*,
est plus sujette que l'autre à changer de couleur à l'air. Mais comme le goût des couleurs varie
beaucoup; que les Ecarlattes
les plus vives sont présentement
à la mode; & que pour satisfaire
l'acheteur, il faut qu'elle aie un
œil jaune, il vaut beaucoup mieux
tolérer l'emploi du *terra merita*,
quoique de faux teint, que de
laisser mettre une trop grande
quantité de composition pour
porter l'Ecarlatte à ce ton de couleur; parceque dans ce dernier

cas le drap s'en trouveroit altéré, & qu'outre qu'il eſt d'autant plus tachant à la bouë, qu'il a eu plus de compoſition acide dans ſa teinture, c'eſt qu'il ſe déchire plus aiſément, parceque les acides roidiſſent les fibres de la laine, & les rendent caſſans.

Il faut encore ajoûter, que ſi l'on ſe ſert d'une Chaudiere de cuivre, il faut qu'elle ſoit d'une propreté infinie. J'ai manqué pluſieurs fois des échantillons d'écarlatte, n'ayant pas à deſſein fait écurer la Chaudiere. Je ne puis m'empêcher de condamner ici la routine de quelques Teinturiers, même des plus fameux, qui préparent vers les ſix heures du ſoir leur boüillon dans leur Chaudiere de cuivre, & l'entretiennent chaud toute la nuit, pour gagner du temps, en y plongeant leurs étoffes le lendemain dès la pointe du jour : il n'y a aucun doute que le boüillon ne ronge la Chaudiere pendant la nuit, & qu'introduisant des parties cuivreuses dans le drap, la beauté de l'écarlatte n'en soufre. Ils auront beau dire qu'ils n'y mettent la composition que quand leur drap est prêt à entrer dans le boüillon, la crême de tartre ou le tartre blanc, qu'ils ont mis dès le soir dans le bain de leur boüillon, est un sel acide suffisant pour corroder le cuivre de la Chaudiere & y former un verd de gris, qui se délaye à la vérité à mesure qu'il se forme, mais qui n'en fait pas moins son effet.

Il vaudroit donc beaucoup mieux se servir de Chaudieres d'étain ; puisque sans étain on ne peut faire de l'écarlatte : une Chaudiere de ce métal ne peut que contribuer à sa beauté. Mais ces Chaudieres, suffisamment grandes, coûtent trois & quatre mille livres, ce qui est un objet, & dès une premiere opération, elles peuvent être fonduës par l'inattention des Compagnons. De plus, il est presque impossible de les jetter en moule, d'un si grand volume, qu'il ne s'y fasse des soufflures qu'il faudra remplir. Il est absolument nécessaire qu'elles soient d'étain fin. On ne peut pas les paillonner pour les rendre unies, comme le Potier paillonne un plat d'étain fin, en le plongeant, tout formé, dans un bain d'étain doux, qui n'est ainsi appellé, que parcequ'il est de fonte plus aisée que l'étain fin, attendu qu'il y a un alliage de plomb. Or, si l'on remplit ces soufflures d'étain doux avec le fer à souder, ou autrement, il s'ensuit qu'il y aura des places dans la Chaudiere , qui auront du plomb. Ce plomb venant dans la suite à être corrodé par l'acide de la composition, ternira l'écarlatte. Ainsi, il y a des inconvéniens par-tout. Cependant s'il se trouve un ouvrier assés habile pour faire d'un seul jet une Chaudiere d'étain de Melac sans soufflure, il n'y a point de doute qu'un tel vaisseau ne soit préférable à tous les autres : il ne s'y fait aucune roüille, & si l'acide de la liqueur en détache quelques parties, ces parties détachées ne sçauroient nuire , comme je l'ai dit plus haut.

Une Chaudiere d'étain ne peut courir le risque d'être fonduë que quand on la vuide pour faire un bain frais: Ainsi, il est nécessaire d'indiquer les précautions qui peuvent prévenir cet accident. Premiérement, il faut ôter tout

le feu du fourneau, même jusqu'à
la braise, sur laquelle il ne seroit
pas mal de jetter un peu d'eau,
au cas qu'on ne l'ôte pas toute entiere, parcequ'il s'éléve une vapeur humide, qui modifie beaucoup la précédente ardeur du
feu; on vuide ensuite la moitié
du bain avec un seau, pendant
qu'une autre personne l'agite vio-
lemment avec une pêle pour humecter toujours les parties supé-
rieures de la Chaudiere, qui se
trouvent à sec, & pour les rafraîchir davantage, & en même
temps ce qu'il reste du bain dans
la Chaudiere, on y verse de l'eau
froide environ la moitié de ce
que l'on en a ôté : puis on continue de vuider toujours en agitant le bain avec la pêle, & l'on
ajoûte de l'eau froide ; ce qu'il
faut toujours faire jusqu'à ce que
ce qui reste ne soit que tiéde, &

qu'on puiſſe toucher le fond de la Chaudiere ſans ſe brûler, pour lors on achéve de vuider & d'ôter les ſédimens qui reſtent, avec des éponges moüillées. Avec cette attention, on garantit ces ſortes de Chaudieres de prix, des accidens qui font craindre de s'en ſervir.

Après avoir donné la maniere de téindre en écarlatte les laines filées, & de faire les nuances qui en dérivent & qui ſont ſi néceſſaires pour toute eſpéce de tapiſſeries, il eſt bon de donner une idée de la teinture en écarlatte de pluſieurs piéces d'étoffe à la fois. Je vais rapporter ici cette opération, telle qu'on la pratique en Languedoc, & qu'elle m'a été communiquée par M. de Fondières, alors Inſpecteur général des Manufactures. J'en ai fait l'épreuve ſur quelques aunes d'étoffes, & elle m'a parfaitement réuffi; mais je n'ai point trouvé que l'Ecarlatte en fut auffi belle que celle des Gobelins.

On doit fçavoir premiérement, que les draps & autres étoffes ne fe teignent jamais en laine, c'eft-à-dire, que l'on ne teint pas la laine en cette couleur avant que d'être filée. Il y a deux raifons de ne le point faire. La premiere eft commune, ou devroit l'être, à toutes les étoffes de couleurs fimples, c'eft-à-dire, celles où il n'entre point des laines de plufieurs couleurs, & que pour cela on appelle *étoffes de mélange.* Ces fortes d'étoffes ne fe teignent point en laine, fur-tout quand elles doivent être en couleurs hautes ou fines, parceque dans le cours de la fabrication, foit pendant le filage, le cardage, ou la tiffure, il feroit prefque impoffible que dans un grand Atelier où il y a plufieurs ouvriers, il n'y volât pas quelque parcelle de laine blanche, ou de quelqu'autre couleur; ce qui gâteroit celle de l'étoffe, en la marbrant tant foit peu. C'eft pourquoi on ne teint les rouges, les bleus, les jaunes, les verds, & toutes les autres couleurs, qu'on veut parfaitement unies, qu'après leur fabrication.

La feconde raifon, qui eft particuliere à l'Ecarlatte, ou plutôt à la Cochenille, avivée par un acide, c'eft qu'elle ne peut pas réfifter au Foulon, & que, comme la plûpart des étoffes de haut prix doivent y paffer, après être levées de deffus le métier, la Cochenille y perdroit une partie de fa couleur, ou du moins *roferoit* exceffivement à caufe du favon qui fait cet effet, parcequ'il contient un fel alcali qui détruit la vivacité que l'acide procure au rouge. Ces raisons font donc qu'on ne teint les draps & autres étoffes en écarlatte, en *soupe-en-vin*, cramoisi, violet, pourpre & autres couleurs semblables, que lorsqu'elles sont entiérement foulées & apprêtées.

Pour teindre, par exemple, cinq piéces de drap de Carcassonne à la fois, de cinq quarts de large, & contenant quinze à seize aunes chacune, voici les proportions que l'on doit suivre. On commence par faire la composition fort différemment que celles dont j'ai donné ci-devant les procédés. On met dans un pot de grais ou de terre vernissée douze livres d'eau forte & vingt-quatre livre d'eau ; on y ajoûte une livre & demie d'étain en larmes coulées à l'eau ou en rapures. La dissolution s'en fait plus ou moins lentement, suivant le plus ou le moins d'acidité de l'eau forte. On laisse repofer cette diffolution pendant douze heures au moins. Pendant ce temps, il fe précipite au fond du vaiffeau une efpéce de bouë noirâtre. On verfe par inclination ce qui furnage ce fédiment : cette liqueur eft claire & citrine, & c'eft la compofition que l'on conferve à part. On voit combien ce procédé eft différent du premier par la quantité d'eau que l'on mêle dans l'eau forte, par la petite quantité d'étain dont il ne peut prefque rien refter dans la liqueur, puifque l'eau forte feule n'en eft pas le diffolvant, & qu'elle ne fait que le corroder & le réduire en chaux ou en magiftere, attendu qu'on n'y ajoûte ni falpêtre, ni, fur-tout, de fel ammoniac, qui en feroit une eau régale. L'effet de cette composition n'est cependant différent de celui des autres, que pour des yeux accoutumés à juger de cette couleur. Cette composition faite sans sel ammoniac, & qui a été long-temps en usage chés un grand nombre de Fabriquans de Carcassonne, qui s'imaginoient sans doute que c'étoit au prétendu soufre de l'étain qu'on devoit son effet, peut durer sans se corrompre jusqu'à trente-six heures en hyver, & vingt-quatre heures seulement en été. Après ce temps, elle se trouble, & il se précipite au fond du vase un nuage qui se change en sédiment blanc. C'est la petite portion d'étain qui étoit suspenduë dans l'acide, mais dans un acide non préparé pour ce métal. La composition, qui doit être jaune, est alors claire comme de l'eau, & si on l'employoit dans cet état, elle ne réussiroit pas,

& feroit le même effet que celle qui feroit changée en lait. Feu M. Baron a prétendu être le premier qui eut découvert à Carcaſſonne, qu'il étoit néceſſaire d'y mettre du ſel ammoniac pour empêcher que l'étain ne ſe précipitât. Si cela eſt, il n'y avoit donc perſonne dans cette Ville qui ſçût que l'étain ne peut être réellement diſſout que par l'eau régale.

Après qu'on a préparé la compoſition, telle que je viens de la décrire d'après M. de Fondières, on met dans une grande Chaudiere environ ſoixante pieds cubes d'eau, pour la quantité de drap qu'on a priſe ci-devant pour exemple ; & lorſque l'eau commence à chauffer, on y met un ſac rempli de ſon : on eſt obligé auſſi quelquefois d'employer des eaux ſûres. L'un & l'autre ſervent, dit-on, à corriger l'eau, c'eſt-à-dire,

dire, à abforber les matieres ter-
reufes & alcalines qui peuvent
s'y rencontrer, & qui, comme je
l'ai dit, rofent le teint de la Cochenille. Car on doit connoître
l'effet de l'eau qu'on employe, &
l'expérience apprend fi l'on a befoin de recourir à ces expédiens,
ou fi l'eau étant bien pure & dé-
nuée de fels ou de parties terreu-
fes, elle peut être employée fans
ce fecours.

De quelque maniere que la
chofe foit, lorfque l'eau commence à être un peu plus que tiéde,
on y jette dix livres de cryftal ou
crême de tartre pulvérifée, c'eft-
à-dire, deux livres par piéces de
drap. On pallie fortement le bain,
& lorfqu'il eft un peu plus chaud,
on y jette une demie livre de
Cochenille en poudre, que l'on
y mêle bien avec des bâtons; un
moment après, on y verfe vingt-

sept livres de composition bien
claire, que l'on y remue bien aussi;
& dès que le bain commence à
boüillir, on y met les draps que
l'on y fait boüillir à gros boüillons pendant deux heures, les remuant continuellement à l'aide
du tour. On les léve ensuite sur
une civiere, & on les manie à
trois ou quatre fois d'un bout à
l'autre, en passant la lisiere entre
les mains, pour les éventer & les
refroidir. On les porte ensuite à
la riviere pour y être bien lavés.

Pour bien entendre la maniere
dont on remue les draps, il faut
se souvenir que j'ai dit au commencement de cet Ouvrage, que
l'on plaçoit sur les jantes de bois,
qui soutiennent le bord des Chaudieres, des fourchettes de fer,
sur lesquelles on pose horizonta-
lement une espéce de tour ou de
roüet, que l'on fait tourner avec

une manivelle. On commence
par coudre, l'une au bout de l'autre, toutes les piéces d'étoffes que
l'on veut teindre ensemble; &
aussi-tôt qu'elles sont jettées dans
la Chaudiere, on pose sur le roüet
le chef de la premiere de ces
piéces, que l'on a eu soin de tenir à la main, & l'on tourne le
roüet jusqu'à ce que l'autre bout
de la derniere piéce paroisse. On
tourne alors le roüet dans un sens
contraire, & de cette maniere,
toutes les piéces sont teintes le
plus également qu'il est possible.

Après que le drap a été bien
lavé, on vuide la Chaudiere, &
l'on prépare un nouveau bain,
dans lequel on met, s'il est néceffaire, un sac de son, ou de l'eau
sûre : mais on n'y ajoûte rien,
si l'on connoît l'eau pour être de
bonne qualité. Lorsque le bain est
prêt à boüillir, on y met huit li-

vres & un quart de Cochenille
pulvérifée & tamifée, on la mêle
le plus également qu'il eft poffible dans tout le bain; & ayant
difcontinué de remuer, on obfervera, lorfque la Cochenille mon-
tera à la furface de l'eau & qu'elle
y formera une croûte de couleur
de lie de vin, le moment auquel
cette croûte s'entrouvrira d'elle-
même en plufieurs endroits. Alors
on y verfera dix-huit à vingt livres de compofition. On aura auprès de la Chaudiere un vaifieau
rempli d'eau froide, pour en jetter dans le bain, en cas qu'après
y avoir mis la compofition, il
monte & s'éléve par-deffus les
bords de la Chaudiere; ce qui
arrive quelquefois.

Lorfque la compofition eft dans
la Chaudiere, & qu'on l'a bien
diftribuée par-tout, on y jette le
drap, & on tourne fortement le

roüet deux ou trois tours, afin que toutes les piéces prennent également le teint de la Cochenille. Enfuite on tourne plus lentement, pour laiffer boüillir l'eau. On la fera boüillir à gros boüillons pendant une heure, tournant toujours le roüet, & enfonçant le drap dans le bain avec des bâtons, lorfque le boüillon le fouléve un peu trop. On lévera enfuite le drap, & l'on paffera les lifieres dans les mains pour l'éventer & le refroidir; puis on le portera à la riviere pour le laver, & on le fera fécher & apprêter.

Il entre, comme l'on voit, une livre trois quarts de Cochenille dans la teinture écarlatte de chaque piéce de drap de Languedoc deftiné pour le Levant; puifque pour les cinq piéces, on en a mis une demie livre au boüillon, & huit livres un quart à la rougie,

c'eſt-à-dire, pour les achever.
Cette quantité eſt ſuffiſante pour
donner au drap une très-belle
couleur. Si l'on y mettoit plus de
Cochenille, & que cependant on
voulût toujours avoir une couleur
orangée, il faudroit augmenter la
doſe de la compoſition, & alors
le drap perdroit une partie de ſon
fond, & ne paroîtroit pas plus chargé de couleur, que ſi l'on n'avoit
employé que la quantité de Cochenille que je viens de marquer.

Quand on a une grande quantité d'étoffes à teindre en écarlatte, il y a un profit conſidérable
à les faire tout de ſuite ; car on
profite, pour la ſeconde paſſe,
du bain qui a ſervi à la premiere.
Par exemple, lorſqu'on a achevé
les cinq premieres piéces, il reſte
toujours dans le bain une certaine quantité de Cochenille, qui,
ſur ſept livres, peut aller à douze

onces ; ce qu'on connoît à ce que,
si on fait sur ce bain un boüillon
pour en teindre d'autres, les
draps qu'on y mettra feront de
la même nuance de couleur de
rofe, que fi, fur un bain frais ou
nouveau, on les avoit teints avec
douze onces de Cochenille. Cette quantité qui refte peut cependant varier beaucoup felon la
qualité ou le choix de la Cochenille, ou felon qu'elle aura été réduite en poudre plus ou moins
fine. C'eft de quoi je parlerai
avant que de finir ce Chapitre.
Mais quelque peu qu'il refte de
couleur dans le bain, elle ne laiffe
pas que de mériter attention, à
caufe de la cherté de cette drogue. On fe fert donc de ce bain
pour faire le boüillon de cinq autres piéces, & on y met moins de
Cochenille & moins de compofition, à proportion de ce qu'on

eſtime à peu près y en être demeuré. On épargne auſſi par-là
le bois & le temps. Mais on ne
peut donner ſur cette manœuvre
aucun détail, & il me doit ſuffire
de l'avoir indiquée ; étant certain
que tout homme habile & intelligent trouvera facilement par
lui-même les moyens les plus ſûrs
pour en tirer avantage ; puiſque
ſi après qu'on a teint, dans la *ſuite*
de l'écarlatte, une étoffe en couleur de roſe, on fait encore une
troiſiéme préparation, on pourra
en teindre une autre en couleur
de chair. Si les Teinturiers n'ont
pas le temps de faire ces deux &
troiſiéme boüillon dans les vingt-
quatre heures, la couleur du bain
ſe corrompt, & l'eau qui étoit
couleur de roſe, ſe trouble &
perd entiérement cette couleur.
Pour empêcher que ce bain ne ſe
corrompe, quelques-uns y met-

tent de l'alun de Rome ; mais les écarlattes qu'on y prépare en-suite deviennent toutes rosées.

Les écarlattes qu'on rose ainsi, dans le même bain où elles ont été faites, n'ont jamais le même œil que celles qu'on rose sur un bain frais. Les drogues, qui dé-truisent mutuellement leur effet, agissent beaucoup mieux quand on les employe l'une après l'au-tre.

Lorsqu'on voudra teindre des draps de différente qualité, ou quelqu'autre sorte d'étoffe , le plus sûr moyen est de les peser; & pour chaque cent livres , on employera environ six livres de crystal ou crême de tartre, dix-huit livres de composition dans le boüillon, autant dans la *rougie*, & six livres & un quart de Coche-nille, tant dans le boüillon que dans la *rougie*. Réduisant le tout pour le poids d'une livre d'étoffe, en faveur de ceux qui voudroient faire eux-mêmes ces sortes d'expériences, c'est une once de crême de tartre, six onces de composition, & une once de Cochenille pour chaque livre de quelque étoffe que ce soit. D'autres Teinturiers de Paris, qui réussissent très-bien, mettent les deux tiers de la composition & un quart de la Cochenille au boüillon, & l'autre tiers de la composition avec les trois quarts de la Cochenille à la rougie.

On n'est pas dans l'usage de mettre du crystal de tartre dans la rougie : cependant je sçais par ma propre expérience qu'il n'y gâte rien, pourvû qu'on n'en mette au plus que la moitié du poids de la Cochenille, & même il m'a paru qu'il rendoit la couleur plus solide. Il y a eu des Teinturiers

qui ont fait l'écarlatte en trois
fois; alors il y a le premier & le second boüillon, & ensuite la rougie; mais on n'employe toujours
que la mêmequantité de drogues.

J'ai fait remarquer dans le
Chapitre précédent, que par le
peu d'habitude où l'on étoit de
se servir du Kermés pour les écarlattes brunes ou de Venise, on
faisoit ces sortes de couleurs avec
la Cochenille. Pour y parvenir,
on fait le boüillon à l'ordinaire;
& pour la rougie, on ajoûte dans
le bain huit livres d'alun pour
chaque cent pesant d'étoffe; on
dissout cet alun à part dans un
chaudron, avec une quantité
d'eau suffisante: on le jette dans
le bain avant que d'y mettre la
Cochenille. Le reste se fait précisément comme dans l'écarlatte
ordinaire, cela donne au drap
la couleur de l'écarlatte de Vé-

nife ; mais elle n'a pas à beaucoup près la même solidité, que si elle avoit été faite avec le Kermés.

Il n'y a point de sels alcalis qui ne rosent aussi l'écarlatte ; de ce nombre sont le sel de tartre, la potasse, les cendres gravelées bien calcinées, le nitre fixé par les charbons : mais on se sert plus cõmunément de l'alun, parceque les sels alcalis ne procurent pas de solidité à la couleur ; & de plus, si on les fait boüillir avec l'étoffe, il est à craindre qu'elle ne s'en trouve considérablement altérée, parceque les sels alcalis fixes dissolvent toutes les matieres animales. Si, par la calcination, on prive l'alun de son flegme, il rose bien plus sûrement. Le bain qui a servi à roser est rouge, & d'autant plus rouge, que l'écarlatte a été plus rosée ; c'est-delà que ces couleurs perdent dans le bain qui les brunit, une partie de leur fond. On ne sçauroit pourtant brunir en bon teint qu'avec des sels. Feu M. Baron marque dans un Mémoire qu'il présenta il y a douze ou quinze ans, à l'Académie Royale des Sciences, que celui de tous les sels qui lui avoit le mieux réussi en brunissant, pour unir la couleur & lui conserver son éclat & son fond, étoit le sel d'urine; mais, comme il le remarque, il est trop incommode de faire ce sel en quantité.

J'ai dit au commencement de ce Chapitre, qu'il étoit important de choisir l'eau qu'on employe dans la teinture en écarlatte; parceque la plus grande partie des eaux communes la rosent, attendu qu'elles contiennent presque toujours une terre gypseuse ou calcaire, & quelquefois de l'acide sulphureux ou vitriolique.

C'eſt à ces eaux qu'on donne communément le nom *d'eau crue* ; on entend déſigner par ce terme, une eau qui ne diſſout pas le ſavon, & dans laquelle les légumes ont beaucoup de peine à cuire. En trouvant le moyen d'abſorber ou de précipiter toutes ces matières hétérogènes, on rendra toutes les eaux également bonnes pour cette ſorte de teinture. Si l'on a des alcalis à détruire, un peu d'eau ſûre fera cet effet. Cinq ou ſix pieds cubes de ces eaux ſûres, mis ſur ſoixante ou ſoixante & dix pieds cubes d'autre eau, avant qu'elle ait boüillie, font élever ces terres alcalines en écume qu'il eſt aiſé d'enlever du bain : plein un ſac de toile de quelque racine blanche & mucilagineuſe, coupée par pétits morceaux, ou concaſſée ſi elle eſt ſéche, corrige

auffi très-bien une eau douteufe,
fi on tient le fac dans l'eau lorfqu'elle bout pendant une demie
heure ou trois quarts d'heure ; le
fon fait auffi affés bien, ainfi que
je l'ai fait obferver plus haut.

Tout ce que j'ai dit jufqu'à
préfent dans ce Chapitre, eft pour
inftruire ceux qui voudront entreprendre d'acquérir des con-
noiffances dans l'Art de la Teinture ; je vais tenter préfentement
de fatisfaire le Phyficien, en lui
préfentant ce que les expériences
m'ont fait appercevoir du méca-
nifme, pour ainfi dire, invifible,
de toutes ces préparations.

La cochenille infufée ou boüillie feule dans de l'eau pure, donne une couleur cramoifie tirant
fur le pourpre ; c'eft fa couleur
naturelle. Mettez-en dans un
verre, & verfez deffus de l'efprit
de nitre, goutte à goutte, vous

éclaircirez tellement cette couleur, qu'elle deviendra jaune ; & si vous en mettez encore, à peine vous appercevrez-vous qu'il y ait eu originairement du rouge dans la liqueur du verre ; ainsi l'acide détruit ce rouge, c'est-à-dire, qu'en le dissolvant, il le divise en des parties si tenuës, que l'œil ne peut plus les appercevoir. Si dans l'expérience, j'employe l'acide vitriolique à la place de l'acide du nitre, les premiers changemens de la couleur seront pourpres, puis lilas pourprés, ensuite lilas clairs, enfin couleur de chair, puis sans couleur. Cette différence d'un bleuâtre qui se mêle au rouge pour faire du pourpre, peut venir de cette petite portion de fer, dont toute huile de vitriol est rarement exempte. Dans le boüillon de l'écarlatte on ne met pour tous sels que la crême de tartre : on n'y ajoûte point d'alun , comme dans le boüillon ordinaire des autres couleurs , parcequ'il roseroit la teinture , à cause de son acide vitriolique. Cependant il faut une matiere terreuse qui soit blanche ; une chaux , qui avec les parties rouges de la cochenille , puisse faire une sorte de lacque des Peintres, laquelle s'enchâsse dans les pores de la laine , à l'aide du crystal de tartre. On trouve cette chaux blanche dans la dissolution d'un étain bien pur. Qu'on fasse l'expérience de cette teinture dans quelque petit vaisseau de terre vernissée ; & lorsque la cochenille a communiqué sa teinture à l'eau ; qu'on y verse la composition goutte à goutte , en examinant avec une loupe ce qui se passe à chaque goutte qu'on fait tomber ; on verra un petit cercle où se fait une fermentation assés vive, & l'on appercevra la chaux d'étain se séparer & se teindre sur le champ de la couleur vive dont le drap sera teint dans la suite de l'opération.

Une preuve que cette chaux blanche de l'étain est nécessaire à l'opération, c'est que si l'on employoit la cochenille avec l'esprit de nitre ou l'eau forte seule, on auroit un très-vilain cramoisi. Si l'on se servoit de la dissolution de quelqu'autre métal dans le même esprit de nitre, comme de fer ou de mercure, on auroit, de la dissolution du premier, un gris de cendre foncé ; & du second, une couleur de maron jaspé, sans qu'on pût appercevoir, dans l'un ni dans l'autre, aucun vestige du rouge de la cochenille. Or, comme par ce que je viens de dire, il est très-raisonnable de supposer

que la chaux blanche de l'étain,
ayant été teinte par les parties
colorantes de la cochenille, avi-
vées par l'acide du diffolvant de
ce métal, a formé cette efpéce
de lacque terreufe dont les atômes fe font introduits dans les
pores des fibres de la laine, ouverts pendant la chaleur de l'eau
boüillante : ils s'y font maftiqués,
à l'aide du cryftal de tartre, &
ces pores fe refferrant fort vîte,
par le froid fubit qu'on communique au drap en l'éventant, ces
particules colorantes s'y trouvent
fuffifamment enchâffées pour
être de bon teint. Si par la fuite
l'air leur fait perdre leur premiere vivacité, cette perte n'eft pas
toujours la même en tous lieux ;
mais elle eft relative aux matieres hétérogènes dont l'air eft empreint. A la campagne, par exemple, & fur-tout dans un lieu éle-

vé, un drap écarlatte conserve beaucoup plus long-temps son œil vif, que dans les grandes Villes, où les vapeurs urineuses & alcalines sont plus abondantes. De même, la boue de la campagne, qui, hors des grandes routes, n'est ordinairement qu'une terre délaïée par l'eau des pluyes, ne tache pas l'écarlatte, comme la boue des Villes où il y a des matieres urineuses, & souvent beaucoup de fer dissout, ainsi que dans les boues de Paris. Or on sçait, & je l'ai déja dit, que toute matiere alcaline, détruit l'effet qu'à produit un acide sur une couleur quelconque. C'est par cette raison, que si l'on fait boüillir un morceau d'écarlatte dans une lessive de potasse, on rend d'abord la couleur pourprée, & en continuant de le faire boüillir, on l'enléve entiérement ;

parceque, de cet alcali fixe & du cryftal de tartre, il fe forme un tartre foluble que l'eau diffout & détache aifément des pores de la laine. Tout le maftic des parties colorantes eft détruit alors, & elles rentrent dans la leffive des fels.

J'ai effayé plufieurs autres altérations du teint de la cochenille, pour connoître ce que produiroit l'union de fon rouge avec différentes autres matieres, qui ordinairement ne font pas réputées colorantes ; mais je ne rapporterai ici que les expériences dont les effets ont été les plus finguliers.

Le Zinc, par exemple, diffout dans l'efprit de nitre, convertit le rouge de la cochenille en ardoifé violet.

Le fel de Saturne mis à la place du cryftal de tartre, fait un lilas un peu terne, marque que des parties de plomb se joignent à la couleur de la cochenille.

Le Tartre vitriolé fait par la potasse & le vitriol, détruit le rouge de cet ingrédient, & ne donne qu'un gris d'agathe.

Le Bismuth, dissout en esprit de nitre, affoibli par partie égale d'eau commune, & versé sur un bain de cochenille, fait prendre au drap un gris de tourterelle fort beau & fort vif.

La dissolution du Cuivre dans l'esprit de nitre non affoibli, donne, avec la cochenille, un cramoisi sale.

Celle d'argent de Coupelle, une couleur de canelle un peu fauve.

L'Arsenic, ajoûté au bain de cochenille, fait un canelle plus vif que le précedent.

L'Or dissout en eau régale,

donne une couleur de maron vergetée, qui fait paroître le drap comme s'il eut été fabriqué avec des laines de différentes couleurs.

Le Mercure diffout par l'esprit de nitre, fait, à peu près, le même effet.

Le fel de Glauber feul, mis dans un bain de cochenille, en détruit le rouge, comme fait le tartre vitriolé, & donne, comme lui, un gris d'agathe, mais qui n'eft pas de bon teint ; parceque ce fel fe diffout trop aifément, même dans l'eau froide, & que d'ailleurs il eft du nombre des fels qui fe calcinent aifément à l'air.

Le fel fixe de l'urine donne un gris de cendre clair, où l'on n'apperçoit pas la moindre teinte de rouge ; & comme le précédent article, il n'eft pas de bon teint, parceque c'eft un fel qui ne peut faire un maftic folide dans les pores de la laine, attendu qu'il eft diffoluble par la fimple humidité de l'air.

Violet fans bleu.

Enfin, l'extraction de la mine du Bifmuth convertit le rouge de la cochenille en un pourpre prefque violet, auffi beau que fi ce rouge eut été appliqué fur un drap précédemment teint en bleu célefte.

Il eft aifé de conclure, pour peu qu'on faffe quelques réfléxions fur toutes ces expériences, que les fels & diffolutions métalliques fourniffent des parties qui s'uniffent avec les particules colorantes des ingrédiens employés pour teindre, & qu'il eft facile de démontrer que ces mêmes parties ajoûtées, contribuent beaucoup à la ténacité des couleurs.

Avant que de finir ce Chapitre

tre de l'écarlatte, il y a quelques
obfervations à ajoûter, que le
Lecteur feroit peut-être fâché
de ne pas trouver. Ni la bouë
des rües, ni plufieurs autres matieres âcres, ne peuvent tacher
l'écarlatte, fi l'on a foin de laver
fur le champ l'endroit taché avec
de l'eau pure, & un linge blanc :
mais fi l'on a donné le temps à la
bouë de fécher, alors la tache
qui paroîtra d'un violet noirâtre,
ne pourra être ôtée que par un
acide végétal, tel que le vinaigre blanc, le jus de citron, ou
une diffolution chaude de tartre
blanc, peu chargé de ce fel : mais
pour peu qu'on n'employe pas
ces acides avec un peu d'attention & d'adreffe, en ôtant la tache noirâtre, ils feront une tache
jaune ; parceque, comme on l'a
vû ci-devant, les acides *ranciffent*
& détruifent même le rouge de

la cochenille. Un manteau rouge extrêmement taché par la crotte, sera passablement bien nettoyé par les eaux sûres. Il y a telles de ces taches pour lesquelles il faudra passer l'étoffe sur le bain qui reste après avoir fait la teinture d'écarlatte. Il y en a d'autres enfin qui obligent de débouïllir l'étoffe & de la reteindre.

Les alcalis n'ont pas seuls la propriété d'emporter la couleur de l'écarlatte. Si l'on met dans le boüillon, qui sert de préparation à cette couleur, une piéce de drap écarlatte, elle perdra d'abord une grande partie de sa couleur; & de telle sorte que si l'on attache avec elle trois autres piéces de drap qui soient blanches, il sera difficile, après que les quatre auront boüilli ensemble une heure de temps, de distinguer celle qui étoit écarlatte d'avec les autres.

Si l'on mettoit une piéce de drap écarlatte, ou déja en couleur, avec les drogues du boüillon, d'abord elle perdroit toute sa couleur, parceque les premiers sels se dissoudroient & se mêleroient avec les nouveaux. Mais si on continuoit de la faire boüillir de nouveau dans un bain de cochenille ou dans une rougie, elle y reprendroit toute sa premiere couleur, avec de nouvelles parties colorantes, ensorte que la somme totale de ces parties colorantes excédant de beaucoup la quantité, uniquement nécessaire pour avoir de belle écarlatte, ce drap auroit beaucoup moins de vivacité qu'il n'en auroit en sortant d'une opération faite à l'ordinaire ; d'où il paroît que les premiers inventeurs de cette magnifique couleur, ont dû faire un nombre confidérable de combinaifons avant que de trouver ce terme, pour ainfi dire unique, de perfection.

Les écarlattes perdent toujours de leur éclat à l'apprêt, parceque l'apprêt couche le poil, & force fes fibres d'être prefque paralléles à la chaîne. En cet état, le drap a numériquement moins de fuperficies, & par conféquent moins de raïons de lumiere en font refléchis. D'ailleurs, le bout du poil eft toujours ce qui a été le plus pénétré par la teinture, & ce qui fait la plus grande vivacité de la couleur; quand il eft couché fur le drap, la plûpart de ces pointes du poil ne paroiffent plus.

CHAPITRE XIV.

Du Cramoisi.

LE Cramoisi est, comme on l'a dit plus haut, la couleur naturelle de la cochenille , ou plutôt celle qu'elle donne à la laine boüillie avec l'alun & le tartre, qui est le boüillon ordinaire pour toutes les couleurs. Voici la méthode qui est ordinairement en usage pour les laines filées ; elle est presque la même pour les draps , ainsi qu'on le verra ci-après. On met dans une Chaudiere deux onces & demie d'alun , & une once & demie de tartre blanc pour chaque livre de laine. Lorsque le tout commence à boüillir, on y plonge la laine, que l'on remuë bien , & qu'on y laisse bien boüillir pendant deux heures : on la léve enſuite, on l'exprime légérement, on la met dans un ſac ; & on la laiſſe ainſi ſur le boüillon, comme pour l'é-carlatte de graine, & pour tou-tes les autres couleurs.

Pour la teindre, on prépare un bain frais, dans lequel on met une once de cochenille pour cha-que livre de laine : lorſque le bain eſt un peu plus que tiéde, & lorſ-qu'il commence à boüillir, on y met la laine, qu'on remuë bien ſur ſes *lizoirs* ou bâtons, comme on a dû faire pour le boüillon, & on l'y laiſſe de la ſorte pendant une heure ; après quoi on la léve, on l'exprime, & on la porte laver à la rivière.

Si on veut en faire une ſuite, & qu'on veüille en tirer toutes les nuances, dont les dénominations ſont purement arbitraires, on fe-ra, comme je l'ai dit pour l'écar-

latte, c'est-à-dire, qu'on ne mettra que moitié de cochenille; &
on y passera toutes les nuances,
l'une après l'autre, en laissant sé-
journer dans le bain les unes plus
long-temps que les autres, &
commençant toujours par les plus
claires.

La beauté du Cramoisi est
qu'il tire sur le gris de lin, le plus
qu'il est possible, ou qu'il soit extrêmement rosé. J'ai fait plusieurs
tentatives pour parvenir à porter
le Cramoisi à une plus grande
perfection que la plûpart des
Teinturiers n'avoient fait jusqu'à
présent; & en effet, j'ai réussi à
le rendre aussi beau que le Cramoisi faux, qui est toujours plus
vif & plus brillant que le fin. Voici le principe sur lequel j'ai travaillé. On sçait, par ce qui a été
dit ci-devant, que les alcalis *rosent* la cochenille, & c'est la pre-

miere route que j'ai fuivie. J'ai
effaïé le favon, la foude, la po-
taffe, la cendre gravelée : tous
ces fels, en effet, aménent le
Cramoifi à la nuance que je cher-
chois ; mais en même temps ils le
terniffent & diminuent fon éclat.
Je me fuis avifé de me fervir d'alcalis volatils, & j'ai trouvé que
l'efprit volatil de fel ammoniac,
faifoit un très-bon effet ; mais cet
efprit étoit évaporé dans le moment, & il en falloit mettre dans
le bain une quantité affés confidérable, ce qui augmentoit beaucoup le prix de la teinture. J'ai
donc eu recours à un autre ex-
pédient qui m'a mieux réuffi, &
dont la dépenfe eft un petit objet. C'eft de faire entrer dans le
bain l'alcali volatil du fel ammoniac, dans l'inftant même qu'il
fort de fa bafe ; & pour cela,
après que mon Cramoifi étoit

fait à l'ordinaire, je le paſſois ſur un nouveau bain, dans lequel j'avois fait diſſoudre un peu de ſel ammoniac. Dès que le bain étoit un peu plus que tiéde, j'y jettois autant de potaſſe que j'avois mis de ſel ammoniac, & ma laine prenoit ſur le champ une couleur très-roſée & très-brillante. Cette méthode épargne même de la cochenille ; car ce nouveau bain la fait monter, & on peut alors en mettre un peu moins qu'en ſuivant le procédé ordinaire : mais la plûpart des Teinturiers, même des plus renommés, roſent les cramoiſis avec l'orſeille ; drogue de faux teint.

On fait encore de très-beaux Cramoiſis, en boüillant la laine comme pour l'écarlatte ordinaire, & faiſant enſuite un ſecond boüillon avec deux onces d'alun & une once de tartre pour cha-

que livre de laine : on la laisse
une heure dans ce boüillon. On
prépare tout de suite un bain
frais, dans lequel on met six gros
de cochenille pour chaque livre
de laine : après qu'elle a demeuré une heure dans ce bain, on la
léve, & on la passe sur le champ
dans un bain de soude & de sel
ammoniac. On fait aussi par cette méthode, des suites de nuances du Cramoisi fort belles, en
diminuant la quantité de la cochenille. Il faut observer que
dans ce procédé, on ne met que
six gros de cochenille pour teindre chaque livre de laine, parceque dans le premier boüillon,
pour l'écarlatte, qu'on lui donne, on met un gros & demi de
cochenille sur chaque livre. Il est
aussi nécessaire d'observer, qu'il
ne faut pas, pour roser ces Cramoisis, que le bain de sel alcali

& de sel ammoniac soit trop chaud, parceque le développement de l'esprit volatil du dernier de ces sels, se feroit trop vîte, & parceque le crystal de tartre du premier boüillon perdroit sa propriété, en se convertissant, comme je l'ai dit, en tartre soluble.

On peut faire aussi la même opération, en employant une partie de cochenille *sylvestre* ou *campessianne*, au lieu de cochenille fine ou *mestéque*, & la couleur n'en est pas moins belle, pourvû qu'on en mette suffisamment ; car, pour l'ordinaire, quatre parties de cochenille sylvestre ne font pas plus d'effet en teinture qu'une partie de cochenille fine. On peut de même employer la cochenille sylvestre dans l'écarlatte, mais ce doit être avec de grandes précautions, &

Le mieux sera toujours de n'en mettre que dans les demi-Ecarlattes & dans les demi-Cramoifis. J'en parlerai lorfque je traiterai de ces couleurs en particulier.

Lorfqu'une écarlatte eft tachée, ou gâtée, dans l'opération, par quelque accident imprévû, ou même lorfque la teinture a manqué, le remède ordinaire eft de la mettre en Cramoifi; & pour cela, on ne fait autre chofe que la plonger dans un bain où l'on a mis environ deux livres d'alun pour cent livres de laine. On la paffe promptement fur ce bain, & on l'y laiffe jufqu'à ce qu'elle ait acquis la nuance de Cramoifi qu'on veut lui donner.

Cramoifi de Languedoc.

Voici préfentement la maniere dont on fait en Languedoc une très-belle efpèce de Cramoifi pour les draps qu'on envoye dans le Levant ; mais qui n'eſt pas auſſi roſé que celui dont je viens de parler, & qui approche beaucoup plus de l'écarlatte de Veniſe.

Pour cinq piéces de drap, on prépare le bain à l'ordinaire, y mettant du ſon s'il eſt néceſſaire. Lorſqu'il eſt plus que tiéde, on y jette dix livres de ſel marin, au lieu de cryſtal de tartre ; & lorſqu'il eſt prêt à boüillir, on y verſe vingt-ſept livres de compoſition pour l'écarlatte, faite ſelon la méthode de Carcaſſonne ; & ſans y ajoûter de cochenille, on paſſe le drap ſur ce bain pendant deux heures, ſans diſcontinuer de le tourner ſur le tour ou roüet, & ſans qu'il ceſſe de boüillir. On le léve enſuite, on l'évente, & on le lave à la rivière, puis on fait un nouveau bain, dans lequel on met huit livres & trois quarts de cochenille pulvérifée & tamifée ; & lorfqu'il eft prêt à boüillir, on y jette vingt-une livres de compofition. On y fait boüillir le drap pendant trois quarts d'heure, avec les précautions ordinaires ; après quoi on le léve, on l'évente, & on le lave. Il eft d'un fort beau Cramoifi, mais qui n'eft que très-peu rofé. Si on le veut plus rofé, on met dans le premier bain, fervant à préparer, une plus grande quantité d'alun ; & dans le fecond, moins de compofition : on ajoûte auffi du fel marin dans ce fecond bain. L'ufage apprendra facilement à faire, felon cette méthode, toutes les nuances qui font dérivées du Cramoifi.

Après toutes les opérations de couleurs provenant de la cochenille, dont il a été parlé dans ces deux Chapitres, on trouve au fond du bain des rougies, une

quantité aſſés ſenſible d'un ſédiment fort brun qu'on jette avec
le bain, comme inutile. Je m'en
ſuis fait apporter pour l'examiner, & j'ai trouvé que celui des
rougies de l'écarlatte contenoit
une chaux d'étain précipitée :
j'ai même révivifié ce métal ,
quoique, à la vérité, avec beaucoup de peine, enſorte qu'il n'y
auroit aucun profit à répéter ce
que j'ai fait. Les autres parties
de ce ſédiment ſont les ſaletés du
tartre blanc ou de la crême de
tartre, unie avec des parties groſſieres des cadavres de la cochenille, qui, comme on l'a vû, eſt
un petit inſecte. J'ai lavé ces petites parties animales dans de
l'eau froide ; & agitant cette eau,
je recüeillois, avec un petit tamis fin, ce que l'agitation de la
liqueur faiſoit monter à la ſurface. De cette maniere, j'ai ſéparé

ces parties légéres de tout ce
qu'il y avoit de terreux & de métallique. Je les ai fait sécher séparément, puis je les ai broyées
sur un porphire avec leur poids
de nouveau crystal de tartre ;
& quand ce mélange a été réduit
en poudre impalpable, j'en ai
fait boüillir une portion avec
un peu d'alun, & j'ai tenu pendant trois quarts d'heure, dans
ce bain boüillant, un échantillon de drap blanc, que j'ai retiré au bout de ce temps, teint
en fort beau Cramoisi. Cette
expérience m'ayant démontré
qu'en pulvérisant la cochenille
& la tamisant simplement, comme on est dans l'usage de le faire, on ne tire pas de cette drogue
précieuse tout le profit qu'on en
doit tirer. J'ai cru devoir communiquer ici cette découverte,
exhortant les Teinturiers, assés

dociles, à en profiter.

Je prends, par exemple, une once de cochenille, pulvérisée & tamisée à l'ordinaire ; je mêle avec elle un quart de son poids de crême de tartre bien blanche, bien cryſtalline, & bien ſéche. Je mets le tout ſur une écaille de mer ou ſur un porphire, & avec une molette de même dureté, je broye ce mêlange juſqu'à ce qu'il ſoit réduit en une poudre réellement impalpable. J'employe cette cochenille ainſi préparée dans le boüillon & dans la rougie, ſouſtraiant, du cryſtal de tartre que je dois mettre dans le boüillon, la petite quantité qui ſe trouve unie avec la cochenille. Ce que j'en mets dans la rougie, quoique mêlangée avec un quart du même ſel, ne fait aucun tort à cette couleur : il m'a paru même qu'elle en étoit

plus solide. Ceux qui m'imite-
ront, trouveront qu'il y a près
d'un quart de profit.

CHAPITRE XV.

Ecarlatte de Gomme-Lacque.

ON peut aussi employer la
partie rouge de la Gomme-
Lacque à faire de l'écarlatte ; &
si cette couleur n'a pas exactement tout l'éclat d'une écarlatte
faite avec la cochenille fine employée seule, elle a l'avantage
d'avoir un peu plus de solidité.

La Gomme-Lacque la plus estimée pour la Teinture, est celle
qui est en branches ou petits bâtons ; parcequ'elle est la plus garnie de parties animales. Il faut
choisir la plus rouge dans l'intérieur, & la plus approchante
du brun noirâtre à l'extérieur. Il

paroît par un examen particulier, que M. Geoffroy en fit,
il y a plusieurs années, que c'est
une espece de ruche, approchante, en quelque façon, de celles
que les abeilles & d'autres insectes ont coûtume de faire. Quelques Teinturiers l'employent,
pulvérisée & enfermée dans un
sac de toile, pour teindre les
étoffes : mais c'est une mauvaise
méthode ; car il passe toujours,
au travers des mailles de la toile, quelques portions de la gomme résine qui se fond dans l'eau
boüillante de la Chaudiere, &
qui s'attache au drap, où elle est
si adhérente, quand le drap est
refroidi, qu'on est obligé de la
gratter avec un couteau. D'autres la réduisent en poudre ; ils la
font boüillir dans l'eau, & après
qu'elle lui a communiqué toute
sa couleur, ils laissent refroidir la

liqueur : la partie réfineufe fe dépofe au fond. On décante l'eau
colorée, & on la fait évaporer à
l'air où fouvent elle s'empuantit;
& lorfqu'elle a pris une confiften-
ce de Cotignat, on la met dans
des vaiffeaux pour la conferver.
Sous cette forme il eft affés difficile de déterminer au jufte la
quantité qu'on en employe ; c'eft
ce qui m'a fait chercher le moyen
d'avoir cette teinture féparée de
fa gomme réfine, fans être obligé de faire évaporer une fi grande quantité d'eau pour l'avoir féche, & la réduire en poudre.

Je fupprime le détail de tous
les effais que j'ai faits avec l'eau
de chaux affoiblie, avec la décoction du cœur d'Agaric, avec
la décoction de la racine d'Arif-
toloche, recommandée dans un
ancien *Codex* de la Faculté de Médecine de Paris ; parceque l'eau

laiſſe bien, à la vérité, une partie du teint, qu'elle a tiré, ſur le filtre de papier où je la mets ; mais elle paſſe encore trop colorée, & il faudroit l'évaporer pour avoir toute la teinture ; c'eſt cette évaporation que je voulois éviter. Ainſi j'ai eu recours à des racines mucilagineuſes, qui par elles-mêmes ne donnaſſent point de teinture, mais dont le mucilage retint les parties colorantes, enſorte qu'elles reſtaſſent avec lui ſur le filtre.

La racine de Grande-Conſoude eſt celle qui juſqu'à préſent m'a le mieux réuſſi. Je l'employe ſéche & en poudre groſſiere, & j'en mets un demi gros par pinte d'eau que je fais boüillir un bon quart d'heure ; enſuite je la paſſe par un linge, & je la verſe toute chaude ſur de la Gomme-Lacque, pulvériſée & paſſée par un tamis de crin. Elle en tire sur le champ une belle teinture cramoiſie. Je mets le vaiſſeau digérer à chaleur douce pendant douze heures, ayant ſoin d'agiter ſept ou huit fois la gomme qui ſe tient au fond ; enſuite je décante l'eau, chargée de la couleur , dans un vaiſſeau aſſés grand pour que les trois quarts puiſſent reſter vuides , & je le remplis d'eau froide. Je verſe enſuite une très - petite quantité d'une forte diſſolution d'alun de Rome , ſur cette teinture , extraite , puis noyée : le teint mucilagineux ſe précipite ; & ſi l'eau qui le ſurnage paroît encore colorée, j'ajoûte quelques gouttes de la diſſolution d'alun pour achever la précipitation , & ce , juſqu'à ce que l'eau ſurnageante ſoit auſſi décolorée que de l'eau commune. Quand le mucilage cramoiſi s'eſt bien affaiſſé au fond du vaiſſeau, je tire l'eau claire avec un ſiphon, & je verſe le reſte ſur un filtre, pour achever de l'égouter, après quoi je le fais ſécher au ſoleil.

Si la premiere eau mucilagineuſe n'avoit pas tiré tout le teint de la Gomme-Lacque, c'eſt-à-dire, ſi cette gomme ne reſte pas d'une couleur de paille foible, j'en verſe de nouvelle toute boüillante, & je répéte tout ce que j'ai fait dans la premiere extraction. De cette maniere, je ſépare toute la teinture que la Gomme-Lacque peut fournir; & comme je la fais ſécher pour la pulvériſer enſuite, je ſçais ce que cette gomme m'en a rendu, & je ſuis auſſi plus ſûr des doſes que j'employe dans la teinture des étoffes, que ne le ſont ceux qui ſe contentent de l'évaporer en conſiſtence d'extrait, parceque le plus compact sera plus colorant que le plus humide.

Une lacque bien choisie, détachée de ses bâtons, ne donne de teinture séche & réduite en poudre, qu'un peu plus d'un cinquiéme de son poids. Ainsi, au prix qu'elle vaut à présent, il n'y a pas un avantage si grand, que bien des gens se l'imaginent, à l'employer à la place de la cochenille ; mais on peut, pour rendre la couleur écarlatte plus solide qu'elle ne l'est ordinairement, l'employer dans le premier bain ou boüillon, & se servir de cochenille pour la rougie.

Si l'on veut faire de l'écarlatte avec le teint de la Gomme-Lacque, tiré selon ma méthode, & mis en poudre, il y a une précaution à prendre pour le délayer, qui est inutile quand on se sert de cochenille. C'est que si on

le

le mettoit comme elle dans l'eau
du bain prête à boüillir, il se pas-
seroit près de trois quarts d'heure en pure perte de temps pour
le Teinturier, avant qu'il fut entiérement dissout. Pour aller plus
vîte, je mets la dose de cette
teinture séche, que j'ai dessein
d'employer, dans un grand vaisseau de fayence ou d'étain fin ;
je verse dessus de l'eau chaude,
& lorsqu'elle est bien humectée,
j'y ajoûte la dose nécessaire de
composition pour l'écarlatte, agitant le mêlange avec un pilon de
verre. Cette poudre, qui étoit
d'un pourpre sale & foncé, prend,
en se dissolvant, un rouge couleur de feu extrêmement vif. Je
verse la dissolution dans le bain,
où j'ai mis précédemment le crystal de tartre ; & aussi-tôt que
l'eau de ce bain commence à
boüillir, j'y fais plonger le drap,

Q

le faisant tourner & retourner, selon l'art du Teinturier. Tout le reste de l'opération n'a rien de différent de celle qui donne l'écarlatte par la cochenille. Je crois avoir observé seulement, que l'extrait de la Gomme-Lacque, préparé selon ma méthode, fournit environ un neuviéme de teinture plus que la cochenille, au moins, plus que celle dont je me suis servi pour faire cette comparaison.

Si l'on substitue au crystal de tartre & à la composition, quelque sel alcali fixe, ou de l'eau de chaux, le rouge vif de la Gomme-Lacque se convertit en couleur de lie de vin; ainsi cette teinture ne se rose pas si facilement que le teint de la cochenille.

Si, à la place de ces altérans, on employe le sel ammoniac seul, ou a des couleurs de canelle ou

de maron clair, selon qu’il y a
plus ou moins de ce sel.

J’ai fait encore sur cette drogue une vingtaine d’autres expériences, que je ne rapporte point
ici, parcequ’elles ne m’ont donné que des couleurs fort communes, & qu’on peut avoir plus
aisément avec des ingrédiens de
bas prix; & comme le but de mes
essais étoit d’embellir la couleur
rouge de la Lacque, qui est principalement ce qu’on doit chercher, je crois qu’on doit s’en tenir à ce que j’ai dit de la maniere d’extraire ses parties colorantes; parceque plus on aura d’ingrédiens pour faire une couleur
telle que l’écarlatte, plus son prix
diminuera. Au reste, toutes ces
expériences, faites tant sur la cochenille que sur la lacque & sur
d’autres drogues, qui paroissent
inutiles au Teinturier, ne le sont

pas pour un Physicien qui cher-
cheroit la cause de ces changemens dans les couleurs matériel-
les ; & le peu que j'en ai dit suffit
pour faire voir que cette matiere
est une des plus fécondes qu'on
puisse traiter. (*).

(*) On peut extraire les parties colorantes de la
Gomme-Lacque, par l'eau simple de riviere sans aucune addition, en faisant chauffer cette eau un peu
plus que tiéde, & mettant la lacque pulvérisée dans
un sac de grosse étoffe de laine, qu'un homme pé-
trit dans la Chaudiere avec ses pieds. Le Teinturier
intelligent sçaura bien profiter de cette note.

********** **********

CHAPITRE XVI.

Du Coccus Polonicus, *insecte colorant.*

LE *Coccus Polonicus* est un petit insecte rond, un peu
moins gros qu'un grain de co-
riandre : on le trouve adhérent
aux racines du *Polygonum Coccife-
rum incanum flore majore perenni ,*

de Ray, & que M. de Tourne-
fort a nommé *Alchymilla gramineo
folio majore flore*. Selon M. Breyn,
il est abondant dans le Palatinat
de Kiovie, voisin de l'Ukraine,
vers les Villes de Ludnow, Piat-
ka, Stobdyszcze, & dans d'autres lieux deserts ou sablonneux
de l'Ukraine, de la Podolie, de
la Volhinie, du grand Duché de
Lithuanie, & même dans la Prusse, du côté de Thorn. Ceux qui
en font la récolte, sçavent que
c'est immédiatement après le sol-
stice d'été, que le *Coccus* est meur
& plein de son suc purpurin. Ils
ont à la main une petite bêche
creuse, faite en forme de hou-
lette, & ayant un manche court.
D'une main ils tiennent la plante, ils la lévent de terre avec l'autre main armée de cet instru-
ment : ils en détachent ces espe-
ces de petites bayes ou insectes

ronds, & remettent la plante dans le même trou, pour ne pas la détruire ; ce qu'ils font avec une dextérité & une vîtesse admirable. Ayant séparé le *Coccus* de sa terre, par le moyen d'un crible fait exprès, ils prennent garde qu'il ne se convertisse en vermisseau. Pour l'en empêcher ils l'arrosent de vinaigre, & quelquefois aussi d'eau la plus froide ; puis ils le portent dans un lieu chaud, mais avec précaution ; ou bien, ils l'exposent au soleil pour le sécher & le faire mourir ; sans quoi ces insectes se détruiroient, & s'ils étoient desséchés trop précipitamment, ils perdroient leur belle couleur. Quelquefois ils séparent ces petits insectes de leurs vésicules, en les pressant doucement avec l'extrémité des doigts ; alors ils en forment de petites masses rondes :

il faut faire cette expreſſion avec
beaucoup d'adreſſe & d'attention, autrement le ſuc colorant
ſeroit réſoud par une trop forte
compreſſion, & la couleur pourpre ſe perdroit. Les Teinturiers
achétent beaucoup plus cher cette teinture réduite en maſſe, que
quand elle eſt encore en graine.
Bernard de Bernitz, de la diſſer-
tation duquel j'ai emprunté ce
que l'on vient de lire, ajoûte que
le Grand Maréchal Konitzpols-
ki, & quelques autres Seigneurs
Polonois qui avoient des terres
dans l'Ukraine, affermoient avan-
tageuſement la récolte du *Coccus*
aux Juifs, & le faiſoient recüeil-
lir par leurs Vaſſaux : que les
Turcs & les Arméniens, qui achetoient cette drogue des Juifs,
l'employoient à teindre la laine,
la ſoye, les crins & les queuës de
leurs chevaux : que les femmes

Turcques s'en servoient à peindre
les extrémités des doigts d'une
belle couleur incarnate ; qu'autrefois les Hollandois achetoient
aussi le *Coccus* fort cher, & qu'ils
l'employoient avec moitié de cochenille : que de la teinture de cet
insecte, on pouvoit, avec la craye,
faire une lacque pour les Peintres,
aussi belle que la lacque de Florence ; & qu'on en préparoit un
beau rouge pour la Toilette des
Dames en France & en Espagne.

Soit que toutes ces propriétés
soient exaggérées, soit que le
Coccus, qu'on a envoyé de Dant-
zick fut éventé & trop vieux, je
n'ai jamais pû, en le traitant, ou
comme le Kermés, ou comme la
Cochenille, en tirer que des lilas, des couleurs de chair, des
Cramoisis plus ou moins vifs ; &
il ne m'a pas été possible de parvenir à en faire des écarlattes ;

d'ailleurs, celui que j'ai employé a coûté beaucoup plus cher que la plus belle Cochenille, puisqu'il ne fournit pas la cinquiéme partie de la teinture que rend cet insecte du Méxique. C'est vraisemblablement pour cette raison que le commerce de cette drogue est extrêmement tombé , & on ne connoît plus le *Coccus* que de nom , dans la plûpart des Villes d'Europe qui ont quelque réputation pour leurs teintures. La Cochenille a pris le dessus , & a fait abandonner tous les autres ingrédiens qui lui sont inférieurs.

CHAPITRE XVII.

Du Rouge de Garence.

LA racine de Garence , ou de *Rubia Tinctorum* , est la seule partie de cette plante qu'on employe en teinture. De tous les rouges, c'eſt le ſien qui eſt le plus ſolide, quand il eſt appliqué ſur une laine ou ſur une étoffe bien dégraiſſée, puis préparée par les ſels avec leſquels on la fait boüillir pendant deux ou trois heures; ſans quoi ce rouge, ſi tenace après cette préparation du ſujet, ne réſiſteroit guères plus aux épreuves que les rouges des autres ingrédiens de faux teint. C'eſt ce qui prouve que les pores des fibres de la laine doivent être non-ſeulement bien dégraiſſés du *ſuin* ou tranſpiration onctueuſe de l'animal, qui peut y être reſté malgré le dégraiſſage de la laine fait à l'ordinaire avec l'eau & l'urine; mais encore, qu'il faut que ces mêmes pores ſoient enduits intérieurement d'une couche de quelques ſels que j'ai nommés *durs*, parcequ'ils ne ſe calcinent point à l'air, & qu'ils ne peuvent être diffouts par l'eau de la pluye, ni par l'humidité de l'air dans les temps pluvieux. Tel eft, comme on l'a déja vû dans d'autres Chapitres, le tartre crud blanc, le rouge & le cryftal de tartre, dont on met, felon l'ufage ordinaire, environ un quart dans le boüillon préparant, avec deux tiers ou trois quarts d'alun de Rome.

La racine de Garence la plus belle, vient ordinairement de Zélande, où l'on cultive cette plante dans les Ifles de Tergoés, Zirzée, Sommerdyck & Thoolen. Celle de la premiere de ces Ifles, eft eftimée la meilleure ; le terroir en eft argilleux, gras & un peu falé. Les terres, qu'en général on eftime le plus pour cette culture, font les terres neuves qui n'ont fervi auparavant qu'à des pâturages, & qui presque toujours sont plus fraîches ou plus humides que les autres. Les Zélandois ont l'obligation de la culture de cette plante, & du grand commerce qu'ils font de sa racine, aux réfugiés de Flandres qui la leur ont portée.

On la connoît dans le Commerce & dans la teinture, sous les noms de *Garence-grappe*, de *Garence-robée*, & de *Garence-non-robée*; c'est pourtant la même racine : toute la différence pour la qualité, est que la *grappe* ou *robée* se tire de la moëlle de la racine, & que la *non-robée* contient, avec cette moëlle, l'écorce & les petites racines qui sortent de la racine principale. L'une & l'autre se préparent par un seul & même travail, que je ne détaillerai point ici, pour ne pas allonger inutilement ce Traité. Il consiste à trier les plus belles racines pour la pre-

miere forte ; à les faire fécher
avec de certaines précautions,
à les moudre, & à en féparer l'é-
corce au moulin, & à conferver
le milieu de la racine mouluë
dans des tonneaux, où on la laiffe deux ou trois ans, parcequ'a-
près ce temps elle eft meilleure
pour la teinture, qu'elle ne l'auroit été en fortant du moulin.
Si la Garence n'étoit pas enfermée de la forte, elle s'éventeroit,
& la couleur en auroit moins de
vivacité. Elle eft d'abord jaune ;
mais elle rougit & brunit en vieil-
liffant. Il faut, pour l'ufage de
la teinture, la choifir d'une couleur de fafran, en mottes les plus
fermes, & d'une odeur forte,
qui cependant ne foit pas def-
agréable. On la cultive auffi aux
environs de Lille en Flandres, &
dans plufieurs autres endroîts du
Royaume, où l'on a reconnu
qu'elle croiffoit naturellement.

Les Garences, dont on fait ufage dans le Levant & dans l'Inde, pour la teinture des Cotons, font un peu différentes de celles qu'on employe en Europe : on les nomme *Chat*, à la côte de Coromandel. Cette plante ainfi nommée, fe trouve abondamment dans les bois de la côte de Malabar, & ce *Chat* eft le fauvage. Le cultivé vient de *Vaour* & de *Tuccorin*; & le plus eftimé de tous, eft le *Chat* de Perfe, qu'on nomme *Dumas*.

On recüeille auffi, fur la côte de Coromandel, la racine d'une autre plante, qu'on y nomme *Raye de chaye*, ou *racine de couleur*, & qu'on a cru être une efpece de *Rubia Tinctorum*; mais qui eft la racine d'une efpece de *Gallium flore albo*; ainfi qu'on l'a appris par des Mémoires envoyez de l'Inde en 1748. C'eft une racine longue & fort menuë, qui donne au coton une affés belle couleur rouge, lorfqu'il a reçû toutes les préparations qui doivent préceder & fuivre fa tein ure.

A *Kurder*, au voifinage de Smyrne, & dans les campagnes d'*Ak-hiffar* & de *Yor-das*, on cultive une autre efpece de Garence, qu'on nomme dans le pays, *Chioc-boya*, *Ekme*, *Hazala*. C'eft de toutes les garences la meilleure pour la teinture rouge, felon les épreuves qui en ont été faites; auffi eft-elle beaucoup plus eftimée dans le Levant, que la plus belle garence de Zélande, que les Hollandois y portent. Cette même Garence, fi eftimée, eft nommée par les Grecs modernes, *Lizari*; & *Fouoy*, par les Arabes. (*)

(*) Ces Garences donnent des rouges beaucoup plus vifs que la plus belle Garence-grappe de Zélande; parcequ'on les fait fécher à l'air, & non dans une étuve. La Garence du Languedoc, celle même du Poitou, réuffit comme le Lizari, quand on la fait fécher fans feu.

Il y a encore une autre forte de Garence, que l'on peut tirer du Canada, & qu'on y nomme, *Tyſſa-Voyana* : c'eſt une racine extrêmement menuë, qui fait, à peu près, le même effet que notre Garence d'Europe.

Pour teindre en rouge de Garence, le boüillon eſt, à peu près, le même que pour le Kermés ; on le fait toujours avec l'alun & le tartre. Les Teinturiers ne font pas extrêmement d'accord ſur les proportions ; pour moi, je penſe que la meilleure, eſt de mettre cinq onces d'alun & une once de tartre rouge pour chaque livre de laine filée ; je mets auſſi environ un douziéme d'eau ſûre dans le bain du boüillon, & j'y fais boüillir la laine pendant deux bonnes heures. Si c'eſt de la laine filée, je la laiſſe bien humectée de la diſſolution de ces ſels pendant sept ou huit jours ; & si c'est du drap, je l'achéve le quatriéme jour. Pour teindre cette laine, je prépare un bain frais, & lorsque l'eau est chaude à pouvoir y souffrir encore la main, j'y jette une demie livre de la plus belle Garence-grappe pour chaque livre de laine, & j'ai soin de la faire bien pallier & mêler dans la Chaudiere avant que d'y mettre la laine, que j'y tiens pendant une heure sans faire boüillir le bain, parceque la couleur seroit terne. Mais pour mieux assurer la teinture, on peut le faire boüillir sur la fin de l'opération seulement, pendant quatre ou cinq minutes. (*)

Si l'on vouloit avoir des nuances de la Garence, on s'y prendroit comme je l'ai enseigné pour

______

(*) Plus on fait boüillir la Garence, plus le rouge qu'elle donne est terne & briqueté.

les autres couleurs ; mais ces nuances ne font guères d'usage, parceque la couleur n'en est pas trop belle. On n'a besoin de ces nuances dégradées que dans les couleurs formées du mélange de plusieurs autres, & il y en a un nombre fort considérable auf- quelles on doit donner dans le bon teint un fond ou pied de Garence.

Quand on a plusieurs pièces de drap à teindre à la fois en rouge de Garence, l'opération est la même ; il n'y a qu'à augmen- ter la dose de tous les ingrédiens dans la proportion que je viens d'indiquer : bien entendu toute- fois, que, dans les opérations qui se font en petit, il faut toujours un peu plus forcer d'ingrédient que dans celles qui se font en grand ; ce qui se doit entendre non-seulement du rouge de Garence, mais de toutes les autres couleurs.

Ces rouges ne font jamais beaux comme ceux du Kermés, & beaucoup moins que ceux de la lacque ou de la cochenille ; mais ils coûtent peu, & par conséquent on s'en sert pour les étoffes communes, dont le bas prix ne pourroit pas supporter celui d'une teinture plus chère. La plûpart des rouges de l'Infanterie & de la Cavalerie, sont ordinairement des rouges de Garence qu'on rose quelquefois avec l'orseille ou le bresil, quoique drogues de faux teint, pour les rendre plus beaux & plus veloutés, parcequ'on ne pourroit leur procurer cette perfection avec la Cochenille, sans en augmenter beaucoup le prix.

J'ai déja dit que la Garence qu'on applique sur les étoffes,

fans les avoir préparées à la recevoir par le boüillon d'alun &
de tartre, lui donne, à la vérité,
fa couleur rouge, mais qu'elle la
donne mal unie, & que de plus
elle n'a aucune folidité ; ce font
donc les fels qui en affurent la
teinture, ce qui eft commun à
toutes les autres couleurs, rouge
ou jaune, qui ne peuvent fe faire fans boüillon. La queftion eft
de fçavoir, fi c'eft fimplement
en dérochant, pour ainfi dire,
les pores de la laine, c'eft-à-dire,
en ôtant les reftes de la tranfpi-
ration graffe ou huileufe du mou-
ton, qu'on les prépare à recevoir
plus immédiatement les parties
colorantes ; ou bien, fi une portion de ces fels, fur tout, de celui dés deux qui ne peut être emporté même par l'eau tiéde, y
refte pour happer, faifir & maftiquer l'atôme colorant, ouvert

ou dilaté par la chaleur de l'eau pour le recevoir, & contracté en-suite par le froid pour le retenir. Pour déterminer ceux qui se-roient de la premiére opinion à l'abandonner, il n'y a qu'à sub-stituer à l'alun & au tartre quel-que sel alcali, comme potasse, lessive clarifiée de cendres de chêne, ou autre sel lixiviel pur, mis en proportion convenable pour ne pas dissoudre la laine, & ensuite passer l'étoffe dans un bain de Garence, cette étoffe en sortira colorée ; mais cette cou-leur n'aura aucune solidité , la seule eau boüillante en emporte-ra avec le temps plus des trois quarts. Or on ne peut pas dire qu'un sel alcali fixe soit incapable de dérocher les pores de la laine de leur suain ou graisse du mou-ton , puisque les sels lixiviels sont employés avec succès dans plusieurs cas où il s'agit d'ôter à une étoffe, de quelque genre qu'elle soit, la graisse que l'eau seule n'enleveroit pas. On sçait très-bien qu'avec ces graisses, étrangéres à l'étoffe, & le sel alcali, il se fait une espéce de savon, que l'eau emporte ensuite aisément.

De plus, prenez un morceau d'étoffe teinte en rouge de Garence, selon la méthode ordinaire ; faites-le boüillir quelque temps dans la solution d'un sel alcali fixe mis en petite dose, vous détruirez aussi la couleur, parceque l'alcali fixe attaquant les petits atômes de crystal de tartre ou de tartre crud, qui tapissent les pores des fibres de la laine, il s'en fait un tartre soluble que l'eau dissout, comme on le sçait, très-aisément, & par-conséquent les pores s'étant ouverts dans l'eau chaude de l'ex-

périence, l'atôme colorant en est
sorti avec l'atôme salin qui le
mastiquoit. Cette étoffe étant lavée dans de l'eau, on voit le sur-
plus de la couleur rouge s'y délayer, & elle reste d'une couleur
demi fauve ou sale. Si au lieu de
ce sel alcali on se sert de savon,
qui est un sel alcali mitigé par
l'huile, & qu'on y fasse boüillir
pendant quelques minutes un autre morceau de drap teint aussi
en rouge de Garence, ce rouge
en devient plus beau, parceque
l'alcali qui, dans le savon, est en-
veloppé d'huile, n'a pû attaquer
le sel acide végétal, & que l'é-
bullition n'a fait qu'enlever les
particules colorantes mal enchâffées; & leur nombre diminuant,
ce qui en reste doit paroître
moins chargé ou plus clair.

Je dirai encore, pour surcroît
de preuve de l'existence actuelle

des sels dans les pores de la laine
d'une étoffe préparée par le
boüillon, avant que d'être teinte
avec la Garence, que le plus ou
le moins de tartre, donne des
variétés infinies, non-seulement
de nuances, mais même de couleurs avec cette seule racine; car
si l'on diminuë la dose de l'alun,
& qu'on augmente celle du tartre, on a un rouge canelle; &
même, si l'on ne met dans le
boüillon que du tartre seul, on
perd le rouge, & l'on n'a que du
canelle, foncé ou couleur de fauve ou de racine, mais de très-
bon teint ; parceque le tartre
crud, qui est un sel acide, a tellement dissout la partie qui auroit coloré en rouge, qu'il n'en
est resté qu'une très-petite quantité avec les fibres purement ligneuses de la racine, laquelle,
comme toute autre racine commune,

mune , ne donne alors qu'une couleur fauve plus ou moins foncée , selon la quantité qu'on en employe. J'ai déja prouvé que l'acide , qui rend les rouges plus vifs , les diſſout ſi l'on en met trop , & les diviſe en des particules d'une ſi grande ténuité , qu'elles échappent à la vûë.

Si au lieu du tartre , qui eſt un ſel dur, on employe dans le boüillon avec l'alun un ſel aiſément diſſoluble ; le ſalpêtre , par exemple , pour préparer l'étoffe à recevoir la teinture de la Garence , la plus grande partie de ſon rouge devient inutile : il diſparoît , ou ne s'applique pas , & l'on n'a qu'un canelle, à la vérité, fort vif ; mais qui ne réſiſte pas ſuffiſamment aux épreuves , parceque les deux ſels , qui ont été mis dans le boüillon ne ſont pas de la dureté du tartre.

R

Les alcalis volatils urineux, qui développent de certaines plan-tes, telles que la Pérelle, l'Orseil-le des Canaries, & d'autres mouf-fes ou *Lichens*, un rouge qu'on n'y auroit pas soupçonné auparavant, développent aussi le rouge de la racine de Garence ; mais en même temps ils lui communi-quent leur volatilité, de telle sor-te que lorsque j'ai voulu employer cette Garence, que j'avois prépa-rée, comme on prépare l'Orseil-le, avec de l'urine fermentée & de la chaux vive, je n'ai eu que des couleurs de noisettes plus ou moins claires, mais qui sont ce-pendant solides, parcequ'il n'é-toit entré dans le bain que la pe-tite portion de volatile urineux qui humectoit la Garence ; que l'ébullition a suffi pour la faire évaporer, & que d'ailleurs le drap étoit suffisamment garni des sels

du boüillon fait à l'ordinaire pour
retenir les parties colorantes que
j'employois pour le teindre.

Lorsqu'on applique un rouge
pur, celui de la cochenille, par
exemple, sur un drap précédemment teint en bleu, & ensuite
préparé par le boüillon de tartre
& d'alun, pour recevoir & retenir ce rouge, on a un pourpre
ou un violet à proportion de la
quantité de bleu, ou de la quantité de ce rouge pur. Le rouge
de la Garence ne fait pas le même effet, parceque ce n'est pas
un rouge pur comme celui de la
cochenille, & qu'ainsi que je l'ai
dit plus haut, il est altéré par le
fauve, couleur propre aux fibres
ligneuses de sa racine, comme
aux fibres ligneuses de toute autre racine ordinaire; ainsi ce rouge sali par le fauve, fait sur le
bleu une couleur de maron plus

ou moins foncée, selon l'intensité précédente du bleu appliqué
le premier. Si l'on veut que cette couleur de maron ait un reflet
pourpré, il faut nécessairement y
employer un peu de cochenille
pour le bon teint.

C'est pour éviter ce fauve de
la racine, que les Teinturiers,
qui font les plus beaux rouges de
Garence, ont grand soin de n'employer le bain de Garence, qu'un
peu plus que tiéde, & de retirer
l'étoffe une minute ou deux après
qu'il a commencé à boüillir; car
si elle bout davantage, la Garence ternit considérablement, parcequ'alors la chaleur de l'eau est
assés forte, pour que les particules qui colorent en fauve, se détachent & s'appliquent avec les
particules rouges. On éviteroit
cet inconvénient, si, dans le
temps que la racine de Garence

est fraîche, on pouvoit trouver le moyen de séparer aisément du reste de cette racine, le cercle rouge qui est au-dessous de sa pellicule brune, & qui entoure la moële du milieu. Mais ce travail augmenteroit le prix de cet ingrédient; & comme ce qu'on en sépareroit ainsi avec beaucoup de patience, ne donneroit jamais un rouge aussi beau que celui de la cochenille, il paroît assés inutile de l'essayer en grand. Tout au plus pourroit-on le tenter pour teindre en rouge les cotons, dont le prix pourroit porter les frais de cette préparation.

La Garence étant, de toutes les matieres qui servent à teindre en rouge de bon teint, celle qui est à meilleur marché, on s'en sert pour la mêler avec les autres, & diminuer par-là le prix de ces couleurs. C'est avec la Garence

& le Kermés qu'on fait la demi-écarlatte de Graine, autrement dite *écarlatte mi-graine* ; & avec la Garence & la Cochenille on fait la *demi-écarlatte ordinaire*, & le *demi-cramoisi*.

Pour faire *l'écarlatte mi-graine*, on fait le boüillon, & tout le reste de l'opération, comme si l'on vouloit faire l'écarlatte de graine, de Kermés, ou de Venise ordinaire ; si ce n'est qu'au lieu d'employer le Kermés seul dans le second bain, on n'y met que la moitié de ce qu'il en faudroit, & l'on remplace le reste par autant de la plus belle Garence-grappe.

Pour la *demi-écarlatte* couleur de feu, ou des Gobelins, on fait la composition, & le boüillon à l'ordinaire. On n'y met que de la cochenille pure ; mais dans la *rougie* on met moitié coche-

nille & moitié garence. C'eſt auſſi le cas où l'on peut employer
la cochenille ſylveſtre; car après
avoir fait le boüillon avec la cochenille ordinaire ou meſtique,
ſi l'on teint une quantité de laine, telle, que pour l'écarlatte
ordinaire, il fallut mettre dans
la rougie deux livres de cochenille, on y mettra une demie livre de cochenille ordinaire, une
livre & demie de cochenille cam-
peſſianne ou ſylveſtre, & une livre de Garence.

Pour que la laine & les étoffes ſoient teintes auſſi également
qu'il eſt poſſible, il eſt eſſentiel
que les deux ſortes de cochenille ſoient bien broyées & tami-
ſées, ainſi que la Garence, avec
laquelle elles doivent être bien
incorporées, avant que de les
jetter dans le bain; ce qui doit
s'entendre auſſi de toutes les cou-

leurs pour lesquelles l'on mêle ensemble plusieurs ingrédiens. Cette demi-écarlatte s'achéve comme l'écarlatte ordinaire, & on la peut roser de même, ou sur l'eau boüillante, ou sur l'alun.

Le *demi-cramoisi* se fait comme le cramoisi ordinaire, en mettant seulement moitié garece & moitié cochenille. On peut aussi y employer la cochenille sylvestre, en observant de ne retrancher que la moitié de la cochenille ordinaire, & de la remplacer par trois fois autant de la sylvestre. Si l'on mettoit une plus grande quantité de la sylvestre, & qu'on retranchât davantage de l'autre, la couleur n'en seroit pas si belle.

Si l'on vouloit avoir des nuances moins belles de toutes ces couleurs, & qu'on fut obligé de les assortir à des échantillons

qu'on auroit reçûs, on peut augmenter ou diminuer la proportion de la garence & celle de la
cochenille ; c'est surquoi on ne
peut donner aucune régle fixe :
mais avec ce que je viens de dire, chacun pourra aisément trouver le moyen de réussir.

Je finirai ce Chapitre par une
expérience qui m'a donné un
pourpré assés beau, sans employer
de cochenille & sans que le drap
eut été précédemment teint en
bleu. J'ai fait boüillir un morceau de drap pesant demie once,
avec dix grains d'alun de Rome,
& six grains de crystal de tartre.
Au bout d'une demie heure, je
l'ai retiré, exprimé, & laissé refroidir; puis j'ai ajoûté au même
bain vingt-quatre grains de garence-grappe : après qu'elle a eu
fourni son teint à cette eau encore empreinte des sels, j'y ai

R v

fait tomber vingt gouttes d'une dissolution de Bismuth, faite dans parties égales d'eau & d'esprit de nitre; puis j'y ai replongé le drap. Au bout de demie heure je l'ai retiré, exprimé & lavé. Il étoit d'un cramoisi presque aussi beau que s'il eut été fait avec la cochenille, & même il avoit assés de fond, ou assés de couleur unie, pour rester en cet état. Cependant pour sçavoir quelle seroit la différence en augmentant la teinte, je l'ai replongé dans le même bain; j'ai continué de le faire boüillir encore un quart d'heure, & je l'ai eu d'un pourpre assés vif. Ce pourpre éprouvé par le déboüilli de l'alun, s'avive & s'embellit; & à celui du savon, il reste d'un beaucoup plus beau rouge que les rouges ordinaires de Garence.

Si je garde pendant plusieurs

jours le drap humecté de son
boüillon de tartre & d'alun ; qu'-
ensuite je le teigne dans un bain
neuf de garence, simple & sans
sels, selon la méthode ordinaire,
jusqu'à ce qu'il ait pris une couleur de canelle vive, & qu'ensuite j'ajoûte à ce bain de la même
dissolution de Bismuth, je n'aurai qu'une couleur de maron &
point de pourpre. Ce qui fait
voir combien il faut être exact
en décrivant les procédés de teinture, & que c'est par ce défaut
d'exactitude, que tous les Livres
qu'on a publiés sur cet Art, ont
été jusqu'à present inutiles, parcequ'on a négligé d'indiquer les
circonstances nécessaires à la
réussite de la couleur qu'on y
cherche.

Dans cette seconde expérience, le drap a trop pris de sels
d'abord : ils ont séjourné trop

long-temps deſſus, & dans le bain de la teinture il n'y en avoit pas. Ce manque d'alun a fait que le pourpre n'a pû paroître, parceque la terre blanche de ce ſel n'a pû ſe précipiter avec les parties diſſoutes du Biſmuth, qui, comme on l'a vû dans le Chapitre du Kermés, portent avec elles la partie bleuë du *Smalt*, qui ſe trouve toujours dans la mine de Biſmuth, & dont vrai-ſemblablement une portion s'unit avec ce ſemi métal dans la fonte. Cette précipitation mutuelle ſe fait dans cette opération de teinture, à l'aide des parties aſtringentes des fibres ligneuſes de la racine de Garence.

CHAPITRE XVIII.

Du Jaune.

ON a connu jusqu'à présent dans la teinture dix espéces de Drogues qui teignent en jaune ; mais par les épreuves qu'on en a faites, on s'est assuré que de ces dix, il n'y en a que cinq qui fussent assés solides pour pouvoir être employées dans le bon teint : ce n'est pas cependant qu'on n'en puisse ajoûter plusieurs autres à ces cinq ; car les jaunes ne font pas difficiles à trouver. Je ne parlerai d'abord que de ces cinq, qui font, la *Gaude*, la *Sarrette*, la *Géneftrole*, le *Bois jaune*, & le *Fénugréc*, parce qu'elles font de bon teint. Les trois premieres font des plantes fort communes aux environs de

Paris, & dans la plûpart des Provinces du Royaume. Le Bois
jaune nous vient des Indes, & le
Fénugréc se trouve par tout.

La Gaude est de toutes ces
matieres, celle qui est le plus gé-
néralement employée; c'est celle
qui fait le jaune le plus franc.
La Sarrette & la Géneftrole sont
meilleures pour les laines que
l'on destine à mettre en verd ;
parceque leur couleur naturelle
tire un peu sur le verdâtre ; les
deux autres donnent des nuances
de jaune un peu différentes.

Les nuances de jaune les plus
connues dans l'Art de la teinture, sont le *jaune paillé* ou de paille, le *jaune pâle*, le *jaune citron*,
le *jaune naissant*. Les jaunes oran-
gers, faits à l'ordinaire, ne sont
pas des couleurs simples; ainsi je
n'en parlerai pas présentement.
Pour teindre en jaune, on don-

ne à la laine filée ou à l'étoffe, le boüillon ordinaire, dont il a été déja parlé plusieurs fois, c'est-à-dire, celui de tartre & d'alun. On met quatre onces d'alun pour chaque livre de laine, ou vingt-cinq livres pour cent. A l'égard du tartre, il suffit d'en mettre une once par livre, au lieu de deux onces qu'on employe pour les rouges. L'opération du boüillon, ou la maniere de boüillir, est semblable aux précédentes. Pour le *Gaudage*, c'est-à-dire, pour jaunir le sujet, après que la laine ou l'étoffe est boüillie, on met dans un bain frais cinq à six livres de Gaude pour chaque livre d'étoffe : on enferme cette Gaude dans un sac de toile claire, afin qu'elle ne se mêle point dans l'étoffe ; & pour que le sac ne s'éléve point au haut de la Chaudiere, on le charge d'une

croix de bois pefant. D'autres
font cuire leur Gaude, c'eft-à-dire, qu'ils la font boüillir jufqu'à
ce qu'elle ait communiqué tout
fon teint à l'eau du bain, & qu'-
elle fe foit précipitée au fond de
la Chaudiere, après quoi ils abat-
tent deffus une Champagne ou
cercle de fer garni d'un réfeau
de cordes; d'autres enfin la reti-
rent avec un rateau lorfqu'elle
eft cuite, & la jettent. On mêle
auffi quelquefois avec la Gaude,
du bois jaune, & quelques-uns,
d'autres ingrédiens dont je viens
de parler, fuivant la nuance du
jaune qu'ils veulent faire. Mais
en variant les dofes & les proportions des fels du boüillon, la
quantité de l'ingrédient colorant,
& le temps de l'ébullition, je me
fuis affuré qu'on peut avoir toutes ces nuances à l'infini. J'en ai
eu la preuve dans les effais que

j'ai faits avec la fleur de la *virga
aurea Canadienſis*, qui deviendra
une bonne acquiſition pour l'Art
de la teinture, ſi quelqu'un ſe
met en devoir de la multiplier,
ce qui eſt très-aiſé, puiſque c'eſt
une plante qui pouſſe beaucoup
du pied, & dont les œilletons ſe
peuvent aiſément tranſplanter,
& former des touffes dans le cou-
rant de l'année.

Pour la *ſuite*, ou les nuances
claires du jaune, on s'y prend
comme pour toutes les autres
ſuites ; ſi ce n'eſt qu'il eſt mieux
de faire, pour ces jaunes clairs,
un boüillon moins fort. On ne
mettra, par exemple, que douze livres & demi d'alun pour cent
livres de laine, & on en retranchera le tartre, parceque le boüillon dégrade toujours un peu les
laines, & que quand on n'a be-
ſoin que de nuances claires, on

peut les tirer tout de même avec un boüillon moins fort, & que par-là on épargne aussi la dépense des sels du boüillon. Mais aussi ces nuances claires ne résistent pas aux épreuves, comme les nuances plus foncées qui ont été faites sans supprimer la petite portion de tartre. Quelques Teinturiers croyent y remédier en laissant plus long-temps les laines & les étoffes dans la teinture, parcequ'elles la prennent d'autant plus lentement que le boüillon est plus foible; ensorte que si l'on met en même temps dans le bain, chargé de couleur, des laines dont le boüillon aura été différent, elles prendront dans le même temps des nuances différentes. On appelle ces boüillons plus foibles que les autres, des *demis-boüillons*, ou des *quarts de boüillon*, & l'on a grande attention à s'en servir, surtout dans les nuances claires des laines que l'on teint en toison, c'est-à-dire, avant que d'être filées, & qui sont destinées à la fabrication des draps & autres étoffes de mêlange ; parceque plus il y a d'alun dans le boüillon de la laine, plus elle devient rude & difficile à filer. Il arrive de-là que les fileuses la filent plus grosse, & que par conséquent l'étoffe en est moins belle. Cette observation n'est pas si importante pour les laines filées & destinées aux tapisseries, ni pour les étoffes : mais il est toujours bon de la faire, ne fut-ce que pour prouver que la dose des ingrédiens du boüillon n'est pas renfermée dans des limites fort étroites, & qu'on peut s'en écarter sans risque, soit pour donner la même nuance à des laines dont le boüillon a été dif-

Observation commune à toutes les couleurs.

ferent, soit pour ne faire qu'un
même boüillon, si cela est plus
commode, pour avoir différentes
nuances.

Pour employer le bois-jaune,
on le fend ordinairement en
éclats ; ou pour mieux faire, on
le donne à un Menuisier qui le
débite en copeaux minces avec
un gros rabot ; de cette façon, il
est plus divisé, il donne mieux sa
teinture, & par conséquent on
en employe une moindre quantité. De quelque façon que ce
soit, on l'enferme toujours dans
un sac, afin qu'il ne se mêle point
dans la laine ni dans l'étoffe, que
ces éclats pourroient déchirer.
On enferme aussi de même dans
un sac la Sarrette & la Génestro-
le, lorsque l'on s'en sert au lieu
de Gaude, ou qu'on en mêle
avec elle pour changer sa nuance.

Je renvoye au petit teint les

cinq autres ingrédiens jusqu'ici connus, qui teignent en jaune: je dirai seulement ici, par rapport au bon teint, que la racine de *Patience sauvage*, *l'écorce de Frêne*, surtout celle qui est levée après la premiere séve, les feüilles d'*Amandier*, de *Pêscher*, de *Poirier*, en un mot, toutes les feüilles, écorces & racines, qui, en les mâchant, font appercevoir un peu d'astriction, donnent des jaunes de bon teint plus ou moins beaux, selon le temps qu'on les fait boüillir, & selon que l'alun & le tartre sont en dose dominante dans le boüillon. L'alun mis en quantité fait approcher ces jaunes du beau jaune de la Gaude. Si le tartre domine, ces jaunes tireront à l'orangé; enfin, si l'on fait boüillir trop long-temps ces racines, ces écorces, ou ces feüilles, le jaune se ternira, & prendra des nuances de fauve.

Quoique plusieurs Teinturiers soient dans l'usage d'employer dans le bon teint la *terra merita*, ou *curcuma*, racine qui vient des Indes Orientales, & qui donne un jaune orangé ; c'est cependant un usage condamnable, parceque cette couleur se passe très-promptement à l'air, à moins qu'on ne l'ait assurée par le sel marin, comme le font quelques Teinturiers, qui se gardent bien de communiquer ce tour de main. Ceux qui s'en servent dans l'écarlatte ordinaire pour ména-ger la cochenille, & pour don-ner à leur étoffe un rouge vif orangé, sont repréhensibles, parceque les écarlattes qui ont été teintes de la sorte, perdent en peu de temps cet éclat orangé, ainsi que je l'ai déja dit, & bru-

niſſent conſidérablement à l'air.
Cependant on eſt en quelque façon obligé de tolérer cette falſi-
fication, parceque dans un temps
où cet éclat orangé eſt en mode,
il ſeroit impoſſible de le donner
à de l'écarlatte, ſans mettre une
plus grande doſe de compoſition,
dont l'acide ſurabondant altére
le drap conſidérablement.

※※※※※※※※ ※※※※※※※

CHAPITRE XIX.

Du Fauve.

LE *Fauve*, ou *couleur de-raci-*
ne, ou *couleur de noiſette*, eſt
la quatriéme des couleurs primitives des Teinturiers. Elle eſt miſe dans ce rang, parcequ'elle entre dans la compoſition d'un très-
grand nombre de couleurs. Son
travail eſt tout différent des autres ; car on ne fait ordinaire-

ment aucune préparation à la laine pour la teindre en fauve ; & de même que pour le bleu, on ne fait que la moüiller dans l'eau chaude.

On se sert pour teindre en Fauve, du *brou de noix*, de *la racine de noyer*, de *l'écorce d'aulne*, du *santal*, du *sumach*, du *roudoul* ou *fovie*, de la *suye*, &c.

Le *brou de noix*, est l'écorce verte de la noix : on l'amasse lorsque les noix sont entiérement mûres ; on en remplit de grandes cuves ou tonneaux, & on y met de l'eau, ensorte qu'elles en soient bien abreuvées : on les conserve en cet état jusqu'à l'année suivante, ou même plus long-temps s'il en étoit besoin. On se sert aussi du brou qu'on enléve des noix avant qu'elles soient mûres, & lorsqu'on les mange en cerneaux : mais il faut conserver

celui-là

celui-là à part, pour s'en servir le premier, parceque le bois ou la coquille molle, qui y est attachée, le fait corrompre, & qu'il ne se conserve qu'environ deux mois.

Le *Santal* est un bois dur qui vient des Indes ; on l'employe ordinairement moulu en poudre très-fine, & même on le conserve quelque temps dans des sacs, après qu'il est moulu, parcequ'on prétend qu'il s'y excite une petite fermentation qui le rend, dit-on, meilleur, mais je n'y ai remarqué aucune différence. Plus ordinairement ce bois moulu est mêlé avec un tiers de bois de *Cariatour*, qui sert à le bénéficier, selon le langage de ceux qui le préparent pour le vendre. Il est beaucoup moins bon que le brou de noix dans les fauves, parcequ'il dégrade les laines en les durcissant considérablement, si on l'em-

ploye en grande quantité. Ainſi
il eſt mieux de ne point s'en ſervir pour les laines & étoffes fines,
ou du moins de n'en tirer que les
plus foibles nuances, parcequ'a-
lors ſon effet eſt moins mauvais.
On le mêle preſque toujours avec
la galle, l'écorce d'aulne & le ſumach : ce n'eſt que de cette maniere qu'on peut tirer ſa couleur,
quand il eſt ſeul & non mêlé avec
le Cariatour. Il n'en donne que
très-peu avec le boüillon d'alun
& de tartre, tel qu'on le fait pour
le bois jaune, à moins qu'il ne
ſoit rapé. Malgré le défaut dont
il vient d'être parlé, on le tolére
dans le bon teint à cauſe de la
ſolidité de ſa couleur, qui naturellement eſt un jaune rouge-
brun. Elle brunit & fonce à l'air,
elle éclaircit au ſavon en per-
dant de ſon intenſité ; mais elle
perd moins à l'épreuve de l'alun,

& encore moins à celle du tartre.

De tous les ingrédiens qui servent à teindre en fauve, le *brou de noix* est le meilleur. Ses nuances sont belles, sa couleur est solide, il adoucit les laines, & les rend d'une meilleure qualité, & plus faciles à travailler. Pour employer le brou de noix, on charge une Chaudiere à moitié, & lorsqu'elle commence à tiédir, on y met du brou à proportion de la quantité d'étoffes que l'on veut teindre, & de la couleur plus ou moins foncée qu'on veut lui donner. On fait ensuite boüillir la Chaudiere, & lorsqu'elle a boüilli un bon quart d'heure, on y plonge les étoffes qu'on a eu soin de moüiller auparavant dans de l'eau tiéde, on les tourne, & on les remue bien, jusqu'à ce qu'elles aient acquis la couleur que l'on desire. Si ce sont des laines filées dont il faille affortir les nuances dans la derniere exactitude, on met d'abord peu de brou, & on commence par les plus claires : on remet enfuite du brou à proportion que la couleur du bain fe tire ; & on paffe les brunes. A l'égard des étoffes, on commence ordinairement par les plus foncées ; & lorfque la couleur du bain diminuë, on paffe les plus claires ; on les évente à l'ordinaire pour les refroidir, & on les fait fécher & apprêter.

La *racine de noyer* eft, après le brou, ce qui fait le mieux pour la couleur fauve : elle donne auffi un très-grand nombre de nuances, & à peu près les mêmes que le brou ; ainfi on peut les fubftituer l'un à l'autre, fuivant qu'il y a plus de facilité à avoir l'un que l'autre ; mais il y a de la différence dans la maniere d'employer la racine de noyer. On remplit aux trois quarts une Chaudiere d'eau de riviere, & on y met de la racine, hachée en copeaux, la quantité que l'on juge convenir, proportionnellement à la quantité de laine que l'on a à teindre, & à la nuance à laquelle on la veut porter. Lorsque le bain est assés chaud pour ne pouvoir plus y tenir la main, on y plonge la laine ou l'étoffe, & on l'y retourne jusqu'à ce qu'elle ait acquis la nuance que l'on desire ; ayant soin de l'éventer de temps en temps, & si c'est de l'étoffe, de la passer entre les mains dans les lisieres, pour faire tomber les petits copeaux de racine qui s'y attachent & qui pourroient tacher l'étoffe. (Pour éviter ces taches, on peut enfermer la racine de noyer hachée dans un sac, comme je l'ai dit à l'égard du bois jaune.) On

passe ensuite les étoffes qui doivent être de nuances plus claires,
& l'on continue de la sorte jufqu'à ce que la racine ne donne
plus de teinture. Si ce font des
laines filées, on commencera toujours par les plus claires, pour les
mieux affortir, comme je l'ai dit
en parlant des autres couleurs;
mais fur-tout on obfervera de ne
pas poufler la chaleur jufqu'à faire boüillir le bain au commencement, parceque cette racine
donneroit toute fa couleur à la
premiere piéce d'étoffe, & qu'il
n'en refteroit point affés pour les
autres.

Le *Racinage*, c'eft-à-dire, la
maniere de teindre les laines avec
la racine, n'eft pas fort facile;
car fi l'on n'a pas une grande attention au degré de chaleur, & à
remuer les laines & étoffes, enforte qu'elles trempent bien éga-

lement dans la Chaudiere, on court risque de les rendre trop foncées, ou d'y faire des taches, ce qui est sans reméde. Lorsque cela arrive, le seul parti qu'il y a à prendre, c'est de les mettre en *maron*, *pruneau & caffé*, ainsi que je le dirai lorsque je parlerai des couleurs & des nuances résultantes du mêlange du fauve & du noir. Pour éviter ces inconvéniens, il faut tourner continuellement les étoffes sur le tour, & même ne les passer que piéce à piéce, & sur-tout, ne faire bouillir le bain que lorsque la racine ne donne plus de couleur, ou qu'on veut achever d'en tirer toute la substance. Quand les laines ou étoffes sont teintes de la sorte, & qu'elles sont éventées, on les porte à la riviere; on les lave bien, & on les fait sécher.

Je ne dirai de *l'écorce d'aulne*

que ce que j'ai dit de la racine
de noyer, si ce n'est qu'il y a
moins d'inconvénient à la laiffer boüillir au commencement,
parcequ'elle donne beaucoup
moins de fond de couleur à l'é-
toffe. On s'en fert plus ordinairement fur le fil, & pour les
couleurs qu'on veut brunir avec
la couperofe verte. Elle fait néanmoins un bon effet fur la laine
pour les couleurs qui ne font pas
extrémement foncées, & elle ré-
fiste parfaitement bien à l'action
de l'air & du foleil.

Le *Sumach* eft à peu près de
même : on l'employe de la même
maniere que le brou de noix : il
donne encore moins de fond de
couleur, & elle tire un peu fur le
verdâtre. On le fubstitue fouvent
à la noix de galle dans les couleurs que l'on veut brunir, & il
fait fort bien ; mais il en faut une

plus grande quantité que de galle.
Sa couleur est aussi très-solide à
l'air. On mêle quelquefois ensemble ces différentes matieres ; &
comme elles sont également bonnes, & qu'elles font à peu près le
même effet, cela donne de la facilité pour de certaines nuances.
Cependant il n'y a que l'usage qui
puisse conduire dans cette pratique des nuances de fauve, qui
dépend absolument du coup
d'œil, & qui n'a par elle-même
aucune difficulté.

Quant à l'emploi du mélange
de ces ingrédiens & du santal
moulu, on met quatre livres de
ce dernier dans la Chaudière,
une demie livre de noix de galle
pilée, douze livres d'écorce d'aulne, & dix livres de sumach. Ces
doses sont pour vingt-cinq à
vingt-sept aunes de drap. On fait
bouillir le tout ; & après avoir

abattu le boüillon avec un peu
d'eau froide, on y met le drap,
qu'on y tourne & remue bien
pendant deux heures; après quoi
on le léve, on l'évente & on le
lave à la riviere. On passe ensuite
sur le même bain d'autres étoffes,
que l'on veut d'une nuance plus
claire; & l'on continue de la sorte, si le bain est encore chargé de
couleur. On augmente ou l'on
diminue la quantité de ces ingrédiens à proportion de la hauteur
de la nuance, & l'on y fait boüillir plus ou moins long-temps les
laines ou étoffes. J'ai déja fait
observer que ce n'est que de cette
maniere que l'on peut tirer la
couleur du Santal.

J'ai parlé dans cet article du
Santal & de la maniere de *san-
taler*, quoique c'eût été plutôt le
lieu de le faire, lorsque je traiterai du petit teint, attendu que ce

bois ne devroit être employé que pour les étoffes de bas prix, à cause du défaut dont j'ai parlé. Cependant, comme il s'employe presque de la même maniere que les autres ingrédiens qui servent à teindre en fauve, & que d'ailleurs il y a plusieurs Provinces où il est toléré dans le bon teint, parcequ'il ne résiste pas moins que les autres à l'air & au soleil, j'ai cru qu'il seroit aussi bien de donner à la suite des autres la maniere de l'employer. Je vais, par la même raison, décrire aussi la maniere de teindre avec la *suye*, quoiqu'elle ne soit permise que dans le petit teint, à cause qu'elle a moins de solidité que les autres, qu'elle durcit la laine, & qu'elle donne aux étoffes une odeur désagréable.

On met ordinairement dans la Chaudiere la *suye* en même temps

que l'eau : on fait bien boüillir le
tout. On y plonge ensuite l'étoffe,
que l'on fait boüillir plus ou moins
long-temps, suivant la nuance
que l'on cherche ; après quoi on
la léve, on l'évente, & on y met
celles qui doivent être plus claires ; on les lave bien ensuite, &
on les fait sécher. Mais pour
mieux faire, il faut faire boüillir
la suye dans l'eau pendant deux
heures ; la laisser reposer ensuite,
& vuider le bain dans une autre
Chaudiere, sans y mêler de suye.
On passe ensuite sur ce bain les
laines & les étoffes, & elles sont
moins durcies & desséchées, que
lorsqu'elles ont été mêlées avec
la suye même : mais la couleur
n'en est pas plus solide, & le
mieux est de ne jamais se servir
de cet ingrédient pour la teinture des étoffes de prix ; d'autant
plus qu'elle peut être remplacée

dans toutes ses nuances par les autres ingrédiens précédens, qui sont meilleurs, plus solides, & qui adoucissent la laine. Les Teinturiers du petit teint employent le plus souvent le brou de noix & la racine de noyer pour leurs couleurs fauves. L'emploi de ces deux matieres étant commun aux Teinturiers du grand teint & à ceux du petit teint, cela n'en est que mieux : mais il y a des endroits où il n'est pas facile d'en trouver ; & l'on est obligé alors de se servir du santal, & même de la suye.

Ce que j'ai dit ci-devant, pour rendre raison de la solidité des couleurs de la classe du bon teint, pourroit paroître ne pas convenir aux couleurs fauves, dont j'ai traité dans ce Chapitre, puisque celles-ci s'appliquent solidement sur la laine sans l'avoir préparée à les recevoir par le boüillon

d'alun & de tartre ; & par conséquent, sans avoir introduit d'a-
bord dans les pores des fibres, un
sel capable de se durcir au froid
& de mastiquer les atomes qui
colorent en fauve. Mais si l'on ex-
amine par l'analyse chymique le
brou de noix, la racine de noyer,
l'écorce d'aulne, outre qu'on connoît déja leurs propriétés adstrin-
gentes, on trouvera aussi, en les
décomposant selon l'art, qu'elles
contiennent un tartre vitriolé,
lequel est un sel qui ne se calcine
point au soleil, & qui ne se dissout que dans l'eau bouillante, &
on verra alors que ces ingrédiens
se suffisent à eux-mêmes pour
produire sur les étoffes, sans aucun
secours étranger, les mêmes effets
que les autres drogues, dont les
couleurs ne s'appliquent solidement qu'à l'aide d'un sel capable
d'en mastiquer les atomes colo-

rans. La suye ne donne pas un fauve aussi tenace, parcequ'elle ne contient qu'un sel volatile & un sel terreux fort aisés à dissoudre. En effet, la suye n'étant composée que des parties les plus légéres & les plus volatiles des corps combustibles qui ont servi d'aliment au feu, n'a pû enlever avec elle du tartre vitriolé qui ne s'éléve point à la chaleur, & qui d'ailleurs se trouve rarement dans les bois que nous brûlons communément dans nos cheminées.

CHAPITRE XX.

Du Noir.

LE *Noir* est la cinquiéme couleur primitive des Teinturiers. Elle renferme une prodigieuse quantité de nuances, à commencer depuis le gris-blanc ou gris de perles, jusqu'au gris de more, & enfin au noir. C'est à raison de ces nuances qu'il est mis au rang des couleurs primitives; car la plûpart des bruns, de quelque couleur que ce soit, sont achevés avec la même teinture, qui, sur la laine blanche, feroit un gris plus ou moins foncé. Cette opération se nomme *Bruniture*. J'en parlerai lorsque je serai parvenu aux nuances qui résultent du mélange des couleurs primitives; mais actuellement je vais donner la maniere de faire le beau noir sur la laine. Je serai encore obligé, pour cet effet, de parler d'un travail qui regarde le petit teint. Car, pour qu'une étoffe soit parfaitement bien teinte en noir, elle doit être commencée par le Teinturier du grand-& bon teint, & achevée par celui du petit teint.

Il faut d'abord donner aux laines, ou étoffes de laine que l'on veut teindre en noir, une couleur bleuë, la plus foncée qu'il est possible; ce qui se nomme le *pied* ou le *fond*. On donne donc à l'étoffe le pied de *bleu-pers*, qui doit se faire par le Teinturier du grand & bon teint, & de la maniere que j'ai enseignée dans le Chapitre du bleu. On lave l'étoffe à la riviere, aussi-tôt qu'elle est sortie de la Cuve de Pastel, & on la fait bien dégorger au foulon. Il est important de la laver aussi-tôt qu'elle est sortie de la Cuve, pareeque la chaux, qui est dans le bain, s'attache à l'étoffe & la dégrade sans cette précaution : il est nécessaire aussi de la dégorger au foulon, sans quoi elle noirciroit le linge & les mains, comme cela arrive toujours, quand elle n'a pas été suffisamment dégorgée.

Après cette préparation, l'étoffe est portée au Teinturier du petit teint, pour l'achever & la noircir; ce qui se fait comme il suit.

Pour cent livres pesant de drap ou autre étoffe, qui, selon les réglemens, a dû recevoir le pied de bleu-*pers*, on met dans une moyenne Chaudiere dix livres de bois d'Inde coupé en éclats, & dix livres de galle d'Alep pulvérisée, le tout enfermé dans un sac: on fait boüillir ce mélange dans une suffisante quantité d'eau pendant douze heures. On transporte dans une autre Chaudiere le tiers de ce bain avec deux livres de vert de gris, & on y passe l'étoffe, la remuant sans discontinuer pendant deux heures. Il faut observer alors de ne faire boüillir ce bain qu'à très-petits boüillons, ou encore mieux, de ne le tenir que très-chaud, sans boüillir.

On levera ensuite l'étoffe ; on jet-
tera dans la Chaudiere le second
tiers du bain avec le premier qui
y est déja, & on y ajoûtera huit
livres de couperose verte : on diminuera le feu dessous la Chaudiere, & on laissera fondre la couperose, & rafraîchir le bain environ une demie heure ; après
quoi on y mettra l'étoffe, qu'on
y menera bien pendant une heure ; on la levera ensuite, & on
l'éventera. On prendra enfin le
reste du bain, qu'on mêlera avec
les deux premiers tiers ; ayant soin
aussi d'y bien exprimer le sac. On
y ajoûtera quinze ou vingt livres
de sumach : on fera jetter un
boüillon à ce bain, puis on le ra-
fraîchira avec un peu d'eau froide, après y avoir jetté encore
deux livres de couperose, & on
y passera l'étoffe pendant une
heure : on la levera ensuite, on

l'éventera, & on la remettra de nouveau dans la Chaudiere ; la remuant toujours encore pendant une heure. Après cela, on la portera à la riviere, on la lavera bien, & on la fera dégorger au foulon. Lorsqu'elle sera parfaitement dégorgée, & que l'eau en sortira blanche, on préparera un bain frais avec de la gaude à volonté : on l'y fera boüillir un boüillon ; & après avoir rafraîchi le bain, on y passera l'étoffe. Ce dernier bain l'adoucit & assure davantage le noir. De cette maniere, l'étoffe sera d'un très-beau noir, & aussi bon qu'il est possible de le faire, sans que l'étoffe soit trop desséchée. Mais le plus souvent, on n'y fait pas à beaucoup près autant de façons, & on se contente, lorsque le drap est bleu, de le passer sur un bain de noix de galles, où on le fait

boüillir pendant deux heures. On
le leve ensuite, on jette dans le
bain la couperose & le bois d'Inde, & on y passe le drap pendant
deux heures sans le faire boüillir, après quoi on le lave & on le
dégorge au foulon.

J'ai fait faire encore du noir
de la maniere suivante : Pour
quinze aunes de drap teint en
bleu-*pers*, j'ai fait mettre dans
la Chaudiere une livre & demie
de bois jaune, cinq livres de bois
d'Inde, & dix livres de sumach.
J'y ai fait boüillir le drap pendant trois heures ; après quoi on
l'a levé, & j'ai fait jetter dans la
Chaudiere dix livres de couperose. Lorsqu'elle a été fonduë, &
le bain refroidi, j'y ai passe le
drap pendant deux heures. On
l'a levé & éventé, & remis ensuite
pendant une heure ; après quoi
on l'a lavé & dégorgé : il étoit

affés beau, mais moins velouté que le précédent.

Il étoit ordonné par l'ancien Réglement de garencer les étoffes, après qu'elles étoient guesdées, & avant que de les mettre en noir. J'ai voulu voir quel étoit l'avantage qui en résultoit. Pour cela, j'ai pris un morceau de drap teint en bleu-*pers*; je l'ai coupé en deux, j'en ai fait boüillir la moitié en alun & tartre, & je l'ai garencé ensuite; après quoi je l'ai noirci dans le même bain, avec l'autre moitié qui n'avoit point été garencée, & conformément à la première des deux méthodes que je viens de décrire. Ces deux morceaux de drap sont devenus tous deux d'un très-beau noir; il m'a paru cependant que celui qui avoit été garencé, avoit un œil rougeâtre; le noir de l'autre étoit certainement plus ve-

loüté & plus beau. Il est vrai qu'il
est moins à craindre que celui
qui a été garencé noircisse les
mains & le linge, parceque l'alun
& le tartre du boüillon ont emporté tout ce que le bleu pouvoit
abandonner. Mais je ne trouve
pas cet avantage assés considérable, pour dédommager des inconvéniens du garençage, qui
font que l'alun & le tartre dégra-
dent toujours un peu l'étoffe;
que la garence lui donne un fond
de rougeur désagréable à la vûë,
& de plus, que cette opération
renchérit inutilement le prix de
la teinture.

Il y a des Teinturiers qui, pour
éviter une partie de ces inconvéniens, garencent les draps sans
les avoir fait boüillir précédemment en alun & tartre. Mais j'ai
déja fait voir que la garence, employée de cette maniere, n'a au-

cune solidité ; ainsi je ne vois pas
que l'on puisse tirer aucun avantage d'une si mauvaise pratique.

On teint quelquefois aussi en
noir, sans avoir donné le pied de
guesde ou de bleu, & il a été permis de teindre de la sorte des
étamines, des voiles, & quelques
autres étoffes de même genre,
qui sont d'une valeur trop peu
considérable pour pouvoir supporter le prix de la teinture en
bleu foncé, avant que d'être mise
en noir. Mais on a ordonné en
même temps de raciner ces étoffes, c'est-à-dire, de leur donner
un pied de brou de noix, ou de
racine de noyer, afin de n'être
pas obligé, pour les noircir, d'employer une trop grande quantité
de couperose. Ce travail pourroit regarder entièrement le petit
teint. Cependant, comme dans
les endroits où il a été permis, on

a accordé aux Teinturiers du grand teint la permission de le faire, concurremment avec les Teinturiers du petit teint, il m'a paru que c'étoit ici le lieu d'en parler, puisque j'en suis aux couleurs qui participent du grand & du petit teint.

Il n'y a aucune difficulté dans ce travail. On racine l'étoffe, comme on l'a vû dans le Chapitre du fauve, & on la noircit ensuite de la maniere que je viens de dire, ou de quelqu'autre à peu près semblables. Car il en est du noir, comme de l'écarlate : il y a peu de Teinturiers qui ne croyent avoir quelque secret pour faire un plus beau noir que les autres ; ce qui ne consiste cependant qu'à augmenter ou diminuer la dose des mêmes ingrediens, ou à en substituer d'autres qui font le même effet. J'en ai essayé de plu-

T

fieurs façons, & il m'a paru que ce qu'on entend à la rigueur par, réuffir parfaitement, dépendoit plutôt de la maniere de travailler, de mener & d'éventer l'étoffe à propos, que de la dofe exacte des ingrédiens. C'eft pourquoi j'ai décrit avec une forte de fcrupule, qui paroîtra fuperflu à plufieurs Lecteurs, tous les détails de la méthode qui m'a paru la meilleure.

Il eft bon d'expliquer ici la raifon pour laquelle on demande que les étoffes ayent un pied de bleu, ou pour le moins un pied de racine avant que d'être mifes en noir, & pourquoi il eft expreffément défendu d'en teindre aucune de blanc en noir. C'eft que fi l'on vouloit teindre de blanc en noir, & faire un noir bien foncé, il faudroit d'abord employer une plus grande quantité de noix de galle; ce qui ne feroit pas à la vérité un inconvénient, parceque la galle n'endommage pas la laine, attendu qu'elle ne contient rien de corrodant ; mais pour *surmonter cette galle*, en termes d'ouvrier, c'eft-à-dire, pour la noircir, ou encore mieux, pour faire de l'encre fur l'étoffe (car ceci n'eft autre chofe) il faudroit une grande quantité de couperofe, qui non-feulement *rudit* l'étoffe, mais qui la rend caflante par l'acidité que ce fel imprime ou laiffe fur les fibres de la laine : au lieu qu'il faut beaucoup moins de l'un & de l'autre, lorfque l'étoffe a déja un pied, c'eft-à-dire, une forte couche de quelque couleur foncée, qui la rend moins éloignée du noir que fi elle étoit toute blanche.

On la fait bleuë par préférence à toute autre couleur, premierement parcequ'un bleu foncé eft celle de toutes qui approche le plus du noir (le noir n'étant vraisemblablement qu'un bleu très-foncé); & secondement, parceque n'ayant pas befoin que la laine foit boüillie & préparée auparavant, cela ne l'endommage en aucune façon. La même raifon de conferver la laine a fait fubftituer la couleur de racine au bleu, pour les étoffes dont le prix feroit trop augmenté par la teinture en bleu; & alors il faut donner ce pied de racine le plus foncé qu'il eft poffible, parceque plus il fera brun, moins il faudra de couperofe pour achever de le noircir.

Il arrive fouvent auffi que l'on met en noir des étoffes de toutes fortes de couleurs, qui ont été mal teintes ou tachées: le mieux eft alors de les paffer en bleu, avant que de les noircir, à moins que leur couleur ne fût déja très-

foncée, auquel cas elles ne laif-
feront pas que de prendre un
très-beau noir. Mais c'eft-là la
derniere reffource : & communément, on ne met pas ces étoffes
en noir, que lorfqu'il n'eft pas
poffible de les mettre en une autre couleur, parceque comme elles ont été déja boüillies en alun
& tartre pour la premiere couleur, la couperofe qu'on eft obligé
de mettre pour les noircir, les dégrade confidérablement, & diminue beaucoup de leur qualité.

Les nuances du noir font les
gris, depuis le plus brun jufqu'au
plus clair. Ils font d'un très-grand
ufage dans la teinture, tant dans
leur couleur fimple, qu'appliquées fur d'autres couleurs. C'eft
alors ce qu'on appelle *Bruniture*.
Mais je n'en parlerai que quand
je traiterai du mêlange des couleurs primitives entr'elles. Je m'en

*Des Gris
ou de la
Bruniture.*

tiendrai maintenant aux gris fimples, & confidérez comme les
nuances qui dérivent du noir ou
qui y conduifent, & je rapporterai deux manieres de les faire.

La premiere & la plus ordinaire eft de faire boüillir pendant
deux heures de la noix de galle
concaffée avec une quantité
d'eau convenable. On fait diffoudre à part de la couperofe verte
dans de l'eau; & ayant préparé
dans une Chaudiere un bain
pour la quantité de laines ou
d'étoffes que l'on veut teindre, on
y met, lorfque l'eau eft trop chaude pour y pouvoir fouffrir la
main, un peu de cette décoction
de noix de galle, avec de la diffolution de couperofe. On y paffe
alors les laines ou étoffes que l'on
veut teindre en gris le plus clair.
Lorfqu'elles font au point que
l'on defire, on ajoûte fur le mê-

me bain de nouvelle décoction de noix de galle, & de l'infusion ou dissolution de couperose verte, & on y passe les laines de la nuance au-dessus. On continue de la sorte jusqu'aux plus brunes, en ajoûtant toujours de ces liqueurs jusqu'au gris de more, & même jusqu'au noir : mais il est beaucoup mieux pour les gris de more & les autres nuances extrêmement foncées, d'y avoir donné précédemment un pied de bleu plus ou moins fort, suivant que cela se peut, & cela pour les raisons que j'en ai données ci-devant.

La seconde maniere de faire les gris me paroît préférable à celle-là, parceque le suc de la galle est mieux incorporé dans la laine, & qu'on est sûr de n'y employer que la quantité de couperose qui est absolument nécessai-

10. Il résulte même des expériences que j'en ai faites, que les
gris font plus beaux, & que la
laine en a plus de brillant : ils
m'ont paru aussi avoir une égale
solidité ; car les uns & les autres
résistent également à l'action de
l'air & du soleil. Ce qui me dé-
termine à préférer la seconde
méthode, c'est qu'elle est aussi
facile que la première, & qu'outre cela elle altére beaucoup
moins la qualité de la laine.

On fait boüillir pendant deux
heures dans une Chaudiere la
quantité de noix de galle qu'on
juge à propos, après l'avoir concaffée & enfermée dans un fac de
toile claire. On met ensuite la
laine ou l'étoffe dans ce bain, &
on l'y fait boüillir pendant une
heure, la remuant & la palliant :
après quoi on la léve. Alors on
ajoûte, à ce même bain, un peu

de couperose diſſoute dans une portion du bain, & on y paſſe les laines qui doivent être les plus claires. Lorſqu'elles ſont teintes, on remet dans la Chaudiere encore un peu de diſſolution de couperoſe, & on continue de la ſorte comme dans la premiere opération, juſqu'aux nuances les plus brunes. On peut auſſi, dans l'un & l'autre procédé, lorſqu'on n'eſt pas gêné par les échantillons à ſaiſir des nuances préciſes, commencer par les gris les plus bruns, & finir par les clairs, à meſure que le bain commence à ſe dégarnir d'ingrédiens, & en y tenant chaque miſe d'étoffes ou de laines, plus ou moins de temps, juſqu'à ce qu'elles ſoient à la nuance que l'on deſire.

Il eſt impoſſible de fixer la quantité de l'eau néceſſaire à ces opérations, non plus que celle des ingrédiens, ou le temps que la laine doit rester dans le bain. C'est à l'œil à juger de tout cela. Si le bain est fort chargé de couleur, la laine y restera moins de temps pour venir à sa nuance ; & au contraire, elle y demeurera plus long-temps, si le bain commence à être tiré. Lorsque la laine n'est pas assés brune, on la remet une seconde fois, une troisiéme fois, ou jusqu'à ce qu'elle le soit assés. Toute l'attention qu'on doit avoir, c'est que le bain ne boüille pas, & qu'il soit plutôt simplement tiéde que trop chaud. Si par hasard la couleur étoit trop foncée, le reméde seroit de passer l'étoffe sur un bain nouveau & tiéde, dans lequel on auroit mis un peu de décoction de noix de galle. Ce bain emporte une partie du fer précipité de la couperose, & par conséquent éclair-

est l'étoffe ou la laine. Mais à la rigueur, le mieux est de la retirer de temps en temps du bain, & de ne pas lui laisser prendre plus de couleur qu'il ne faut. On peut aussi la passer sur un bain de savon ou d'alun : mais alors ce correctif emporte une grande partie de la couleur, & il faut souvent la rebrunir ensuite : ce qui ne fait que dégrader la laine, qui souffre toujours beaucoup de l'action réitérée de tous ces ingrédiens. Tous ces gris, de quelque façon qu'ils aient été teints, doivent être aussi-tôt lavés en grande eau ; & même les plus bruns, dégorgés avec le savon.

Ces brunitures, tant les plus claires que les plus foncées, se font par la même opération qui donne l'encre ordinaire à écrire. La couperose verte contient du fer ; si elle étoit bleue, ce seroit du cuivre. Versez de la dissolution de cette couperose verte dans un verre, tenez-le au grand jour ; faites tomber dedans goutte à goutte de la décoction de noix de galle. Les premieres gouttes feront prendre à la dissolution limpide de ce sel ferrugineux une couleur rouge, d'autres gouttes le feront passer au bleuâtre, puis au violet sale ; enfin au bleu presque noir. Voilà de l'encre. Ajoûtez à cette encre beaucoup d'eau pure, & laissez le vaisseau en repos pendant plusieurs jours, peu à peu la liqueur s'éclaircira, jusqu'à reprendre presque la limpidité de l'eau commune, & vous trouverez au fond du vaisseau une poudre noire. Mettez cette poudre, après l'avoir fait sécher, dans un creuset ; calcinez-la, y jettant un peu de suif ou de quelqu'autre maniere grasse, vous aurez une pou-

... re noire, que l'aimant attirera.
Donc c'est du fer ; donc c'est ce
métal qui noircit l'encre. De
même, c'est lui qui, précipité
par la noix de galle, se loge
dans les pores des fibres de la
laine dilatés par la chaleur du
bain, & contractés par l'air froid
auquel on expose l'étoffe en l'é-
ventant souvent. Outre la stipti-
cité de la noix de galle, par laquelle elle a éminemment la propriété de précipiter le fer de la
couperose & de faire de l'encre,
elle contient aussi une portion de
gomme, ce dont on peut se convaincre en faisant évaporer sa décoction filtrée. Cette gomme,
entrant dans les pores avec les
atômes ferrugineux, sert à les
mastiquer : mais comme cette
gomme est assés aisément dissoluble, ce mastic n'a pas la ténacité de celui qui est fait avec un

fel difficile à diffoudre ; auffi les brunitures n'ont-elles pas en teinture la folidité des autres couleurs de bon teint appliquées fur un fujet préparé par le boüillon de tartre & d'alun ; & c'eft pour cette raifon que les gris fimples n'ont pas été foumis aux épreuves des débouillis.

J'ai donné, à ce que je crois, la meilleure maniere de faire toutes les couleurs primitives des Teinturiers ; ou du moins, de celles qu'ils font convenus d'appeller de ce nom, parceque, de leur mélange & de leurs combinaifons, dérivent toutes les autres couleurs. Je vais maintenant les parcourir, affemblées deux à deux, en fuivant le même ordre dans lequel je les ai décrites fimples. Lorfque j'aurai donné la maniere de faire les couleurs qui réfultent de ce premier degré de

combinaison, j'en joindrai trois
enſemble ; & en continuant toujours de la ſorte, j'aurai rendu
compte, pour ainſi dire, de toutes les couleurs apperçuës dans
la nature, & que l'art a cherché
à imiter.

************ ************

CHAPITRE XXI.

Des couleurs que donne le mêlange
de Bleu & de Rouge.

J'AI dit, en parlant du Rouge,
qu'il y en avoit quatre différentes eſpéces dans le bon teint.
On va voir maintenant ce qui
arrive, lorſque ces différens rouges ſont appliqués ſur une étoffe
qui a été précédemment teinte
en bleu. Si on prend une étoffe
bleuë, qu'on la boüille avec l'a-
lun & le tartre, de la maniere &
avec les proportions que j'ai en-

teignées dans l'article du Rouge,
& qu'on la teigne ensuite avec le
Kermés, il en résultera ce qu'on
appelle la *Couleur de Roy*, la *Couleur de Prince*, la *Pensée*, le *Violet*,
le *Pourpre*, & plusieurs autres
couleurs semblables. Mais il est
rare qu'on se serve du Kermés
pour ces couleurs, à cause de sa
chereté, de la quantité qu'il y en
entreroit, & parceque la cochenille & la garence les donnent,
ou plus belles ou avec plus de facilité. D'ailleurs, j'ai déja fait remarquer que l'on est très-peu
dans l'usage d'employer le Kermés, quoiqu'il y ait plusieurs
couleurs composées où il fasse un
très-bon effet, comme on le verra
plus particulierement dans la suite. Lorsqu'on se sert du Kermés
pour appliquer un rouge sur le
bleu, il est indifférent que le pied
de bleu soit donné d'abord, ou

qu'on ne le donne qu'après que
l'étoffe est teinte en rouge, parceque le rouge du Kermés est
une couleur trop solide pour pouvoir être altérée par la chaux qui
est dans la Cuve de Pastel, à
moins que cette Cuve n'en soit
surchargée, ou par la cendre gravelée qui est dans celle d'Indigo.
Ainsi, si la Cuve de Pastel n'est
pas trop vieille, on pourra commencer par celle des deux couleurs qu'on jugera à propos ou
qu'on croira la plus commode
pour mieux assortir la nuance.
On conçoit aisément, que quoique je n'aye nommé qu'un très-
petit nombre de couleurs, il s'en
peut tirer de ces deux principales une très-grande quantité, selon que l'une ou l'autre sera plus
dominante.

On ne se sert jamais du mélange du bleu avec l'écarlatte

couleur de feu ou écarlatte des
Gobelins, dans aucune de leurs
nuances. J'en ai voulu sçavoir la
raison par moi-même ; & pour
cela j'ai passé, sur la Cuve de bleu,
un morceau de drap teint en
écarlatte, & j'ai teint un second
morceau selon la méthode de
l'écarlatte, après l'avoir mis en
bleu auparavant. L'un & l'autre
ont fort mal réussi, & ont fait
une espéce de violet terne & marbré, ensorte qu'il paroissoit que
les deux couleurs ne s'étoient
point unies, mais qu'elles étoient
appliquées chacune sur différentes parties de la laine. Cela est
causé sans doute par les acides
qui entrent dans la composition
de l'écarlatte. Mais sans examiner ici le physique de cette opération, qui occasionneroit une
dissertation trop longue & en-
nuyeuse par des répétitions de ce

que j'ai déja dit, le fait paroît suffire ici. Il prouve qu'on ne peut
tirer aucune belle couleur du mêlange du bleu avec l'écarlatte, à
moins que l'on ne paſſe l'écarlatte ſur un bain d'alun qui chaſſe
l'acide de la compoſition : mais
alors ce ſeroit un cramoiſi, couleur fort différente de l'écarlatte,
& dont j'ai donné le procédé
dans un Chapitre particulier.

Du mélange du bleu & du cramoiſi ſe forme le *Colombin*, le
Pourpre, l'*Amaranthe*, la *Penſée*
& le *Violet*. Ces couleurs ont,
outre cela, un très-grand nombre de nuances, qui dépendent
de ce que l'une ou l'autre des
couleurs, d'où elles dérivent, ſe-
ront plus ou moins foncées. Je me
ſuis trop étendu ſur tout le détail
de ces couleurs primitives, pour
qu'il puiſſe reſter le moindre embarras ou la moindre difficulté

dans l'exécution des couleurs composées. Car on fait d'abord l'étoffe ou la laine filée d'une couleur, & on la teint ensuite de l'autre, précisément de la même maniere que si elle étoit toute blanche. On observera seulement, dans le cas présent, de teindre l'étoffe en bleu, avant que de la mettre en cramoisi, par la raison que j'ai déja dite, que les alcalis de l'une ou de l'autre Cuve de bleu ternissent considérablement l'éclat du rouge de la cochenille. On observera, pour faire les violets, les pourpres & les autres nuances semblables, tout ce que j'ai dit au sujet des cramoisis, parceque ces couleurs n'auront de vivacité & d'éclat, qu'en les travaillant avec toutes les précautions qu'il est nécessaire d'apporter pour faire de beaux cramoisis.

Du bleu & du rouge de garence se tirent aussi la *Couleur de
Roy*, la *Couleur de Prince*, (mais
beaucoup moins belles que quand
on employe le Kermés, à cause
que le rouge de cette racine est
toujours terni par le fauve de ses
fibres ligneuses,) le *Minime*, le
Tanné, l'*Amaranthe obscur*, le
Rose séche, toujours moins vives,
que si on se servoit du Kermés.
On le mêle cependant quelquefois avec la garence, comme je
l'ai déja dit, pour faire les *écarlattes mi-graines* ; & les couleurs
qui en viennent sont plus belles
que lorsque la garence est employée seule sur une étoffe teinte
en bleu. On mêle aussi la garence avec la cochenille, comme
dans le demi-cramoisi, & on en
tire un très-grand nombre de belles nuances qu'il n'est pas possible de désigner par des noms par-

ticuliers, mais qui tirent toutes sur celles que je viens de nommer. Il y en a quelques-unes qui peuvent se faire aussi belles qu'en y employant des ingrédiens plus chers. C'est au Teinturier à chercher son avantage, & à ne pas employer les plus chéres, lorsqu'il pourra faire le même effet avec les communes. Il m'est impossible de donner aucune instruction sur ce point, parcequ'il n'y a que l'usage seul qui puisse l'apprendre. On se sert aussi très-souvent de vieux bains de cochenille ou de garence, dont la teinture n'a pas été entiérement tirée; ce qui ne laisse pas de faire une épargne considérable, & la couleur n'en est pas moins bonne. Je ne puis encore rien dire sur cela de positif, puisque l'effet, qui en résultera, dépend de ce qui reste de teinture dans le bain, & de la nuance que l'on a dessein de faire.

CHAPITRE XXII.

Du mêlange du Bleu & du Jaune.

IL ne vient qu'une seule couleur du mêlange du bleu & du
jaune. C'eſt le *Verd*. Mais il y en
a une infinité de nuances, dont
les principales ſont le *Verd jaune*,
Verd naiſſant, *Verd gai*, *Verd
d'herbe*, *Verd de laurier*, *Verd mo-
lequin*, *Verd brun*, *Verd de mer*,
Verd céladon, *Verd de perroquet*,
& *Verd de Chou*. J'y ajoûte le *Verd
d'aîles de canard*, & le *Verd céladon ſans* bleu. Toutes ces nuances
& les intermédiaires ſe font de
la même maniere & avec la même facilité. On prend l'étoffe ou
la laine teinte en bleu, plus ou
moins foncé ; on la fait boüillir
avec l'alun & le tartre, comme
pour mettre en jaune à l'ordinai-

re une étoffe blanche, & on la teint ensuite avec la gaude, la sarrette, la géneftrolle, le bois jaune ou le fénugrec. Toutes ces matieres font également bonnes, quant à la folidité ; mais comme elles donnent des jaunes un peu différens, les verds qui réfultent de leur mêlange le font auffi. La gaude & la sarrette font les deux plantes qui donnent les plus beaux verds.

Pour faire les nuances de verd qui tirent fur le jaune, il faut que l'étoffe foit d'un bleu très-clair, & qu'elle foit boüillie avec les dofes de tartre & d'alun ordinaires, pour recevoir le jaune ; car fans ces fels, il ne feroit pas folide : mais pour un verd de perroquet ou verd de chou, le bleu doit être très-foncé ; & comme il ne doit y avoir qu'une légére teinte de jaune, il ne faut donner

à

à l'étoffe qu'un demi boüillon :
j'ai déja dit ce qu'on entend par-
là. Quelquefois même il ne faut
qu'un quart des sels d'un boüillon ordinaire. Souvent, pour faire ces sortes de couleurs, les ouvriers employent les sels sans les
peser, se contentant d'estimer à
la vûë ce qu'ils croyent nécessaire suivant la nuance qu'ils veulent donner : une longue habitude peut les rendre en quelque
sorte exacts, mais il seroit beaucoup mieux qu'ils ne s'en rappor-
tassent pas à leur estime. J'ai reconnu par des expériences, qu'on
ne fait pas moins bien ces nuances de verd bleu en donnant à
l'étoffe le boüillon ordinaire : le
jaune qu'on applique ensuite en
est beaucoup plus solide ; mais
alors il faut mettre dans le bain
de teinture beaucoup moins de
gaude, ou d'autre matiere colo-

rante, & laisser l'étoffe moins long-temps dans le bain. Cependant il y a deux raisons pour ne pas le faire; la premiere, & la plus intéressante pour les Teinturiers, est qu'ils croiroient consumer inutilement une plus grande quantité de drogues qu'il n'est nécessaire; & la seconde est, que moins on met d'alun dans le boüillon, plus on conserve la douceur & la qualité de la laine, moins aussi la premiere teinte de bleu est altérée; car l'alun grise toujours un peu le bleu pris en Cuve de Pastel. Ainsi je crois qu'il faut laisser le Teinturier dans l'habitude où il est de régler la force de son boüillon sur la hauteur qu'il est nécessaire de donner à la couleur.

J'ai dit que pour teindre en verd il falloit que la laine fût précédemment teinte en bleu, par-

ceque je crois que les deux couleurs, appliquées dans cet ordre,
tiennent beaucoup mieux, & que
la couleur feroit moins bonne fi
l'on faifoit autrement. Je m'en
fuis affuré en faifant les verds,
dont je viens de parler, avec les
cinq matieres colorantes déja
connuës, qui font un jaune de
bon teint. J'ai mis de pareille
étoffe en jaune avec chacune de
ces mêmes matieres, j'ai paffé
ces cinq morceaux jaunes dans
la Cuve de bleu, & j'ai eu des
verds tout auffi beaux que les premiers. J'ai expofé au foleil d'été
les uns & les autres, ils y ont ré-
fifté affés bien pour être réputés
de bon teint; mais ceux, qui a-
voient reçu le bleu avant le jaune, ont moins perdu. Au déboüilli, on y apperçoit beaucoup
moins de différence. Cependant,
dans les circonftances qui l'exi-

geront abſolument, il doit être permis au Teinturier de commencer par mettre en jaune les étoffes qu'il voudra teindre en verd. Mais les verds auſquels la couleur bleuë aura été donnée la derniere, ſaliront le linge beaucoup plus que les autres, parceque ſi le bleu a été donné le premier, tout ce qui s'en peut détacher a été enlevé par le boüillon d'alun ; ce qui n'arrive pas lorſque le bleu a été donné le dernier. Au reſte, le reméde, à ce défaut, eſt de faire bien dégorger le verd après qu'il eſt ſorti de la Cuve : moyennant quoi il ſe trouve dans le même cas que le bleu, dont il a été parlé dans le Chapitre X.

Un drap bleu de Roy mis en verd avec la fleur de *Virga aurea Canadienſis*, devient d'un trèsbeau verd, pourvû qu'on boüille l'étoffe dans un boüillon où l'on ait fait entrer l'alun dans la proportion de trois parties pesées contre une de tartre blanc : ce verd résiste au moins autant que celui qui est fait avec la gaude.

J'ai aussi verdi des bleus avec l'écorce de frêne pulvérisée, ils sont de très-bon teint, mais ils ne sont pas beaux, & ne peuvent servir qu'à certaines couleurs de livrée étrangére. Les feüilles d'amandier, de pêcher, de poirier, &c. donnant aussi des jaunes, peuvent servir à faire des nuances de verd, qu'on auroit bien de la peine à saisir du premier coup, en se servant des ingrédiens jusqu'ici employés pour teindre en jaune.

Une étoffe teinte en bleu de Roy, bien dégorgée, puis boüillie avec quatre parties d'alun & une partie de tartre, prend un beau verd brun de la nuance de l'aîleron des canards, si on le met boüillir pendant deux bonnes heures dans un bain où l'on aura mis suffisante quantité de racine de *Lapatum folio acuto*, ou patience sauvage, pulvérisée grossiérement.

Cette racine est encore une bonne acquisition pour l'art de la teinture ; car, par elle-même, & sans autre addition que la préparation de l'étoffe par le boüillon, elle donne une infinité de nuances, depuis le jaune pailleux, jusqu'à un assés bel olivâtre ; 'l ne s'agit que d'en mettre plus moins dans le bain, & de fai e boüillir depuis une demie heure jusqu'à trois heures. Toutes ces nuances résistent à tous les déboüillis. Je conseille très-fort de la multiplier par la culture dans des lieux humides, & de la mettre en usage dans la teinture, comme elle l'eſt déja dans la médecine, principalement pour les pauvres.

Le verd *céladon*, couleur particuliere, & du goût des peuples du Levant, ſe peut faire à la rigueur en bon teint, c'eſt-à-dire, en donnant à l'étoffe un pied de bleu. Mais cette nuance de bleu doit être ſi foible, que ce n'eſt, pour ainſi dire, qu'un *bleu blanc*, lequel eſt très-difficile à faire égal & uni. Quand on a été aſſés heureux pour ſaiſir cette nuance, on lui donne mieux la teinte de jaune, qui lui convient, avec la *virga aurea* dont je viens de parler, qu'avec la gaude. Mais cette *virga aurea* n'eſt pas encore connuë des Teinturiers du Languedoc, qui ſont ceux qui font le plus de ces ſortes de couleurs; & de plus, la nuance du bleu néceſſaire, étant très-difficile à faire , on leur permet quelquefois de teindre les *Céladons* avec le verd de gris, quoiqu'alors cette couleur soit de la classe du petit teint. Les Hollandois font très-bien cette couleur, & la rendent plus solide qu'elle ne l'est communément avec le verd de gris. Voici leur maniere d'opérer.

Il faut avoir deux Chaudieres montées à peu de distance l'une de l'autre. Dans la premiere on met, pour deux draps de quarante-cinq à cinquante aunes de long, huit ou dix livres de savon blanc haché, qu'on y fait fondre bien exactement. Quand le bain est prêt à boüillir, on y plonge les draps, & on les y fait boüillir pendant une bonne demie heure. On prépare un autre bain dans la Chaudiere d'à côté, & quand il est assés chaud pour n'y pou-

voir plus tenir la main, on y
plonge un sac de toile blanche,
dans lequel on a fait entrer auparavant huit à dix livres de vitriol de Chypre ou vitriol bleu,
& dix à douze livres de chaux,
l'un & l'autre pulvérisés & bien
mêlés ensemble; car il faut que
ce mêlange soit le plus exact qu'il
est possible. On proméne ce sac
dans cette eau chaude, mais non
boüillante, jusqu'à ce que tout le
vitriol bleu soit fondu dans le
bain. Alors on place, sur les deux
fourchettes, un tour de bois fait
à l'ordinaire, mais qu'on a eu
soin d'envelopper d'un linge
blanc de lessive, qu'on y assujétit,
bien fermé & bien bandé par une
couture. On place un des bouts
des deux draps sur ce tour, &
l'on fait aller la manivelle fort
vîte, afin que les draps passent
promptement de la Chaudiere

V v

au favon dans la Chaudiere au
vitriol; puis l'on tourne le tour
plus lentement, pour donner le
temps au drap de fe charger des
parties de cuivre que la chaux a
obligé de fe répandre dans le
bain, en les féparant & les précipitant du vitriol bleu qui les contenoit. On laiffe les draps dans
ce bain, qui ne doit jamais boüillir, jufqu'à ce qu'ils ayent pris la
nuance du Céladon que l'on cherche. Alors on les retire en les
dévuidant en l'air pardeffus le
tour, & les éventant par les lifieres. On les laiffe refroidir entiérement fur le chevalet avant que
de les laver à la riviere. Il ne faut
pas qu'ils touchent à aucun bois,
jufqu'à ce qu'ils ayent été lavés,
parcequ'ils fe tacheroient. C'eft
pour cette raifon qu'on enveloppe de toile le tour, & qu'il
faut mettre une nappe fur le che-

valet avant que d'y placer le drap
plis à plis.

CHAPITRE XXIII.

Du mêlange du Bleu & du Fauve.

ON fait très-peu d'usage des
nuances qui pourroient ré-
sulter du mêlange du bleu & du
fauve. Ce sont des *Gris verdâtres*,
ou des *espéces d'olives*, qui ne peuvent guéres convenir que pour
assortir des nuances dans la fabrique des tapisseries. Quand on a
besoin de ces sortes de couleurs,
il n'y a aucune difficulté à les
faire, & il est absolument indifférent de commencer à donner
à la laine filée la couleur bleuë,
ou la couleur fauve : si ce n'est
que dans le dernier cas, il faut
avoir soin de bien dégorger la
laine, comme on le doit toujours

faire pour le bleu, & pour les couleurs composées que l'on achéve en les passant sur la Cuve. Lorsqu'on aura de ces couleurs à faire, on se servira indifféremment de toutes les matieres qui teignent en fauve; & la seule chose qui doit déterminer, c'est que les unes donneront plus facilement que les autres la nuance dont on aura besoin.

CHAPITRE XXIV.

Du mêlange du Bleu & du Noir.

IL ne se tire aucune nuance particuliere de ce mêlange, c'est-à-dire, de celui du bleu avec le gris; car cela ne feroit que brunir le bleu. En ce cas, il sera beaucoup plus beau & meilleur, en l'amenant sur la Cuve même, à la hauteur où il doit être. On peut néanmoins, par le mêlange du bleu & des gris, qui font des nuances du noir, comme je l'ai dit dans le Chapitre XX. faire le *gris de more*. Le bleu alors ne doit pas être bien foncé ; & il se travaille ensuite de même que le noir, si ce n'est, que, comme la couleur ne doit pas être aussi brune, on met moins de coupe-rose : mais je le répéte ; cette couleur ne doit passer que pour une nuance du noir. Ainsi il sera toujours vrai de dire qu'il ne se tire aucune nuance du bleu & du noir employés seuls ; & très-peu, du bleu & du fauve.

CHAPITRE XXV.

Des mêlanges du Rouge & du Jaune.

ON tire, de l'écarlatte de grai-ne ou de Kermés & du jaune, l'*Aurore*, le *couleur de Soucy*, l'O-rangé. On peut, pour cet effet, après avoir fait boüillir la laine avec l'alun & le tartre, la teindre d'abord en l'une de ces couleurs, & la passer ensuite dans la secon-de, ou mettre dans le même bain le Kermés avec la gaude, la sar-rette, &c. & la teindre ainsi en une seule fois. Mais il est plus fa-cile d'atteindre à l'exactitude des nuances, en la teignant en deux fois, parcequ'on peut passer la laine ou l'étoffe alternativement sur l'un & l'autre bain, jusqu'à ce qu'elle soit précisément de la couleur que l'on souhaite.

On tire de l'écarlatte ordinaire ou des Gobelins, & du jaune
les *couleurs de langouste* & de *fleurs
de grenade* : mais elles ne font
pas d'une grande folidité. Voici
de quelle maniere elles fe font.
On commence l'écarlatte précifément de la maniere que je l'ai
enfeignée ; c'eft-à-dire, qu'on la
fait boüillir avec de la crême de
tartre, la cochenille & la compofition ; on la léve enfuite, on
l'évente, & l'on va la laver à la
riviere. Pour l'achever, on prépare un nouveau bain, comme
pour achever l'écarlatte ; mais on
y met moins de cochenille. On
lui fubftitue un peu de bois jaune
moulu. Je ne puis prefcrire au
jufte la quantité qu'il faut de cochenille & de bois jaune, parceque cela dépend de la couleur
que l'on veut donner à l'étoffe.
Plus on voudra qu'elle tire fur

l'orangé, & plus on mettra de bois jaune, en diminuant la quantité de la cochenille.

J'ai essayé de faire cette couleur de trois façons, & j'y ai réussi de toutes les trois. La premiere est celle que je viens de décrire. La seconde est de mettre le *fustet* à la place du bois jaune, & cela épargne considérablement de cochenille, parceque la nuance du *fustet* est beaucoup plus orangée que celle du bois jaune ; mais cet ingrédient n'a aucune solidité, & ne devroit être employé que dans le petit teint ; ainsi, si on le tolére dans les teintures des draps de Languedoc, pour faire les couleurs de *langouste* qui plaisent dans le Levant, c'est que le bois jaune ne donne jamais cette couleur si belle que le *fustet*, & qu'il faut se prêter un peu pour la facilité des assortimens.

La troisiéme maniere eft de faire le *langoufte*, la *fleur de grenade*, &c. avec la feule cochenille, en augmentant la quantité de la compofition, ce qui *rancit* la cochenille & la fait oranger autant qu'on le fouhaite ; mais cette méthode a encore de très-grands inconvéniens. 1°. La couleur en devient très-chére, parcequ'il y faut plus de cochenille que dans l'écarlatte ordinaire, attendu que la grande quantité de compofition, qui eft acide, lui fait perdre une partie de fon fond. 2°. Par la même raifon, la couleur paroît prefque toujours affamée, c'eft-à-dire, qu'il femble qu'on y aït épargné la cochenille, la compofition en ayant diffout une partie. 3°. Cette grande quantité de compofition durcit la laine, & même elle la rend beaucoup plus facile à

tacher par la bouë & par les liqueurs âcres : par conséquent,
cette maniere est peut - être la
moins bonne de toutes. J'ai dit
que l'inconvénient de la seconde
étoit d'employer le *fustet* qui est
un bois défendu dans le bon
teint ; par conséquent, la premiere devroit mériter la préférence,
si elle donnoit le langouste aussi
vif que la seconde. Mais cette
couleur faite par le bois jaune n'a
pas même toute la solidité qu'on
pourroit desirer, ainsi que je l'ai
éprouvé, en l'exposant au soleil :
cela paroît d'abord extraordi-
naire, puisque l'on n'y employe
que des ingrédiens qui ont toute
la solidité possible. Mais voici ce
qui fait qu'ils sont moins bons
dans le cas présent.

La cochenille, employée avec
la composition d'écarlatte & la
crême de tartre, est très-solide ;

aussi dans ces couleurs de *lan-gouste* ne perd-elle rien à l'air. Mais il n'en est pas de même du *bois jaune*, quoiqu'il soit très-solide, sur la laine boüillie en alun & tartre, sur-tout quand on a ajoûté un peu d'alun au bain de sa teinture, il ne l'est pas à beaucoup près de même, lorsque la laine ou l'étoffe a reçu le boüillon d'écarlatte, dans lequel on ne sçauroit faire entrer d'alun : par conséquent, lorsqu'on expose ces sortes de couleurs à l'air, elles rosent en très-peu de temps, c'est-à-dire, qu'elles perdent une partie de leur couleur orangée, produit du mélange du jaune avec le rouge ; & en cela, l'effet de l'air sur cette couleur, quoiqu'il paroisse différent de celui qu'il fait sur toutes les autres, en ce qu'ordinairement il les pâlit, au lieu que celle-ci fonce & brunisse, parcequ'il lui fait perdre une partie de son éclat orangé, est pourtant le même sur celle-ci comme sur les autres. Car il est démontré par plusieurs expériences chymiques, qu'il y a dans l'air un acide vitriolique semblable à celui qu'on peut retirer de l'alun en le décomposant. Or, si l'on passoit une étoffe teinte en couleur de langouste dans une dissolution légére d'alun, l'acide de ce sel la roseroit sur le champ, & le rouge de la cochenille éclipseroit la teinte orangée; la même chose doit donc arriver quand on expose une telle couleur à l'air, puisque l'air est empreint du même acide.

On tire très-peu de nuances du cramoisi & du jaune, à cause du prix de la première de ces deux couleurs, & parcequ'on a à peu près les mêmes nuances, en employant la Garence ou le Kermés. On en peut aussi tirer du jaune & de la demie écarlatte de graine, ainsi que du jaune & du demi cramoisi. C'est avec ces différens mélanges que l'on fait toutes les couleurs de *soucy*, *orange*, *jaunes d'or* & autres nuances semblables, qu'on voit assés devoir être produites par le mélange du jaune & du rouge.

CHAPITRE XXVI.

Du mélange du Rouge & du Fauve.

ON ne se sert guères, pour les couleurs qui résultent de ce mélange, des rouges de Kermés ou de cochenille, parce-que la garence fait un tout aussi bel effet dans ces sortes de couleurs, qui ne peuvent devenir éclatantes, à cause du fauve qui les ternit. Seulement, après les avoir garencées, on les passe sur de vieux bains de cochenille ou de Kermés. Mais il arrive rarement que l'on prépare exprès un bain de ces ingrédiens, parcequ'ils sont trop chers pour les employer dans des couleurs si communes, qu'on peut faire aussi facilement avec la garence. Si donc, après avoir boüilli une étoffe avec une quantité d'alun & de tartre, proportionnée à la nuance de rouge de garence qu'on lui veut donner, on la passe dans le bain de cette racine, comme il a été enseigné dans le Chapitre XVII. & qu'ensuite on la plonge & remue dans un autre bain de racine de noyer, ou de brou de noix, on fera toutes les couleurs de *canelle*, de *tabac*, de *chataigne*, *musc*, *poil* d'ours, &

autres semblables, qui, pour ainsi
dire, sont sans nombre, & qui se
font sans aucune difficulté, en
variant le pied ou fond de garence, depuis le plus brun jusqu'au
plus clair, & les tenant plus ou
moins long-temps sur le bain de
racine. On peut commencer par
celle des deux couleurs que l'on
veut; mais pour l'ordinaire c'est
par le rouge, parceque le boüillon, absolument nécessaire pour
la garence, ne laisseroit pas que
d'endommager un peu le fauve.
Ainsi, on ne doit jamais les mêler ensemble, comme j'ai dit que
l'on mêle quelquefois le rouge &
le jaune.

❀❀❀❀❀❀❀❀❀ ❀❀❀❀❀❀❀❀

CHAPITRE XXVII.

Du mêlange du Rouge & du Noir.

CE mêlange sert à faire tous les rouges bruns, de quelque espéce qu'ils soient ; mais ils ne sont ordinairement d'usage que pour les laines destinées à la fabrique des tapisseries. Il faut se souvenir de ce que j'ai dit à l'occasion des gris, lesquels peuvent se faire, ou à un seul bain, en mettant dans la Chaudiere la décoction de noix de galle, & la dissolution de couperose verte, ou à deux bains, en passant d'abord la laine sur un bain de galle, & y mettant ensuite la couperose ; mais cette méthode est un peu embarrassante, lorsqu'il faut brunir des couleurs qu'il est nécessaire de bien assortir à des
échantillons,

échantillons. Ainsi le plus commode, est de préparer un bain
de Galles & de Couperose, comme je l'ai enseigné dans l'article
des gris, & d'y passer les laines,
après qu'elles ont été teintes en
rouge avec quelque ingrédient
que ce soit, jusqu'à ce qu'elles
soient brunies autant qu'il est nécessaire. On fera, par cette méthode, les *Ecarlattes brunes*, les
Cramoisis bruns, & tous les autres
rouges brunis, de quelque nuance qu'ils soient.

On tire aussi de ce mélange
tous les *gris vineux*, en donnant
d'abord à la laine une légere
teinte de rouge, avec le Kermés,
la Cochenille, ou la Garence, &
la passant ensuite sur la *Bruniture*,
plus ou moins long-temps, selon
qu'on veut que le vineux domine
dans le gris. Je ne puis donner
sur ce travail d'instruction plus

X

étenduë, puisqu'il dépend de la couleur que l'on veut faire ; & il n'est pas à soupçonner que personne y trouve la moindre difficulté.

CHAPITRE XXVIII.

Du mêlange du Jaune & du Fauve.

ON forme de ce mêlange les nuances de *Feüille morte* & de *Poil d'ours*. Il est assés d'usage d'employer la suye dans ces couleurs, au lieu du brou de noix ou de la racine de noyer, parce-qu'elles en sont effectivement un peu plus belles ; mais il faut avoir attention de bien faire dégorger la laine ou l'étoffe après qu'elle est teinte, pour emporter la mauvaise odeur qu'elle a contractée dans ce bain. Il faut aussi n'employer à cette teinture que

le bain de la fuye tiré à clair,
ainfi que je l'ai enfeigné ci-devant. Je confeillerois néanmoins
de préférer toujours le brou de
noix à la fuye, à moins qu'on ne
fût obligé d'affortir une nuance de
feüille morte dans la derniere exactitude, & qu'on ne pût y parvenir avec le brou ou avec la racine de noyer. Ce font les deux
feuls fauves dont on fe fert dans
ces nuances; le fumach & l'écorce d'aulne ne donnant pas affés
de fond. On fera boüillir la laine en alun & tartre, pour la
teindre en jaune, avant que de
la paffer en fauve : mais fi l'on
appercevoit que l'on n'a pas
donné d'abord un pied de jaune
fuffifant, on pourroit la paffer de
nouveau dans le bain de jaune,
quoiqu'elle eût déja le fauve :
quoique, à dire vrai, cette maniere de trouver exactement la
X ij

nuance ne fasse pas une couleur
aussi solide, que quand on a eu
d'abord le jaune suffisant.

CHAPITRE XXIX.

Du mêlange du Jaune & du Noir.

LE mêlange de ces deux couleurs n'est utile que lorsqu'on a quelques *gris* à faire qui
doivent tirer sur le *jaune* : ces gris
se font même beaucoup mieux
avec le fauve, & les Teinturiers
le préférent ordinairement, parcequ'il est plus solide, & qu'il se
fait beaucoup plus aisément, &
à meilleur marché. De plus, ils
n'ont pas besoin de faire boüillir
la laine ; ce que l'on fait fort bien
d'épargner toutes les fois qu'on
le peut.

CHAPITRE XXX.

Du mélange du Fauve & du Noir.

ON tire de ce mélange un
très-grand nombre de cou-
leurs, comme les *Caffé*, *Maron*, *Pruneau*, *Musc*, *Epine*, & autres nuances semblables, dont le nombre est
presque infini, & d'un très-grand
usage. Voici de quelle maniere
on les travaille. Après que les laines ou les étoffes ont été passées
en fauve, de la maniere que j'ai
décrite, & qu'on en a fait plusieurs nuances, relatives par
avance, à celles qu'on a dessein
de faire en les brunissant ; c'est-
à-dire, en observant de donner toujours plus de fond de
fauve à celles qui doivent être
plus brunes, comme aux *Caffés*,
Marons, &c. on met dans une

Chaudiere de la noix de galle,
du sumach & de l'écorce d'aulne,
à proportion de la quantité d'é-
toffes qu'on veut teindre ; on fait
boüillir le tout pendant une heure, après quoi on y ajoute de la
couperose verte. On passe ensuite sur ce bain les étoffes qui
doivent être les plus claires, comme les *épines*. Lorsqu'elles sont
achevées, on les léve, & on y
passe les autres qui doivent être
plus brunes, ayant soin de garnir le bain de couperose à chaque fois, & à mesure que l'on
voit qu'il en a besoin : ce qui se
reconnoît facilement lorsqu'il ne
brunit pas assés promptement l'é-
toffe. On continuera de la sorte,
& sur le même bain, jusqu'à ce
que toutes les étoffes soient brunies : on aura attention d'entretenir toujours du feu sous la
Chaudiere, mais assés foible pour

qu'elle ne boüille pas : il suffit
qu'elle soit plus que tiéde, c'est-
à-dire, qu'on puisse y tenir la
main. Quand on a fait boüillir
la premiere fois la galle & les autres ingrédiens, on *abbat* le boüillon, en rafraîchissant le bain avec
de l'eau froide, avant que d'y
mettre l'étoffe. C'est une précaution absolument nécessaire, comme je l'ai déja dit plusieurs fois.
On se ressouviendra aussi qu'il
faut moüiller les étoffes en eau
tiéde, avant que de les mettre
dans la Chaudiere, en cas que
depuis qu'elles ont pris le fauve
elles eussent eu le temps de se
sécher, & qu'il faut les éventer
lorsqu'elles ont demeuré quelque
temps dans la *brumiture*, en les
passant dans les mains par les li-
zieres : sans cela, les étoffes coure-
roient le risque de contracter des
taches, des *flambures* ; en un

mot, d'être teintes inégalement, & de plus à défaut d'évent, la bruniture ne seroit pas suffisamment solide, parcequ'il ne se feroit pas une congélation successive de la partie saline du vitriol ou couperose.

Je viens de parcourir, autant qu'il étoit nécessaire, toutes les couleurs ou nuances qui peuvent être produites par le mélange des couleurs primitivés, prises deux à deux. Le détail, que j'en ai donné, me paroît assés étendu, & pour peu qu'on veüille suivre ce Traité, en opérant dans l'ordre que j'ai suivi, il est très probable qu'en moins de deux ans un Ouvrier, tant soit peu intelligent, aura acquis, avec ce secours, les principales connoissances qui lui sont nécessaires. Je vais, pour l'aider encore, lui présenter l'examen que j'ai fait des combinaifons de ces mêmes couleurs primitives, prifes trois à trois. Ce mélange en fournit un très-grand nombre. Il eſt vrai qu'il s'en trouvera de ſemblables à celles qui réſultent du mélange de deux feulement; car il y a peu de couleurs qui ne puiſſent être faites de diverſes façons; & alors c'eſt au Teinturier à choiſir celle qui lui paroît la plus facile, lorſque la couleur en eſt également belle.

CHAPITRE XXXI.

Des principaux mêlanges des couleurs primitives, priſes trois à trois.

DU bleu, du rouge & du jaune ſe font les *Olives roux*, les *Gris verdâtres*, & quelques autres nuances ſemblables de peu d'uſage, ſi ce n'eſt pour les laines filées, deſtinées aux Tapiſſeties. Je ne répéterai plus ce que j'ai dit de la maniere d'employer ces couleurs, parceque je l'ai suffisamment expliquée dans les articles précédens ; ce seroit redire précisément les mêmes choses.

Dans les mélanges, où entre le bleu, c'est ordinairement par cette couleur qu'on commence. On fait ensuite boüillir l'étoffe pour lui faire prendre les autres couleurs, dans lesquelles on la passe l'une après l'autre. On les mêle néanmoins quelquefois ensemble , & elles n'en font pas moins bonnes , lorsque ce font des couleurs qui demandent le même *boüillon*, comme, par exemple , le rouge de Garence & le jaune. A l'égard de la Cochenille ou du Kermés , on ne l'employe point ordinairement dans ces couleurs communes ; mais

seulement dans les couleurs elai-
res qui ont un œil vineux, & qui
doivent être vives & brillantes,
& alors elles ne servent qu'au
dernier bain ; c'est-à-dire, qu'on
n'y passe l'étoffe que lorsqu'elle
a reçû les autres couleurs, à moins
qu'on n'ait besoin, de les faire
griser un peu ; ce qui se fait, en
la passant en dernier lieu dans la
bruniture. Il est encore impossible de donner aucunes régles
précises sur ce travail, & la moindre expérience manuelle en apprend plus qu'on ne pourroit faire
par un grand détail d'opérations.

Du bleu, du rouge & du fau-
ve, se tirent les *Olives*, depuis les
plus bruns jusqu'aux plus clairs ;
&, en ne donnant qu'une très-
petite nuance de rouge, les *Gris
ardoisés*, les *Gris lavandés*, & autres
semblables.

Du bleu, du rouge & du noir,

se tirent une infinité de *Gris* de toutes nuances, comme *Gris de sauge*, *Gris de ramier*, *Gris d'ardoise*, *Gris plombé*, les *couleurs de Roi* & *de Prince*, plus brunes qu'à l'ordinaire; & une infinité d'autres couleurs, dont on ne peut faire l'énumération, & dont plusieurs nuances retombent dans celles qui se font par d'autres combinaisons.

Du bleu, du jaune & du fauve, se tirent les *Verds*, *Merde d'oye* & *Olives* de toute espéce.

Du bleu, du jaune & du noir, on fait tous les *Verds bruns*, jusqu'au noir.

Du bleu, du fauve & du noir, les *Olives bruns* & les *Gris verdâtres*.

Du rouge, du jaune & du fauve, se tirent les *Orangés*, *couleur d'Or*, *Soucy*, *Feüille-morte*, *Carnations de vieillards*, *Canelles brûlés* & *Tabacs* de toutes espéces.

Du rouge, du jaune & du noir,
à peu près les mêmes nuances,
& le *Feüille-morte foncé.*

Et enfin, du jaune, du fauve
& du noir, les couleurs de *Poil
de bœuf,* de *Noisette brune* & quelques autres semblables.

Je ne donne cette énumération, que comme une Table qui
peut faire voir, en gros seulement, de quels ingrédiens on doit
se servir pour faire ces sortes de
couleurs, qui participent de plusieurs autres.

On peut aussi mêler quatre de
ces couleurs ensemble, & quelquefois cinq, ce qui est cependant très-rare. Mais tout détail
à ce sujet me paroît inutile, parceque tout le possible est souvent
superflu. Je vais seulement rapporter de quelle maniere j'ai vû
faire une quarantaine de nuances
différentes de carnations en laine

filée. Cet exemple enseignera ce qui doit se pratiquer dans tous les autres cas. Il n'y avoit dans ces nuances aucunes de ces couleurs vives qui sont des nuances de l'écarlatte, & qui se font, comme je l'ai enseigné dans le Chapitre qui traite de cette couleur. Toutes ces carnations étoient de Vieillards, ou pour des Ombres; ensorte qu'on fut obligé de les tirer toutes du mélange du rouge de Kermès, du jaune, du fauve & du noir.

On donna d'abord à ces laines un boüillon inégalement fort, réservant, pour les nuances claires, celles dont le boüillon étoit le plus foible. Lorsqu'elles eurent demeuré sur le boüillon quatre ou cinq jours à l'ordinaire, on commença par teindre les nuances les plus claires. On avoit disposé toutes ces couleurs séparément dans quatre vaisseaux, que l'on avoit soin d'entretenir aussi chauds qu'il falloit sans boüillir : on passa d'abord un échevau de laine, un moment, sur le bain de Kermés ; l'ayant retiré & exprimé, on le passa sur un bain de gaude, & un moment après, sur celui de fauve ; il vint de la couleur que le Teinturier desiroit. Il en passa un autre ensuite, qui demeura un peu plus long-temps dans chaque bain. Il continua de la sorte, & lorsqu'il y en avoit quelqu'un, qui après l'avoir fortement exprimé, paroissoit manquer un peu de rougeur, ou de quelque autre couleur, il le passoit sur le bain dont il paroissoit avoir besoin. Par cette méthode, il amena toutes ses couleurs à la nuance où elles devoient être. Il passa sur la bruniture celles qu'il étoit nécessaire de rendre plus foncées. Je fus bien confirmé, par cette maniere de travailler, qu'il ne falloit que de la patience, & un peu d'habitude, pour faire de cette sorte toutes les couleurs imaginables.

On ne sçauroit trop recommander, dans cette espéce de travail, de commencer toujours par les nuances les plus claires, parcequ'il arrive souvent qu'on les laisse plus long-temps qu'il ne faut dans quelqu'un de ces bains, & alors on est obligé de destiner cet écheveau à une nuance plus brune. Mais, lorsque les nuances claires sont une fois assorties & bien dégradées, il n'y a plus de difficulté à faire les autres.

Ce que je viens de rapporter ne regarde que les laines destinées aux Tapisseries, dont il est nécessaire que les nuances soient exécutées avec la derniere pré-

cifion, fans quoi il feroit impoffible d'imiter les couleurs des
chairs que le Peintre a noyées
dans le Tableau qu'on s'eft pro-
pofé de copier, dans les hautes
ou baffes liffes. A l'égard des
étoffes, il n'arrive prefque jamais
qu'on en faffe de cette fuite de
nuances, ni qu'on mêle tant de
couleurs enfemble ; prefque toujours deux ou trois fuffifent, puifqu'on a vû qu'il naiffoit tant de
couleurs de leur combinaifon,
qu'on ne peut pas trouver affés
de différens noms pour les défi-
gner.

Je ne crois pas avoir rien obmis de tout ce qui regarde la
teinture des laines, ou étoffes de
laine en grand & bon teint, & je
ne doute pas, qu'en fuivant exactement tout ce que j'ai prefcrit
fur chaque couleur, on ne par-
vienne facilement à exécuter ,

dans la derniere perfection toutes les couleurs & toutes les nuances imaginables, tant sur les laines en toison, les laines filées,
que sur les étoffes fabriquées en
blanc.

Je crois néanmoins devoir encore ajoûter quelque chose par
rapport aux étoffes de mêlange ;
c'est-à-dire, dont la laine est teinte avant la fabrication de l'étoffe, & d'enseigner la façon dont
se doit faire le mêlange des laines teintes en différentes couleurs, pour être ensuite cardées
& filées ensemble, & former une
couleur résultante de celles des
différentes laines dont on s'est
servi.

On pourroit dire que cet Article regarde plutôt la fabrique
des étoffes que leur teinture ;
mais je répondrai à cela qu'on
fait quelquefois, par le mêlange

des laines de différentes nuances, des couleurs qu'il ne seroit
pas facile d'imiter, en teignant
l'étoffe d'une couleur composée
de toutes ces différentes nuances, & qu'il y auroit même dans
quelques-unes de ces couleurs des
ingrédiens qui demandent une
préparation différente ; au lieu
que teignant chaque partie de
laine séparément, le mélange
s'en fait sans inconvénient. Quoiqu'il en soit, je ne crois pas que
ce détail soit inutile : ainsi je vais
donner la maniere de mêler ensemble les laines de différentes
couleurs pour la fabrique des étoffes de mélange, & celle de faire
les feutres, pour essayer en petit
(ce qui est toujours nécessaire)
les combinaisons qui doivent faite l'effet le plus agréable.

CHAPITRE XXXII.

*De la maniere dont se fondent en-
semble les laines de différentes
couleurs, pour les Draps ou Etoffes de mélange.*

IL suffira de donner un seul
exemple de cette maniere de
mêler ensemble, le plus exactement qu'il est possible, plusieurs
laines de différentes couleurs, &
il sera facile d'en faire l'application à tous les cas dont on pourroit avoir besoin. Je suppose qu'on
veüille faire un drap mêlangé,
de couleur de caffé. Voici de
quelle maniere on s'y prend dans
les Fabriques de Languedoc. On
pratique à peu près la même chose dans les autres Manufactures.
On teint d'abord en couleur de
Caffé 350 livres de laines, qu'on

nomme la *laine de fond*, c'est-à-dire, celle qui doit dominer dans l'étoffe. On prend ensuite cinq livres de laine teinte en *rouge de Garence* ou de *Kermés*, & deux livres teintes en *bleu de Roi*. On nomme celles-ci *laines de mêlange*.

On distribuë ces laines à plusieurs femmes, que l'on dispose en cercle, dans un grand grenier. Le *Facteur*, ou celui qui a soin du mêlange, est placé, avec un bâton, au milieu de ce cercle, & les femmes sont à six pieds de lui. On en prend ordinairement huit ou dix pour ce travail ; & on leur distribuë toute la laine. Il y en aura, par exemple, dans le cas présent, six destinées à porter la laine de fond ou couleur de caffé ; & deux autres porteront, l'une la bleuë & l'autre la rouge : mais on les arrangera de sorte entr'elles, qu'il y en ait trois de sui-

te qui portent la laine caffé ; ensuite celle qui porte le rouge,
puis trois de caffé, & enfin celle
qui porte le bleu. Lorsqu'il y a
un plus grand nombre de couleurs, on les distribuë pareillement ; ayant toujours soin de les
entrecouper le plus qu'il est possible, les unes par les autres.

Lorsque ces femmes sont ainsi disposées, elles marchent à pas
lents autour du Facteur, en observant toujours entr'elles une é-
gale distance ; & à chaque pas
qu'elles font, elles jettent aux
pieds du Facteur un petit flocon
de la laine qu'elles tiennent ; avec
cette différence que celles qui
portent le rouge ou le bleu, n'en
ayant qu'une très-petite quantité
à distribuer, n'en jettent que très-
peu à la fois, au lieu que les autres doivent en jetter beaucoup
davantage. Le Facteur remuë

avec son bâton la laine, pendant
que les femmes la jettent; & pour
que le mélange soit bien fait, il
faut qu'elles ayent toutes distribué dans le même temps, la laine dont elles étoient chargées.
Le Facteur la remuë encore un
peu, & on la donne ensuite aux
Cardeurs.

Les cardes achevent de fondre parfaitement ce mélange, ensorte qu'on ne démêle plus aucune couleur en particulier, & qu'il
n'en résulte plus qu'une totale :
on la file ensuite, on fabrique le
drap & on le porte au foulon. On
conçoit aisément de quelle importance il est que ce mélange
soit exactement fait; car si les
couleurs étoient inégalement dis-
tribuées, le drap paroîtroit plein
de taches.

Comme dans la composition de
ces mélanges, il n'est pas possible

de juger exactement de l'effet
que peut produire la combinaison de toutes ces couleurs en différentes proportions, je vais donner le moyen d'en faire les épreuves en petit; & lorsqu'on est content d'une couleur formée de la
sorte, par un mélange d'autres
couleurs en proportion connuë,
on l'exécute en grand, & l'on est
sûr que la couleur de l'étoffe sera
pareille à celle de l'échantillon.

CHAPITRE XXXIII.

De la maniere de préparer les Feutres d'essai.

CETTE petite manœuvre est
très-simple & fort utile, puisqu'on peut voir en un quart-
d'heure ce que doit devenir une
étoffe de mélange après qu'elle
aura été fabriquée, & même entierement

déement apprêtée. On prend,
pour cet effet, des laines de différentes couleurs, & après avoir
pesé exactement chacune en particulier, on en fait le mélange
avec les doigts dans la proportion
que l'on juge à propos, mais le
tout dans une très-petite quantité, enforte que le mélange étant
fait, il y en ait à peu près gros comme le poing. On humecte alors
cette laine d'un peu d'huile, &
on la carde à plusieurs reprises
avec de petites cardes, jusqu'à ce
que l'on voye que toutes les couleurs font fonduës enfemble &
parfaitement bien mêlées. On
prend enfuite cette laine, qui eft
très-ouverte & de la forme quarrée de la carde; on la plie en quatre, & on la preffe légérement entre les mains. On la plonge dans
une eau de favon fort chargée &
froide, & la remettant entre les

Y

mains, on la preſſe fortement à pluſieurs repriſes, frappant quelquefois d'une main ſur l'autre. On frote enſuite les deux mains légérement, & en tournant l'une dans l'autre, ce qui affermit la laine en la reſſerrant de tous ſens, & lui faiſant occuper moins de volume. On la trempe de nouveau dans de l'eau de ſavon, & l'on continuë de la fouler, juſqu'à ce qu'elle ait acquis de la conſiſtence, & qu'elle ſoit devenuë ſemblable au feutre, & à peu près de la même conſiſtence que le drap ordinaire. Ce *Feutre* eſt, pour lors, une vraie image de ce que ſera le drap après la fabrication : car quand il a été bien foulé, que la laine a été étenduë bien également dans la main en ſortant de la carde, & qu'il a été fait avec ſoin, il ſe trouve auſſi égal & auſſi uni que le drap le peut être. Pour l'achever même aussi parfaitement que le drap, après qu'il a été bien lavé, pour emporter tout le savon, on le fait sécher, & l'ayant mis entre deux papiers, on le presse avec un fer un peu chaud. Il acquiert, par ce moyen, un lustre & un *caty* qui le fait ressembler parfaitement à un drap qui a reçû ses derniers apprêts.

Lorsqu'on est content de la couleur du Feutre, on fait le mélange du drap en grand, en suivant exactement les mêmes proportions, & l'on est assuré qu'il sera semblable au Feutre : car non-seulement les laines de différentes couleurs sont aussi exactement mêlées & rapprochées les unes des autres dans le Feutre que dans le drap ; mais le savon, dont on s'est servi pour le fouler, a fait sur lui le même effet que ce qui doit arriver au drap dans le moulin à foulon : car il y a plusieurs couleurs, & sur tout celles qui ont été brunies, c'est-à-dire, dans la composition desquelles il entre des nuances du noir & du gris, qui perdent au foulon une partie de leur bruniture ; enforte qu'il faut toujours les teindre d'une couleur plus foncée que celle dont on veut qu'elles demeurent. Ce défaut de solidité dans la bruniture n'empêche pas qu'elle ne résiste très-bien à l'action de l'air; mais elle se tache facilement par les liqueurs acres, ainsi que je l'ai déja dit.

Les couleurs qui font brunies sur la cuve de Pastel ou d'Indigo, ne font pas dans le même cas, elles ne perdent presque rien au foulon : ainsi on ne les fait guéres plus brunes qu'elles ne doivent être. Le Feutre fait le même effet, & l'on peut être assuré que

l'étoffe ne perdra en grand au
foulon, que ce que perd le Feutre avec le favon. Par conféquent
cette opération préliminaire du
Feutre doit être regardée comme un guide affuré pour le choix
& l'affortiment des laines qui doivent entrer dans la compofition
des draps de mêlange.

Les Feutres fe font encore
mieux avec le favon noir qu'avec
le favon blanc ; mais il leur donne
une odeur défagréable, qu'on a
bien de la peine à leur ôter en les
lavant, à plufieurs reprifes, dans
différentes eaux.

On peut teindre auffi des Feutres tout faits, en cas qu'on voulût faire des étoffes dans lefquel-
les une couleur couvrît toutes les
autres ; pour lors, après que l'é-
toffe auroit été mêlangée des mêmes couleurs que le Feutre, on la
pafferoit dans la même teinture fur

laquelle on l'a passée, & par ce moyen, on la feroit de la même couleur que ce feutre : mais cela ne doit se faire sur l'étoffe qu'après qu'elle est revenuë du foulon, qu'elle a été tonduë en *Fin*, & qu'il ne reste plus qu'à l'apprêter. Cette méthode sera employée utilement, lorsque ce seront des mêlanges, où l'on voudra employer la cochenille ; car elle se *rose* par trop, & se gâte au foulon. Ainsi, lorsqu'on veut en employer dans des étoffes de mêlange, il faut en composer un bain frais, dans lequel on passera le drap lorsqu'il n'aura plus d'autres apprêts à recevoir, que ceux que l'on donne à un drap teint en blanc, après qu'il est sorti de la teinture.

Fin du Grand & bon Teint.

DE
LA TEINTURE
DES LAINES
EN PETIT TEINT.

✱✱✱✱✱✱✱✱✱✱✱✱✱✱✱✱✱✱✱✱✱✱

CHAPITRE I.

J'AI dit, au commence-
ment du Traité précé-
dent, que la Teinture des
Laines ou des Etoffes, qui en sont
fabriquées, se distinguoit en grand
& en petit Teint. Les Réglemens
ont fixé quelles sont les qualités
des Laines & des Etoffes qui doivent être teintes en bon teint,
& quelles sont celles qui le peu-

vent être en petit Teint. Cette distinction a été faite sur ce principe, que les étoffes d'une certaine valeur, & qui font ordinairement le dessus des habillemens, doivent recevoir une couleur plus solide & plus durable, que des étoffes de bas prix, qui deviendroient nécessairement plus cheres & d'un débit plus difficile, si on obligeoit de les teindre en bon teint, parceque le bon teint coûte réellement beaucoup plus que le petit teint. D'ailleurs, les étoffes de bas prix, qu'il est permis de teindre en petit teint, ne sont pour l'ordinaire employées qu'à faire des doublures, ensorte qu'elles ne sont presque point exposées à l'action de l'air; & si on s'en sert à d'autres usages, elles s'usent trop promptement, à cause de la foiblesse de leur tissure, & par conséquent il n'est pas nécessaire que la couleur en soit aussi solide que celle d'une étoffe de beaucoup plus longue durée.

J'ai rapporté, dans le Traité précédent, avec le plus de précision & d'exactitude qu'il m'a été possible, la maniere de faire en bon Teint toutes les couleurs imaginables : je vais faire la même chose dans le petit Teint. J'enseignerai les moyens de faire les mêmes couleurs avec d'autres ingrédiens que ceux dont j'ai parlé jusqu'à présent, & qui, s'ils n'ont pas la solidité des premiers, ont souvent l'avantage de donner des couleurs plus vives & plus brillantes ; outre que la plûpart rendent la couleur plus unie & s'employent avec beaucoup plus de facilité que les ingrédiens du bon Teint. Ce sont là les avantages de ces matieres, qu'on nomme *Faux Ingrédiens* ; & quoiqu'il fût

à desirer que l'usage en fût beaucoup moins répandu qu'il ne l'est,
on ne peut pas dire qu'ils n'ayent
aussi leur utilité pour des étoffes moins exposées à l'air, ou dont
la couleur n'a pas besoin d'être
fort durable. Je puis encore ajoûter que les couleurs s'assortissent
presque toujours avec beaucoup
plus de facilité, & plus vîte, en petit Teint, qu'on ne pourroit le
faire en bon Teint.

Je ne suivrai point, pour ce
genre de Teinture, le même ordre que j'ai suivi dans le bon
Teint, parcequ'ici on ne reconnoît point de couleurs primitives. Il y en a peu qui servent de
pied à d'autres : la plûpart ne
naissent pas de la combinaison de
deux, ou de plusieurs couleurs
simples. Enfin, il y a des couleurs,
comme le *Bleu*, qui ne se font
presque jamais en petit Teint.

Voici donc l'ordre que je me propose de suivre. Je vais d'abord exposer les noms de tous les ingrédiens qui doivent particuliérement être affectés au petit Teint; je donnerai ensuite la maniere d'employer chacun de ces ingrédiens, & d'en tirer toutes les couleurs qu'ils peuvent fournir. On verra qu'il y a plusieurs de ces ingrédiens qui donnent des couleurs semblables, ensorte qu'il eut été impossible de traiter ces couleurs séparément, sans tomber dans des répétitions ennuyeuses & même embarrassantes pour le Lecteur. Voici quels sont les ingrédiens jusqu'ici connus, du petit Teint; & mis dans l'ordre que je suivrai dans le cours de cet Ouvrage.

La *Teinture de Bourre* ou *Poil de chevre garencé*, l'*Orseille*, le *bois d'Inde* ou *de Campêche*, le *bois de*

Bresil, le *Fustet*, le *Roucou*, la graine d'*Avignon*, le *Curcuma* ou *terra
merita*. Je ne parle point ici du
Santal ni de la *Suye*, quoique ces
ingrédiens soient singuliérement
affectés au petit Teint, parceque
j'ai donné la maniere de les employer dans le Chapitre XIX. qui
traite du Fauve. On y trouve les
raisons que j'ai euës de les placer
en cet endroit.

CHAPITRE II.

De la Teinture de Bourre.

IL y a dans la Teinture de
Bourre deux préparations fort
différentes l'une de l'autre : la
premiere est pour la garence ; &
elle appartient u grand & bon
Teint : la seconde est pour la
fondre & l'employer ; ce qui appartient au petit Teint. La Tein-

ture de Bourre étoit autrefois permise dans le bon Teint ; mais c'étoit plutôt parcequ'elle se tire de la garence, que par aucune expérience qu'on eut faite pour s'assurer de sa solidité. Je l'ai éprouvée avec grand soin, & j'ai reconnu, à n'en pouvoir douter, qu'il n'y a point de couleur qui se passe plus vîte à l'air. C'est sans doute pour cette raison, qu'on l'a restrainte au petit Teint dans le nouveau Reglement de 1737. Cependant, comme par le même Reglement, il n'est pas permis aux Teinturiers du petit Teint d'employer la garence, ni même d'en tenir chés eux, il a été statué qu'il ne seroit permis qu'aux Teinturiers de bon Teint de garencer la Bourre, & à ceux du petit Teint de la fondre & de l'employer.

Ce garençage de la Bourre au

roit dû se trouver au Chapitre
XVII. du précédent Traité ; mais
j'ai mieux aimé rapporter tout
de suite les opérations qui ont
entr'elles une liaison nécessaire,
que de m'attacher trop scrupu-
leusement à cette distinction du
grand & du petit Teint, qui est
l'objet particulier de la Police de
cet Art, & qui dans quelque occasion m'auroit fait tomber dans
l'obscurité, ou dans des répétitions continuelles : d'ailleurs, la
Police de la Teinture n'est pas
l'Art considéré en lui-même.

Pour garencer la Bourre, on
en prend quatre livres, ou quatre
livres de poil de Chevre, bien
écharpi & bien ouvert ou séparé,
afin que la teinture puisse mieux
le pénétrer. On le fait boüillir
pendant deux heures, dans une
suffisante quantité d'eau sure ; ensuite on le met égoûter pendant

une heure, & on le plonge dans
une moyenne Chaudiere, à demi
remplie d'eau, avec quatre livres d'alun de roche, deux livres
de tartre rouge, & une livre de
garence. On fait boüillir le tout
pendant six heures, en y remettant de l'eau chaude à mesure
que le bain se tarit, puis on le
laisse passer la nuit dans ce boüillon, ainsi que la journée du lendemain. Le troisiéme jour, on le
retire, & on le met égoûter dans
un panier. Quelques Teinturiers
l'y laissent huit jours, mais il arrive souvent qu'il se trouve terni
par ce séjour dans un vaisseau de
cuivre, dont le boüillon a le
temps de corroder des parties.
Après qu'on a bien lavé ces quatre livres de Poil garencé, on
charge aux deux tiers la moyenne Chaudiere, de moitié eau sure
& moitié eau commune; & lors-

que ce bain est prêt à boüillir,
on y met huit livres de garence
qu'on a bien dépecée & écrasée
entre les mains. Lorsque la garence a été mêlée dans le bain,
on y met les quatre livres de
Bourre ou Poil, & on fait boüillir le tout pendant six heures.
Ensuite on lave bien cette Bourre, & le lendemain on la garence une seconde fois & de la
même maniere ; mais seulement
avec quatre livres de garence,
au lieu de huit qu'on a employées
la veille. Après ce second garençage, on la lave bien & on la fait
sécher : elle est alors presque noire & en état d'être employée.
On voit que par cette opération,
quatre livres de Bourre se trouvent chargées de la teinture de
treize livres de garence. Néanmoins il reste encore de la teinture dans le bain, qu'on appelle

alors *un vieux garençage*, & que l'on garde pour s'en servir en certaines occasions, comme dans des couleurs de Tabac, de Canelle & plusieurs autres.

Lorsque la Bourre est ainsi garencée par le Teinturier du grand & bon Teint, il la vend au Teinturier du petit Teint, qui a le droit de la fondre & de l'employer. Voici de quelle maniere on s'y prend pour la fondre. C'est la méthode ordinaire, mais qui ne laisse pas que d'avoir sa difficulté, & qui n'est connuë que d'un petit nombre de Teinturiers.

On met à sept heures & demie du matin, six seaux d'eau claire dans une moyenne Chaudiere, & lorsque l'eau est tiéde, on y jette cinq livres de cendre gravelée bien pilée. On fait boüillir le tout jusqu'à onze heures ; & le bain é-

tant diminué affés confidérablement pour pouvoir tenir dans
une Chaudiere plus petite, on
l'y tranſvaſe, ayant attention de
laiſſer dépoſer auparavant les féces de la cendre gravelée, afin
de n'en employer que le plus
clair. On prend enſuite un ſeau
de ce bain, qu'on remet dans la
moyenne Chaudiere après l'avoir
bien nettoyée ; on refait deſſous
un peu de feu. On y met petit
à petit les quatre livres de Bourre
garencée & éparpillée ; & en même temps, on ajoûte du bain
tiéde & ſalin de la petite Chaudiere, pour abattre le boüillon
qui s'éleve de temps en temps
juſqu'au haut de celle où ſe fait
l'opération.

Lorſque toute la Bourre & le
bain de la petite Chaudiere ont
été mis dans la moyenne, on re-

met un feau d'eau claire fur les
féces de la cendre gravelée, demeurées dans la petite Chaudiere. Cette eau fert à remplir le bain
de la moyenne à mefure qu'il s'é-
vapore. Toute cette Bourré fe
fond, ou eft diffoute par l'action
de la cendre gravelée, & dès la
premiere demie heure on n'en
voit plus le moindre poil. Le bain
eft alors d'un rouge très-foncé.
On fait boüillir ainfi le tout, fans
y rien ajoûter jufqu'à trois heures après midi, afin que la diffolution de la Bourre foit plus exactement faite. Alors on met un
bâton en travers fur la Chaudiere; & fur ce bâton, on pofe un
feau rempli d'urine fermentée.
Il faut avoir fait auparavant, à
ce feau, un petit trou vers fa
partie inférieure, & y mettre un
peu de paille; enforte que l'urine puiffe couler très-lentement

dans la Chaudiere. Pendant qu'elle coule, on fait boüillir le bain à gros boüillons, & cette urine remplace ce qui s'en perd par l'évaporation. Cette opération dure cinq heures, pendant lesquels on y fait entrer jusqu'à trois seaux d'urine. On l'y fait couler à filet plus fort quand l'ébullition est violente, que quand elle est modérée. Il faut observer que c'est à cause de la petite quantité de Bourre, qu'on a mis dans l'expérience dont je donne ici le détail, jusqu'à cinq livres de cendres gravelée; mais lorsqu'on fond trente livres de Bourre à la fois, ce qui est la quantité ordinaire qu'employent les Teinturiers de Paris, on ne met que douze onces de cendre gravelée pour chaque livre de Bourre.

On sent, pendant tout le temps de cette opération, une assés for-

te odeur de fel volatil d'urine ;
il furnage prefque toujours une
écume fur le bain ; elle eft affés
brune au commencement, mais
elle le devient encore plus après
l'addition de l'urine. On reconnoît que le bain eft fuffifamment
cuit lorfqu'il ne s'éleve plus, &
qu'il bout à petits boüillons, c'eft
ce qui eft arrivé à l'opération pré-
fente vers les huit heures du foir.
Alors on ôte le feu, on couvre
bien la Chaudiere avec fon couvercle & des couvertures, & on
la laiffe ainfi jufqu'au lendemain.
On avoit pris, à diverfes reprifes, depuis trois jufqu'à huit heures du foir, des échantillons de
la couleur du bain, en y trem-
pant des petits morceaux de papier : les premiers étoient fort
bruns, & ils alloient toujours en
s'éclairciffant & s'uniffant de plus
en plus, à mefure que le volatil de

l'urine agiſſoit ſur les parties colorantes du bain.

Il ne reſtoit plus alors qu'à teindre la laine dans ce bain ainſi
préparé, & que l'on nomme *Fonte de Bourre*. C'eſt l'Ouvrage le
plus facile qui ſoit dans la Teinture. On y procéde de cette ſorte : Un quart-d'heure avant que
de teindre dans ce bain, on y
met un petit morceau d'alun de
roche bien net, & on pallie la
Chaudiere pour le faire fondre.
Comme ce bain qui étoit dans
la moyenne Chaudiere avoit été
tenu couvert toute la nuit, &
qu'on n'avoit pas éteint le feu de
ſon fourneau, il étoit encore
chaud à ne pouvoir y tenir la
main. On en prit le plus clair, qu'on
tranſporta dans une petite Chaudiere, avec une ſuffiſante quantité d'eau tiéde ; on y plongea de la
laine teinte en jaune avec la gau-

de, &elle y devint d'un bel orangé
tirant sur le couleur de feu; c'est-
à-dire , de la couleur appellée
Nacarat , & connuë chés les Teinturiers sous le nom de *Nacarat de
Bourre* , parcequ'il se fait communément avec la Bourre fonduë ,
quoiqu'on puisse le faire aussi
beau & beaucoup meilleur , en
bon teint, comme on peut le voir
dans le Chapitre XXV. du Traité
précédent , qui traite des couleurs résultantes du mélange du
rouge & du jaune.

On passa , sur le même bain ,
vingt bottes de laines blanches ,
l'une après l'autre ; en commençant par celles qui devoient être
les plus brunes, & les y laissant
plus ou moins long-temps , suivant la nuance plus ou moins foncée qu'on vouloit leur donner :
on en fit de la sorte une suite dé-
gradée, depuis le *Nacarat* jusqu'au

couleur de Cerises. On doit faire observer qu'à mesure que le bain se consommoit, on en reprenoit de celui de la moyenne Chaudiere, ayant grande attention de ne pas remuer le sédiment du fond : on avoit soin aussi d'entretenir toujours un peu de feu sous la petite Chaudiere, afin de conserver au bain à peu près le même degré de chaleur. On continuë de la sorte à passer de la laine, jusqu'à ce que tout le bain soit employé, & qu'on en ait tiré toute la couleur. Mais on ne pourroit pas y teindre les couleurs fort claires, parceque lorsque la couleur du bain est autant affoiblie qu'elle doit l'être pour ces couleurs, elle se trouve ordinairement chargée d'impuretés, qui ôteroient la vivacité nécessaire à ces sortes de nuances, plus qu'à toutes les autres.

Voici

Voici donc comment se font les nuances, plus claires que le *couleur de Cerises*. On charge une Chaudiere d'eau claire, & l'on y met cinq ou six bottes de laine la plus foncée que l'on ait teinte sur la Bourre ; c'est-à-dire, de la nuance qui suit immédiatement le *Nacarat*. L'eau, venant à boüillir, enléve toute la couleur que la laine avoit prise ; & c'est dans ce nouveau bain que l'on passe l'autre laine qu'on veut teindre, depuis le couleur de cerises jusqu'au couleur de chair le plus pâle, en observant toujours de commencer par les nuances les plus foncées.

La plûpart des Teinturiers qui ne sçavent pas fondre la Bourre, ou qui n'en veulent pas prendre la peine, achettent quelques livres de cette écarlatte de Bourre, qu'ils font déboüillir de la sor-

Z

te pour faire toutes leurs nuances claires, ce qui, comme on le voit, réussit avec beaucoup de facilité. Mais cette même opération prouve combien peu on doit compter sur la solidité d'une couleur qui s'en va si promptement dans l'eau boüillante. En effet, c'est une des plus mauvaises couleurs qu'il y ait dans la teinture ; & c'est pour cette raison que dans le nouveau Réglement on l'a retranchée du bon teint, pour ne la tolérer que dans le petit teint seulement, ainsi qu'on l'a dit ci-devant.

Il se présente ici une réflexion à faire : c'est qu'il est démontré par cette opération singuliere, qu'on peut tirer une très-mauvaise couleur d'un ingrédient, qui, de tous ceux qu'on employe en teinture, est peut-être le meilleur & le plus solide. La Garence est connuë pour telle ; cependant,

lorfque ce poil teint, avec toutes
les précautions néceffaires , pour
en affurer la couleur autant qu'il
eft poffible , vient à être diffout ou
fondu dans un bain de cendres
gravelées , fa couleur , en acqué-
rant un nouvel éclat , perd toute
fa folidité , & ne peut plus être
mife que dans la claffe des plus
fauffes teintures.

On pourroit croire que le peu
de folidité de cette couleur , vient
de ce que la laine n'a reçû aucune préparation , ni retenu aucun
fel avant que d'être paffée dans
la fonte de Bourre ; mais j'ai é-
prouvé que cela n'y faifoit rien ,
& j'ai paffé dans cette teinture
de la laine boüillie à l'ordinaire ,
& d'autres laines diverfement préparées , fans que la couleur qu'elles ont prifes , ait acquis plus de
folidité ; elles ont eu même moins
d'éclat , c'eft-à-dire , qu'elles font

Z ij

forties plus ternes que celles qui y ont été teintes fans aucune préparation.

Quoique je dife que les laines ne reçoivent aucune préparation avant que de les teindre fur la fonte de Bourre, il eft cependant néceffaire de fouffrer celles qui font deftinées pour les nuances claires, parceque cela leur donne beaucoup de vivacité & d'éclat, attendu que le rouge de la fonte de Bourre s'applique fur un fond beaucoup plus blanc qu'il ne le feroit fans la vapeur du fouffre, qui l'a nettoyé de toutes fes impuretés. On fait la même chofe pour les bleus clairs ou déblanchis, & pour quelques autres couleurs; mais cette opération n'eft ordinairement mife en ufage que fur les laines deftinées aux Canevas, ou à la fabrique des Tapifferies.

Ce ne sont point les Teinturiers qui la font, à cause de la puanteur du souffre & de l’embarras que cela occasionne. Pour en don-^{Souffrer la}ner cependant une idée, je dirai ^{Laine.} que l’on suspend la laine blanche sur des cerceaux ou sur des perches, dans une chambre bien fermée, & qu’on place au-dessous de cette laine des réchauds pleins de charbon allumé, dans lesquels on jette du souffre pulvérisé. On ferme ensuite la porte de la chambre afin que la fumée s’y conserve plus long-temps, & agisse sur la laine, qui y demeure jusqu’à ce qu’elle soit entiérement blanche : c’est alors ce que l’on appelle de la *laine souffrée* ; & c’est la préparation qu’elle doit avoir pour donner de la vivacité aux couleur de rose, couleur de cerises & couleur de chair, qui se tirent de la fonte de Bourre.

La raison pourquoi d'un ingré-dient, tel que la racine de Ga-rence, on tire des couleurs aussi peu solides que celles que donne la fonte de Bourre, n'est pas dif-ficile à trouver. Dans la premie-re opération du garençage de la Bourre, on a assuré, par le boüil-lon d'alun & de tartre, le rouge de la garence sur ce poil, autant qu'il étoit possible : mais comme on le surcharge de cette couleur, il est aisé de concevoir que les atômes colorans superflus, n'é-tant appliqués que sur ceux qui remplissent déja les pores de ce poil, il n'y a que les premiers qui soient réellement retenus dans ces pores, & qui soient mastiqués par les sels. Ce poil ainsi rougi par la garence, jusqu'à devenir presque noir, perdroit beaucoup de l'intensité de cette couleur, si on le faisoit boüillir dans quelque liqueur, ne fût-ce que de l'eau simple ; mais on ajoûte à cette eau de la cendre gravelée, à pareil poids que la Bourre déja teinte qu'on y veut fondre : par conséquent, on fait une leſſive de ſel alcali fixe très-forte. J'ai déja dit, dans un autre endroit du Traité précédent, que les leſſives alcalines, fort chargées, détruiſoient le tiſſu naturel de preſque toutes les matieres animales, ainſi que des gommes & des réſines ; en un mot, que le ſel alcali eſt leur diſſolvant. Dans l'opération préſente, la leſſive des cendres gravelées eſt fort concentrée, fort acre ; & par conſéquent elle eſt en état de fondre la Bourre, qui, comme on le ſçait, eſt le poil d'un animal : auſſi le fait-elle très-promptement & avec une fermentation vive, aiſée à reconnoî- tre par l'élévation prompte & vio-

lente du boüillon. Par conséquent
elle détruit la *tissure* naturelle de
chacun de ces poils; & les parois
des pores étant en même temps
rompuës & réduites en parties
insensibles, ces parois n'ont plus
ni consistence, ni ressort pour retenir les sels & les particules colorantes qui leur étoient adhé-
rens. Donc les particules animales du poil, les parties colorantes de la garence, les parties salines du boüillon, & les sels alcalis de la cendre gravelée, se trouvent confondus & forment un
mélange nouveau, qui ne peut
plus fournir de teinture solide,
parceque de toutes ces parties salines mélangées, il ne se peut plus
former une quantité suffisante de
sels capables de se crystallifer, &
de donner des molécules résistan-
tes à l'eau froide & aux rayons
du soleil. En un mot, il ne peut

s'y former de tartre vitriolé, parceque le sel alcali s'y trouve en trop grande abondance.

Pour aviver la teinture obscure & surchargée de la garence appliquée d'abord sur la Bourre, & depuis confonduë par la fonte de ce poil dans le mélange dont il vient d'être parlé, on ajoûte de l'urine fermentée en quantité considérable : ainsi, c'est encore une matiere de plus pour ôter toute espérance de cryftallisation : par conséquent, il est déja clair que toute laine , non préparée par d'autres sels, qu'on trempera dans un bain tellement composé, ne peut s'y enduire que d'une couleur superficielle., qui ne trouve point de pores préparés, ni rien de salin dans ces pores, qui puisse en maftiquer les atômes colorans; il s'enfuit que cette teinture doit abandonner fon fujet au moindre effort, de quelque nature qu'il soit, & de quelque part qu'il vienne.

Mais une laine préparée par le boüillon de tartre & d'alun, ne prend pas dans le bain de la fonte de Bourre, une couleur plus solide qu'une laine non préparée par ces sels. Cette singularité, qui n'est pas sans cause, n'est pas non plus sans explication : c'est qu'un bain, dans lequel il se trouve en abondance, des alcalis fixes, attaque le tartre resté du boüillon précédent dans les pores de la laine. Ce tartre change de nature ; & de difficile à fondre qu'il étoit auparavant, il devient un tartre soluble, c'est-à-dire, un sel qui se dissout très-aisément, même dans l'eau la plus froide.

On dira, peut-être, qu'il étoit resté des particules d'alun dans les pores de la laine préparée ;

que de ces particules d'alun , &
du morceau de ce même sel qu'on
met dans le bain rougi par la
fonte de Bourre , il doit se former, avec le sel alcali de la cendre gravelée , un tartre vitriolé
qui devroit assurer la teinture selon mes principes. Je puis répondre, premiérement, qu'outre que
l'urine empêche la combinaison
des deux sels , nécessaire pour la
formation du tartre vitriolé ;
quand même cet empêchement
n'existeroit pas, la quantité qui se
formeroit de ce sel, que j'ai nommé *dur* dans un autre endroit, ne
feroit pas suffisante pour mastiquer tous les pores de la laine ,
& les mettre en état de recevoir
& retenir les atômes colorans.
De plus, l'acreté des sels alcalis
du bain , qui a été capable de
dissoudre entièrement la Bourre
pendant une longue & forte ébul-

lition, seroit encore en état de
diffoudre la laine qu'on y trempe, si on l'y faisoit boüillir comme la Bourre. Mais quoiqu'on ne
donne pas au bain le degré de
chaleur qui seroit néceffaire pour
cette deftruction totale, il eft aifé de concevoir que, fi la fomme de l'action détruifante n'eft
pas la même, au moins il en exi-
fte une partie, &, pour ainfi dire,
une fraction, qui n'eft peut-être
qu'un milliéme de cette fomme,
mais qui fuffit encore pour corroder les parois des pores de la
laine, les aggrandir exhorbitam-
ment, & les mettre par-là hors d'é-
tat de retenir les atômes qui colorent. Joignez à cela, que le poil
eft fondu dans le bain, & par
conféquent mêlé avec les parties colorantes de la garence, en
très-grande quantité; que ce font
des parties hétérogènes qui em-

pêchent le contact immédiat de ces mêmes parties colorantes, & qu'ainsi tous ces empêchemens réünis doivent rendre cette couleur moins solide, moins tenace qu'aucune de celles du petit teint. C'est ce que l'expérience ne prouve que trop, puisqu'il n'y a qu'à plonger un échevau de laine, teinte en rouge par la fonte de Bourre, dans de l'eau boüillante, pour la décolorer entiérement.

CHAPITRE III.

De l'Orseille, & de la maniere de l'employer.

L'ORSEILLE est une pâte molle d'un rouge foncé, qui étant simplement délayée dans de l'eau chaude, fournit un grand nombre de différentes nuances. Il y en a de deux sortes; la plus

commune, qui eſt en même temps
la moins belle & la moins bonne,
ſe fabrique pour l'ordinaire en
Auvergne, d'un *Lichen* ou eſpéce
de mouſſe fort commune ſur les
rochers de cette Province. Elle
eſt connuë ſous le nom *d'Orſeille*
d'Auvergne ou de *terre*. L'autre eſt
beaucoup plus belle & meilleure :
elle ſe nomme l'*Orſeille d'herbe* ou
des *Canaries*, ou du *Cap-Verd*. On
en prépare à Lyon, à Paris, en
Angleterre, & en quelques autres
endroits.

L'Orſeille d'Auvergne, qu'on
nomme auſſi *Pérèlle*, eſt une eſpéce de croûte ou de mouſſe qu'on
ramaſſe ſur les rochers. On la
broye & on la mêle avec de la
chaux, l'arroſant pendant pluſieurs jours avec de l'urine fermentée. Au bout de huit ou dix
jours, elle devient rouge en fer-
mentant ; & elle eſt en état d'être

employée à la teinture.

L'Orfeille d'herbe, qui eſt le *Lichen græcus, Polypoïdes tinctorius Saxatilis* Coroll. 40. ou le *Fucus Verrucoſus Tincorius* J. B. 3. Inſt. R. herb. 568, &c. croît dans les Iſles Canaries, attaché aux rochers, principalement à ceux qui ſont en vûë de la mer. Toutes ces Iſles donnent de l'Orfeille ; mais celle des Iſles de la *Gomére* & de *Fer*, paſſe pour la meilleure. Elle eſt brune, bien nourrie, avec de petites taches blanches, argentées deſſus. * Année commune, il s'en recüeille environ 500 quintaux dans l'Iſle de *Ténériffe* ; 400 à celle des *Canaries* ; 300 à *Fuerta-Ventura*, 300 a *Lanſarotte* ; 300 à la *Gomére*, & 800 à l'Iſle de *Fer*.

Les Orfeilles de *Ténériffe*, *Canaries* & *Palene*, ſont affermées

____

* Mémoire de M. Porlier Conſul, datté de Sainte Croix de Ténériffe le 29. Janvier 1731.

pour le Roi d'Espagne à des particuliers qui la font cüeillir. En dernier lieu (1730) ils ont donné jusqu'à la somme de 1500 piastres pour cette Ferme, & outre cela ils payent, depuis quinze jusqu'à vingt Réaux du quintal, aux hommes qui la recüeillent. Les autres Isles . partiennent à d'autres Seigneurs, qui la font ramasser & vendre à leur profit. Il faut remarquer que dans les années de disette, il se recüeille beaucoup plus d'Orseilles que dans les années abondantes, parceque tous les pauvres s'occupent à la ramasser.

Dans les temps passés, l'Orseille ne valloit, renduë à bord à sainte Croix de Ténériffe, que trois à quatre piastres le quintal; mais depuis 1725, on a beaucoup de peine à en trouver à dix piastres, parcequ'elle est très-demandée pour Londres, pour Amsterdam,

pour l'Italie & pour Marseille. En
1730 elle fut venduë à Londres
jusqu'à quatre livres sterlings le
quintal.

Les Isles de *Madere*, *Porto San-*
to & les *Sauvages*, produisent aussi
de l'Orseille.

Vers la fin de 1730, le Capi-
taine d'un Vaisseau Anglois, venant des Isles du Cap-Verd, ap-
porta à sainte Croix un sac d'Orseille pour montre. Il communi-
qua son secret à des Négocians
Espagnols & Génois, lesquels se
déterminérent dans le mois de
Juillet 1731 à envoyer un bateau
aux mêmes Isles. Sur ce bateau
ils mirent huit Espagnols accoutumés à cüeillir l'Orseille. Ils abor-
dérent aux Isles de saint *Antoine*
& de saint *Vincent*, où, en peu
de jours, ils firent un chargement
d'environ 500 quintaux de cette
plante qu'ils y trouverent en abon-

dance, sans qu'il leur en coûtât autre chose, qu'une piastre par quintal, de présent au Gouverneur. L'Orseille des Isles du Cap-Verd paroissoit plus grosse, plus longue & plus fournie que celle des Canaries, c'est apparemment parcequ'on n'étoit pas dans l'usage de la cüeillir toutes les années, comme on fait aux Canaries.

Les ouvriers qui préparent l'Orseille d'herbe, font un mystére de cette préparation, mais on la trouve assés bien détaillée dans un Traité de M. Pierre-Antoine Micheli, qui a pour titre : *Nova Plantarum genera*, imprimé in-4°. à Florence en 1729, page 78, en ces termes :

» Infectores (Florentini) hanc
» plantam appellant Vernaculo
» nomine *Rocella* vel *Orcella* vel
» *Raspa*, ejusque ope sericum &
» lanam, non solum peculiari

quodam colore sub purpureo imbuunt, quem *Columbinum* vocant, ob similitudinem cum collo Columbino, sed etiam aliis compositionibus admiscent, ut diversos colores efficiant. Præparant verò illam hoc modo : Plantam in pulverem adeo tenuem reducunt, ut per cerniculum facillimè trajiciatur. Deinde, vetere Maris urinâ (nam mulieris perniciosa habetur) leviter illam irrorant vase ligneo contentam, & semel in die agitant; atque eòdem tempore in eam demittunt aliquantulum cineris ex sodâ, donec expleto opere, ejus quantitas singulis diebus immissa, ad quantitatem pulveris, sit in ratione 1. ad 12. sive plus, sive minus; prout planta est magis crassa vel tenuis, vel recens, vel vetus : idque fit,

» donec totum compositum præ-
» dictum Colorem Columbinum
» exhibeat. Postea ligneo dolio-
» lo reponunt, & urinam vel li-
» xivium calcis, aut gypsi, quò
» dealbantur parietes, super in-
» fundunt, ut tota quantitas con-
» tegatur & ad nsum servant.
» Compositionem hanc vocant
» *Oricello*, fortè à nomine plantæ
» *Rocella*. Suspicari subit nonnul-
» las hujus generis plantas, eò-
» dem vel aliò modò præparatas,
» eumdem Colorem vel alium
» præbere posse. Quod nunc in-
» nuisse sufficiat ut instituta ex-
» perimenta ad has cogitationes
» deducant.

Dans le petit Livre Italien *dell'
arte Tintoria*, ou *Plicto*, petit in-
12. page 210; on trouve aussi la
préparation de l'Orseille comme
il suit : Prenés une livre d'Orseille de Levant; bien nette, humé-

ôtez-la d'un peu d'urine; ajoûtez-y du sel ammoniac, du sel gemme, du salpêtre, de chacun deux onces; mêlez bien le tout après l'avoir pilé, & laiſſez-le ainſi pendant douze jours, le remuant deux fois par jour; ajoûtez alors un peu d'urine, enſorte que l'herbe ſoit toujours humide, & laiſſez-la encore huit jours en cet état, en continuant de remuer. Enſuite, prenez deux livres & demie de potaſſe bien pilée, que vous y ajoûterez avec une livre & demie de vieille urine. Laiſſez le tout encore huit jours, remuant à l'ordinaire; après quoi vous y mettrez encore autant d'urine, & au bout de cinq ou ſix jours vous y ajoûterez deux gros d'arſenic, alors elle ſera en état de teindre.

Pour imiter ces procédés, en rejettant ce qui m'y paroiſſoit d'inutile, j'ai mis une demie livre d'Orſeille du Cap-Verd, hachée ou coupée bien menuë avec des cizeaux, dans un vaiſſeau de cryſtal ayant ſon couvercle. J'y ai verſé de l'urine fermentée, ce qu'il en falloit pour la bien humecter, puis j'y ai ajoûté ſuffiſante quantité de chaux éteinte à l'air, ce qui pouvoit aller cette premiere fois à une once. J'ai bien remué ce mêlange, de deux en deux heures, dans la premiere journée. Le lendemain j'y ai ajoûté encore un peu d'urine fermentée & un peu de chaux, mais ſans la noyer, agitant quatre fois dans ce ſecond jour. L'Orſeille a commencé à prendre une couleur pourprée, mais la chaux reſtoit blanche : le volatil urineux qui s'exhaloit, quand je levois le couvercle, étoit fort pénétrant. Le troiſiéme jour, j'ai mis encore un peu d'urine & un peu de chaux, & j'ai agité quatre fois dans le jour. Le quatriéme jour la chaux a commencé à prendre une couleur pourprée. Enfin, tout étoit d'un pourpre clair au bout de huit jours, & ce pourpre eſt devenu foncé de plus en plus pendant les huit jours ſuivans ; enſorte qu'au bout de quinze jours elle auroit pû ſervir à teindre. Mais comme celle, qu'un nommé Lafond prépare avec permiſſion, a une odeur de violette quand il la vend, j'ai conſervé la mienne dans le vaiſſeau couvert, pendant un mois, pour laiſſer évaporer peu à peu le volatil urineux. Au bout de trois ſemaines, j'ai commencé à appercevoir l'odeur de violette, quand je levois le couvercle, & le peu de liqueur qui étoit au fond du vaiſſeau, avoit une très-belle couleur de cramoiſi. Ainſi, par l'urine feule & la chaux éteinte, on peut préparer très - bien l'Orfeille, fur - tout quand on la pile pour la réduire en pâte, fans y mettre tous les autres ingrédiens des procédés qu'on a lûs ci-devant. Il ne s'agit que de développer la couleur rouge, cachée dans cette plante, par un volatil urineux excité par un alcali terreux.

J'ai préparé en même temps, & de la même maniere, une livre de *Perelle* ou d'*Orfeille de terre* des rochers de l'Auvergne, & au bout de huit jours elle avoit pris une couleur pourpre affés foncée; le quinziéme jour elle l'étoit beaucoup plus, & j'en fis un effai de teinture qui réuffit parfaitement.

Quand un Teinturier veut s'affurer que fon Orfeille fera un bel effet, il étend cette pâte un peu liquide fur le dos de fa main, &
l'y

l'y laiſſe ſécher ; enſuite, il lave cette tache avec de l'eau froide. Si cette tache y reſte, ſeulement déchargée d'un peu de couleur, il juge ſon Orſeille bonne, & conclud qu'elle réuſſira. La meilleure eſt celle dont la couleur peut ſe tirer à deux fois.

Le *Lichen Tinctorius Saxatilis* n'eſt pas la ſeule plante de ce genre dont on puiſſe préparer l'Orſeille, il y a pluſieurs autres eſpéces de mouſſe dont on tire un rouge aſſés beau, & M. Bernard de Juſſieu m'en a apporté de la forêt de Fontainebleau, qui, avec la chaux & l'urine, prennent la couleur pourprée. Il y a un moyen bien facile d'eſſayer celles qui ſubiront ce changement.

Je mets environ deux gros de ces plantes dans un petit poudrier de verre : je les humecte d'eſprit volatile de ſel ammoniac, & de par-

tie égale d'eau de chaux premiere ; j'y ajoûte une pincée de sel
ammoniac : enfuite je ferme le
petit vaiffeau d'une veffie moüillée , que je lie autour ; au bout
de trois ou quatre jours, fi le
Lichen , quel qu'il foit , eft de
nature à donner du rouge, le peu
de liqueur qui coulera, en incli-
nant le vaiffeau, où on l'aura mife avec la plante, fera teinte d'un
rouge foncé cramoifi ; & la liqueur s'évaporant enfuite, la plante elle-même prendra cette couleur. Si la liqueur ni la plante ne
prennent point cette couleur, on
ne peut en rien efpérer , & il eft
inutile de tenter fa préparation
en grand. Ainfi voilà un moyen
fort prompt, pour fçavoir fi un *Lichen* , quel qu'il foit, pourra faire
de l'Orfeille ou non.

Voici maintenant la maniere
d'employer l'Orfeille toute pré-

parée ; mais je ne parlerai que de celle d'Herbe ou des Canaries, & j'avertirai seulement des différences qui se trouveront dans l'emploi de celle d'Auvergne. On charge une Chaudiere d'eau claire ; & lorsqu'elle commence à devenir tiéde, on y délaye la quantité d'Orseille qu'on juge nécessaire, à proportion de la quantité de laines ou étoffes qu'on a à teindre, & de la nuance à laquelle on veut les porter. On chauffe ensuite le bain, jusqu'à ce qu'il soit prêt à boüillir, & on y passe la laine ou l'étoffe sans autre préparation, que d'y tenir plus long-temps celle que l'on veut être plus foncée. Lorsque l'Orseille ne fournit plus de couleur, on chauffe le bain jusqu'au boüillon, pour achever de le tirer. Mais si c'est de l'Orseille de Terre ou d'Auvergne, dont on se sert, les couleurs tirées de la sorte sur le bain boüillant, seront plus ternes que les premieres : l'Orseille d'Herbe , au contraire, ne perdra rien de son éclat , quand même on feroit boüillir le bain dès le commencement. Cette derniere est plus chere à la vérité, mais elle fournit beaucoup plus de teinture ; ainsi il y a du profit à l'employer, quand même on ne compteroit pour rien sa supériorité sur l'autre , en bonté & en beauté. La couleur naturelle qui se tire en cette maniere, de l'une & l'autre Orseille, est un beau *Gris-de-lin* , tirant sur le violet. On en tire aussi le *Violet* , la *couleur de Pensée* , *d'Amaranthe* , & autres semblables, en donnant à l'étoffe un pied de bleu, plus ou moins foncé, avant que de la passer sur l'Orseille.

On observera, qu'afin que les

nuances claires de ces couleurs
soient aussi brillantes qu'elles peuvent l'être, il est à propos que la
laine soit soufrée, ainsi que je l'ai
dit dans le Chapitre précédent,
soit avant que d'être passée sur
l'Orseille, pour les gris-de-lin,
soit avant que d'être mise en bleu,
pour les violets, & autres couleurs
semblables.

Cette maniere d'employer l'Orseille est la plus simple de toutes ;
mais les couleurs qui en viennent
n'ont aucune solidité. On pourroit croire qu'on la rendroit meilleure en donnant à la laine une
préparation avant que de la teindre, comme cela se pratique dans
le bon teint, lorsqu'on employe
la Garence, la Cochenille, la Gaude, &c. Mais l'expérience prouve
le contraire, & j'ai employé l'Orseille sur la laine boüillie en alun
& tartre, sans qu'elle ait plus ré-

fifté à l'air que celle qui n'avoit reçû aucune préparation.

Il y a néanmoins une maniere d'employer l'Orfeille d'Herbe, & de lui donner prefque autant de folidité qu'en ont la plûpart des ingrédiens de bon teint ; mais on lui ôte alors fa couleur naturelle de gris-de-lin, & elle donne du rouge, ou écarlatte, ou pour mieux dire cette couleur connuë fous le nom de *Demi-écarlatte*. On peut auffi en tirer la couleur du Kermés ou de l'écarlatte de Venife, & plufieurs autres nuances qui tirent fur le rouge & fur l'orangé. C'eft par le moyen des acides que ces fortes de couleurs fe tirent de l'Orfeille, & toutes celles, que l'on fait ainfi, doivent être regardées comme beaucoup plus folides que les autres, quoiqu'à la rigueur elles ne foient pas encore exactement de bon teint.

Il y a deux manieres de tirer de l’Orſeille ces couleurs rouges : la premiere eſt d’incorporer quelque acide dans la compoſition même dont on ſe ſert pour réduire cette plante en pâte, telle que les Teinturiers la connoiſſent ſous le nom d’Orſeille. On m’a aſſuré qu’on pouvoit la rendre violette & même bleuë ; ce qui ſe fait vraiſemblablement par le mêlange de quelques alcalis ; mais j’avouë que je n’ai pû y parvenir, quoique j’aye fait pour cela plus de vingt eſſais. Je vais donc paſſer à la ſeconde méthode de tirer de l’Orſeille une couleur rouge belle & aſſés ſolide, parceque je l’ai exécuté quatre fois avec ſuccès.

On prend de l’Orſeille des Canaries préparée, on la délaye à l’ordinaire dans un bain d’eau tiéde, & on y ajoûte une petite quantité de

Demi-Ecarlatte par l’Orſeille.

composition ordinaire pour l'é-
carlatte; qui est, comme on l'a vû
dans le Traité précédent, une
dissolution de l'étain dans une eau
régale affoiblie : cet acide éclaircit le bain sur le champ, & lui
donne une couleur d'écarlatte. Il
n'y a plus qu'à passer dans ce bain
l'étoffe ou la laine, & l'y laisser
jusqu'à ce qu'elle ait acquis la
nuance que l'on desire. Si l'on ne
trouve pas que la couleur ait assés
de feu, on remettra encore un
peu de composition; & on suivra,
pour ce genre de teinture, à peu
près la même méthode que pour
l'écarlatte ordinaire. J'ai essayé
de la faire à deux bains comme
l'écarlatte : c'est-à-dire, de boüillir l'étoffe avec la composition &
un peu d'Orseille, & de la finir
ensuite avec une plus grande
quantité de l'un & de l'autre, &
j'ai réussi également; mais l'opé-

ration eſt plus longue de cette maniere, & j'ai fait quelquefois une auſſi belle couleur en un ſeul bain. Ainſi le Teinturier aura le choix de l'une ou l'autre métho-de.

Je ne puis fixer au juſte la doſe des matieres dans cette opération, 1°. parceque cela dépend de la nuance que l'on veut donner à l'é-toffe; en ſecond lieu, parceque c'eſt un travail nouveau dans la teinture, & que je n'ai pas eu occa-ſion de faire teindre de la ſorte une aſſés grande quantité d'étof-fes pour connoître aſſés préciſé-ment la quantité d'Orſeille & de compoſition que l'on doit em-ployer: on ſçait auſſi que le ſuccès dépend du plus ou moins d'acidité de la compoſition. Enfin, cette maniere de teindre avec l'Orſeil-le eſt ſi facile, qu'auſſi-tôt qu'on en aura fait deux ou trois eſſais, même en petit, on en sçaura plus que je n'en pourrois enseigner par un très-long détail. Je dois seulement avertir, que plus la couleur tirée de cet ingrédient approche de l'écarlatte, plus elle est solide. J'en ai fait d'un fort grand nombre de nuances différentes, toutes tirées de la même Orseille, & qui, par conséquent, ne différoient que par le plus ou le moins de composition ; & j'ai toujours éprouvé, que, plus l'Orseille s'éloignoit de sa couleur naturelle, plus elle acquéroit de solidité ; ensorte que lorsque je l'amenois à la nuance connuë sous le nom de *demi-écarlatte*, elle résistoit presque autant à l'action de l'air & du déboüilli, que celle qui se fait ordinairement avec la cochenille & la garence.

Si on mettoit trop de composi-tion dans le bain, la laine devien-

droit d'une couleur orangée &
désagréable Mais la même chose
arrive avec la cochenille: ainsi ce
n'est point un inconvénient particulier à ce genre de teinture :
d'ailleurs il est très-facile à éviter;
& comme on est toujours à portée
d'ajoûter de la composition, il n'y
a qu'à aller par degré, & en mettre moins qu'il n'en faut au commencement, plutôt que de risquer
d'en trop mettre.

J'ai essayé de substituer divers
acides à la composition d'écarlatte, mais aucun ne fait aussi-bien.
Le vinaigre n'a jamais pû donner
au bain assés de rougeur; & l'é-
toffe teinte dans ce bain n'a pris
qu'une couleur de lie de vin, qui
même n'étoit pas plus solide à
l'aïr que celle de l'Orseille dans
son état naturel. Les autres acides
ont rendu la couleur terne. Enfin,
il paroît, que, comme dans l'o-

pération de l'écarlatte par la cochenille, il faut unir au rouge de
l'Orseille une base métallique extrêmement blanche : cette base
est la chaux d'étain qui se trouve
dans la composition.

J'ai répété les mêmes opérations avec l'Orseille d'Auvergne
ou de Terre ; mais les couleurs qui
en sont venuës n'ont pas été à
beaucoup près si belles, ni si bonnes ; ainsi tout ce que je viens de
dire ne doit s'entendre que de
l'Orseille d'Herbe, & sur-tout de
celle qui étoit fabriquée à Paris,
par le Sieur Lafond.

CHAPITRE IV.

Du Bois d'Inde, ou de Campêche.

LE Bois de Campêche, connu
sous le nom de *Bois d'Inde*,
est d'un très-grand usage dans le

petit teint; & il seroit fort à souhaiter qu'on ne s'en servît pas dans
le bon teint, ce qui néanmoins n'arrive que trop souvent, parceque la
couleur, que ce bois fournit, perd
en très-peu de temps tout son é-
clat, & disparoît même en partie,
étant exposée à l'air. Son peu de
valeur est une des raisons qui le
font employer si souvent; mais la
plus forte est que par le moyen des
différentes préparations, & des
différens sels, on tire de ce bois
une grande quantité de couleurs
& de nuances, qu'on ne fait qu'a-
vec peine lorsqu'on ne veut se
servir que des ingrédiens de bon
teint. Cependant il est possible,
& je l'ai déja dit, de faire toutes
les couleurs sans ce secours; ainsi
on a eu très-grande raison de dé-
fendre dans le bon teint, l'usage
d'une matiere dont la teinture n'a
aucune solidité.

On a vû, dans le Chapitre XX, que le bois d'Inde étoit néceſſaire pour adoucir & velouter les noirs : c'eſt ce velouté qui fait tout le mérite des noirs de Sedan ; ainſi je renvoye à ce Chapitre pour ce qui regarde l'emploi du bois de Campêche dans les noirs, n'ayant rien à y ajoûter. J'ai eu ſoin d'y avertir que cet *acheve-ment* des noirs étoit l'ouvrage des Teinturiers du petit teint. Je vais préſentement dire un mot des au-tres couleurs dans leſquelles on employe ce bois : & j'ajoûterai, une fois pour toutes, que lorſ-qu'on ſe ſert dans la teinture de quelque bois que ce ſoit, il faut au moins, qu'il ſoit haché en copeaux fort menus, & qu'on doit l'enfermer dans un ſac de toile, afin qu'il ne s'attache point aux lai-nes ou étoffes, parceque indépen-damment de ce que les copeaux

pourroient les déchirer, le bois feroit des taches dans les endroits
où il s'attacheroit: par conséquent
cette précaution est absolument
nécessaire.

On se sert du bois d'Inde avec
la galle & la couperose, pour toutes les nuances de *gris*, qui tirent
sur l'*ardoisé*, le *lavandé*, le gris de
ramier, gris de *plomb*, & autres semblables. Pour cet effet, on charge une Chaudiere d'eau claire;
on y met la quantité de noix de
galle que l'on juge à propos, suivant celles des étoffes qu'on a à
teindre, & la nuance plus ou
moins foncée qu'on veut leur donner: on ajoûte dans ce bain un
sac de bois d'Inde, & lorsque le
tout a fait un boüillon, on y passe
l'étoffe après avoir rafraîchi le
bain, & l'on y jette, peu à peu,
de la couperose verte, dissoute
à part dans de l'eau. Je ne puis

fixer aucune dofe de ces ingrédiens, d'autant plus même que
les Teinturiers du petit teint font
dans l'ufage de ne point pefer les
ingrédiens qu'ils employent. Ils
fe réglent à la feule vûë; & comme leur travail ordinaire eft d'affortir de petites étoffes, pour fervir de doublures aux draps dont
on leur donne des échantillons,
ils commencent par les tenir plus
claires qu'il ne faut, & les brunif-
fent en y ajoûtant de la couperofe, jufqu'à ce qu'elles foient de la
nuance qu'ils defirent. S'ils s'ap-
perçoivent qu'il n'y a point aflés
de bois d'Inde, ils y en ajoûtent
après coup : ce qu'ils font auffi
lorfqu'ils ont plufieurs étoffes à
paffer de fuite fur le même bain,
& qu'ils voyent que le bois qu'ils
ont mis a donné toute fa teinture. On reconnoît aifément, par
ce qu'on vient de lire, que ce tra-

vaïl n'a aucune difficulté, & qu'il
ne demande qu'une forte d'habitude, pour juger à peu près de la
quantité d'ingrédiens qu'il faut
employer, & connoître fur l'étoffe encore moüillée, fi elle aura,
étant féche, la couleur qu'on veut
lui donner.

Il y a une pratique affés fûre
pour juger, dans toutes fortes de
couleurs, fi l'étoffe fera bien affor-
tie à l'échantillon lorfqu'elle fera
féche ; c'eft d'en tordre fortement
un petit coin & de fouffler deffus
brufquement & avec force : on
chaffe, par ce moyen, la plus grande partie de l'humidité, qui avoit
été portée à la furface de l'étoffe
en la tordant. On voit alors pendant un moment la couleur, à peu
près telle qu'elle doit être étant
féche ; mais il faut en juger fur
le champ, car l'inftant d'après
l'humidité des environs fe com-

munique à cet endroit fec, & on coureroit rifque de fe tromper.

On fait auffi, avec le bois d'Inde, un affés beau violet en boüillant la laine à l'ordinaire avec alun & tartre, & la paffant enfuite fur un bain de bois d'Inde, dans lequel on ajoûte un peu d'alun diffout. Mais on le fait beaucoup plus beau, en guédant premierement l'étoffe, *l'alunant* enfuite, & la paffant fur un bain de Brefil mêlé avec un peu de bois d'Inde; ce violet, quoique de petit teint, eft beaucoup meilleur que le premier, parceque le pied de bleu fubfifte toujours, & foutient un peu la couleur.

Le bois d'Inde donne encore la couleur bleuë; mais elle eft fi peu folide, & le bleu de bon teint coûte fi peu, quand il n'eft pas des plus foncés, qu'il n'arrive prefque jamais qu'on fe ferve du bleu tiré de ce bois. Si cependant on vouloit le faire, ne fût-ce que par simple curiosité, il ne faut que préparer un bain avec le bois d'Inde, y mêler un peu de vitriol de Chypre ou vitriol bleu, & y passer la laine sans autre préparation.

On peut aussi, par le même moyen, faire le verd en un seul bain. Pour cela, on met dans la Chaudiere du bois d'Inde, de la graine d'Avignon & du verd de gris; ce mélange donne au bain une belle couleur verte. Il suffit alors d'y passer la laine, jusqu'à ce qu'elle soit à la hauteur que l'on desire. On voit que ce verd sera de la nuance que l'on voudra, en mettant la quantité qu'on jugera à propos de bois d'Inde & de graine d'Avignon. Cette couleur verte ne vaut pas mieux que la bleuë, & elles devroient être, l'une & l'autre, bannies de la teinture ; si j'en ai donné les Procédés, c'est pour ne rien obmettre de ce qui est venu à ma connoissance sur ce qui concerne cet Art.

Verd de Saxe. Je mets ici au nombre des verds de petit teint, celui qu'on nomme *Verd de Saxe*, qui, depuis quelques années, est estimé en Allemagne, parcequ'il est plus beau & plus brillant qu'aucun verd qu'on ait fait jusqu'à présent en grand & en petit teint : mais il ne résiste à aucune épreuve, & en douze jours d'exposition aux rayons du soleil, il perd plus de la moitié de son intensité.

La composition, telle que je l'ai reçûë d'Allemagne, se fait ainsi : On met, dans un matras de verre, trois parties d'indigo choisi, trois parties de cobolt, trois parties d'orpiment, & douze parties d'huile de vitriol rectifiée & blanche. Il se fait une fermentation violente, dont on évite de respirer le sulfureux volatile qui en sort. On fait digérer le mélange pendant vingt-quatre heures ; puis on verse ce qu'il y a de liquide, par inclination, dans un vaisseau à part ; on a une liqueur acide d'un bleu très-foncé.

On peut substituer au cobolt, qui est rare en France, l'antimoine qui y est beaucoup moins cher. Enfin, M. Baron, Docteur en Médecine, que j'avois prié de faire diverses expériences avec cette composition, a trouvé qu'on pouvoit supprimer l'orpiment, le cobolt & l'antimoine, & qu'il suffisoit de verser l'huile de vitriol sur l'indigo seul, sans autre addition, pour avoir une composition de bleu toute aussi belle que la précédente.

On fait boüillir le drap dans le quart de son poids d'alun, auquel on ajoûte si l'on veut, une très-petite quantité de tartre. On le laisse pendant trois jours humecté de son boüillon ; puis on le lave, & le drap est préparé.

L'usage le plus ordinaire du bois d'Inde dans le petit teint, est pour les couleurs de *prunes*, de *pruneau*, de *pourpre* & leurs nuances. Ce bois, joint à la noix de galle, donne toutes ces couleurs avec beaucoup de facilité, sur la laine guédée : on les *rabbat* avec un peu de couperose verte qui les brunit ; & l'on parvient, par ce moyen, & tout d'un coup, à des nuances qui sont beaucoup plus

Faites chauffer de l'eau, prête à boüillir, & y versez une petite quantité de la composition de bleu, elle s'y étendra dans l'instant, & teindra le bain en bleu clair. Plongez-y le drap préparé & l'y roulez sans faire boüillir : lorsqu'il aura pris le bleu céleste, retirez-le & le plongez dans une autre Chaudiere, où vous aurez fait un bain de jaune avec la *Terra-Merita* bien pulvérisée : ce bain doit être chaud, mais non boüillant. Le drap y prendra la nuance de verd telle que vous la souhaiterez, en l'y tenant plus ou moins long-temps. Pour accélérer, & pour épargner un second feu, on peut mettre la *Terra-Merita* dans le premier bain de bleu après qu'il est tiré, & le succès sera le même.

Quoiqu'il ne soit pas question des Soyes dans ce Traité, je ne puis me dispenser de dire que par le procédé que je viens de décrire, on peut teindre les Soyes en bleus & en verds très-beaux, & de toutes sortes de nuances, avec la plus grande facilité ; & même, les verds, en un seul bain.

difficiles à saisir en bon teint, parceque les degrés différens de bruniture font beaucoup moins aisés
à prendre, tels qu'on les veut, sur
une Cuve de bleu, qu'à l'aide du
fer de la couperose. Mais ces couleurs ont le défaut de passer très-
promptement à l'air; & en peu de
jours, on voit une fort grande différence, entre les parties de l'é-
toffe qui ont été exposées à l'air,
& celles qui sont demeurées cou-
vertes.

Ayant éprouvé, comme je l'ai
dit dans le Chapitre précédent,
que la composition d'écarlatte,
changeoit la couleur de l'Orseille
& la rendoit plus solide, j'ai voulu voir si elle ne feroit pas sur le
bois d'Inde quelque effet à peu
près semblable : mais ce qui m'a
paru singulier, c'est que quelque
quantité de composition que j'aye
mis dans le bain de ce bois,

sa couleur violette n'a point été changée. Voulant cependant réduire cette épreuve à quelque chose de praticable, je teignis un morceau de drap avec le bois d'Inde, & je mis dans le bain une quantité de composition, à peu près égale à celle que j'aurois mise pour une pareille dose d'Orseille; mon drap prit une assés belle couleur violette : j'exposai ce drap à l'air pendant douze jours d'été; & je reconnus que la couleur n'étoit pas meilleure que si je n'y avois pas mis de composition. A la vérité, en ajoûtant une petite quantité de cryſtal de tartre dans un autre bain, composé comme le précédent, j'ai eu une couleur plus solide, mais considérablement différente.

CHAPITRE V.

Du Bois de Bresil.

ON comprend sous le nom général de Bois de Bresil, celui de *Fernambouc*, de *Sainte-Marthe*, du *Japon*, & quelques autres, dont ce n'est pas ici le lieu de faire la distinction, puisqu'ils s'employent tous de la même maniere pour la teinture. Il est vrai qu'il y en a qui donnent plus de couleur les uns que les autres, ou qui la donnent plus belle ; mais cela vient souvent des parties de ce bois qui ont été exposées à l'air les unes plus que les autres, ou de ce qu'il y a des endroits qui auront été éventés ou pourris. Il faut choisir, pour la teinture, le plus sain & le plus haut en couleur.

Tous

Tous ces bois donnent une affés belle couleur, foit qu'on les employe feuls, foit qu'on les mêle avec le bois d'Inde, ou avec d'autres ingrédiens colorans. On vient de voir que dans le *violet faux*, on mettoit un peu de *Brefil* avec le bois d'Inde; mais dans les *gris vineux*, ou qui tirent tant foit peu fur le rouge, on en met beaucoup plus. Quelquefois on ne met qu'un peu de noix de galle avec le Brefil, & on brunit avec la couperofe; fouvent même on y ajoûte un peu de bois d'Inde, d'Orfeille ou de quelqu'autre matiere, fuivant la nuance; d'où l'on voit qu'il n'eft pas poffible de donner aucune régle fixe fur ce genre de travail, à caufe de la diverfité prefque infinie des nuances, qui fe tirent de ces différens mêlanges.

La couleur naturelle du Brefil, & celle pour laquelle il eft le plus souvent employé, est la *fausse écarlatte* qui ne laisse pas que d'être belle & d'avoir de l'éclat, mais un éclat fort inférieur à celui de l'écarlatte de cochenille ou de gomme lacque.

Pour tirer la couleur de ce bois, il faut se servir d'eau de puits la plus dure, de celle qui ne dissout pas le savon. L'eau de riviere ne fait pas, à beaucoup près, si bien le même effet. Après avoir fait boüillir sur ce bois haché en copeaux, la premiere eau qu'on y a mise, pendant trois heures, on la verse dans une tonne. On remet de nouvelle eau de puits sur ce Bresil, & on l'y fait boüillir encore trois heures, puis on la verse sur la premiere. Il faut que cette teinture, qu'on appelle *suc* ou *jus de Bresil* soit vieille & fermentée, & qu'elle file comme un vin gras, avant que de s'en servir. Pour en tirer un rouge qui soit vif : il faut aussi que l'étoffe soit garnie des sels du boüillon ordinaire, mais où l'alun domine, car le tartre seul altére beaucoup la beauté de cette couleur, ainsi que les eaux sûres ; en un mot, les acides lui nuisent & dissolvent la partie qui colore en rouge. Ainsi il faut mettre dans le bain, depuis six jusqu'à huit onces d'alun de Rome pour chaque livre de laine ou d'étoffe, & seulement deux onces de tartre, & même moins. On y fait boüillir la laine pendant trois heures ; après quoi on l'exprime légérement, & on la tient ainsi humectée dans un lieu frais, au moins pendant huit jours, afin que, par le séjour de ces sels, elle soit suffisamment préparée à recevoir la teinture. Pour la teindre, on met dans une Chaudiere de capacité convenable, un ou deux seaux de jus de Bresil bien

vieux, & on y teint quelque étoffe
commune qui ait été aussi boüillie
en alun & tartre. Cette premiere étoffe grossiere étant teinte,
on remet dans le bain du jus de
Bresil nouveau, la moitié seulement de ce qu'on en a mis la premiere fois, & l'on fait bien boüillir une seconde étoffe commune,
aussi préparée par les sels, dans ce
bain, dont il faut que ces deux
étoffes tirent près des trois quarts
de la couleur. Ce bain étant ainsi
affoibli de teinture, on y plonge
la piece d'étoffe qui a resté huit
ou dix jours sur le boüillon, & on
l'y roule bien sans trop faire boüillir le bain, jusqu'à ce qu'elle soit
teinte bien uniment. Mais il faut
avoir l'attention d'exprimer de
temps en temps un coin de cette
étoffe, comme je l'ai dit ci-devant, pour juger de sa couleur;
car quand elle est moüillée, elle

paroît au moins de trois nuances
plus foncée qu'elle ne le fera après
avoir été féchée : par cette méthode, qui à la vérité eft un peu longue, on a des rouges vifs fort beaux,
imitant parfaitement certaines
couleurs que les Anglois vendent
fous le nom d'écarlatte au campêche, qui, éprouvées par les déboüillis, ne font pas meilleures que celle-ci, fi ce n'eft qu'elles paroiffent
avoir été légérement garencées.
Le rouge, dont je viens de donner le procédé, qui n'eft décrit en
aucun endroit, réfifte à l'air pendant trois & quatre mois d'hyver
fans rien perdre de fa nuance ;
au contraire, il y brunit & femble acquérir du fond ; mais il ne
réfifte pas au déboüilli du tartre.

Quelques Teinturiers du bon
teint fe fervent du Brefil pour
monter les rouges de garence,
foit pour épargner cette racine,

soit pour donner au rouge, qu'elle
fournit, plus de vivacité qu'il n'en
a ordinairement. Cela se fait en
passant sur un bain de Bresil une
étoffe commencée avec la garence ; mais cette sorte de teinture
frauduleuse est expressément défenduë par les réglemens, ainsi
que tout mélange du grand teint
avec le petit teint, parcequ'il ne
peut servir qu'à tromper, & faire
passer, pour un beau rouge de garence, une couleur qui perd en
peu de jours, à l'air, tout son éclat
& cette portion de nuance qui a été
tirée du Bresil dans un bain de ce
bois préparé à l'ordinaire. Car la
premiere couleur qu'on en tire
n'est jamais de bon teint, vraisemblablement parceque c'est une séve mal digérée, & dont les particules colorantes n'ont pas été assés at-
tenuées pour être retenuës, suffisamment enchassées, dans les po-

res de la laine qu'on y teint. Quand ces premieres parties groſſieres de la couleur ont été enlevées par des étoffes communes, ainſi qu'on l'a vû ci-deſſus, celles qui reſtent en petite quantité, ſont plus fines & ſe mêlant aux parties jaunes que fournit la partie purement ligneuſe, ou conſidérée comme telle, le rouge qui en réſulte eſt beaucoup plus ſolide.

On peut, par les acides, quels qu'ils ſoient, enlever ou faire diſparoître toute la couleur rouge de ce bois; alors l'étoffe qu'on y teint prend une couleur de ventre de biche claire ou foncée, à proportion du temps qu'on la tient dans ce bain, & cette couleur eſt de très-bon teint.

On dit que les Teinturiers d'Amboiſe ont une méthode pour aſſurer la couleur du Breſil. Après que leurs Pinchinats, rougis légé-

B b iiij

rement par la garence, ont été
paſſés dans un bain de gaude, &
par conſéquent boüillis deux fois
en alun & tartre, ils mettent ſur
le jus de Breſil une ſuffiſante quantité d'arſenic & de cendres gravelées, & l'on ajoûte qu'alors cette couleur réſiſte aux épreuves.
J'ai eſſayé ce procédé, mais il ne
m'a pas réuſſi.

Lorſqu'on ne cherche pas à tirer un rouge bien brillant du bois
de Breſil, je ſçais par expérience
qu'il eſt poſſible d'aſſurer la couleur qu'on en tire, de telle ſorte,
que l'ayant expoſé pendant trente jours aux rayons du ſoleil de
cet été, elle n'a point changée.
Mais ces ſortes de couleurs ſont
des *caffés* & des *marons pourprés*.

Pour les faire, je tiens pendant
quinze jours à la cave l'étoffe humectée de ſon boüillon, compoſé
comme pour les rouges dont j'ai

parlé ci-devant. Je charge la Chaudiere d'eau de puits jusques aux deux tiers : j'acheve de la remplir de jus de Bresil, auquel j'ajoûte de la galle d'Alep en poudre fort fine, environ une once par livre d'étoffe, & de la gomme Arabique la moitié du poids de la galle ; je fais boüillir une heure, une heure & demie ou deux heures, selon que je veux la nuance foncée. J'évente de temps en temps, & lorsque l'étoffe a pris la couleur que je souhaite, je la laisse bien refroidir avant que de la laver. Cette étoffe étant brossée, le poil couché, & mise en presse à froid, en sort très-belle, très-unie, & d'un *caty* parfait.

CHAPITRE VI.

Du Fustet.

LE bois de *Fustet* donne une couleur orangée qui n'a aucune solidité. Il s'employe ordinairement dans le petit teint, comme la racine de noyer ou le brou de noix, sans faire boüillir l'étoffe, ensorte qu'il n'y a aucune difficulté à l'employer. On le mêle souvent avec le brou & la gaude pour faire les couleurs de *tabac*, de *canelle*, & autres nuances semblables. Mais on peut regarder ce bois comme un très-mauvais ingrédient; car sa couleur exposée à l'air pendant très-peu de temps, y perd tout son éclat & la plus grande partie de sa nuance de jaune.

Si l'on passe sur la Cuve de bleu

une étoffe teinte avec le Fuſtet, on a un *olive* aſſés déſagréable, qui ne réſiſte point à l'air, & qui devient très-vilain en peu de temps.

J'ai déja dit qu'on ſe ſervoit en Languedoc du *Fuſtet* pour faire les couleurs de *Langouſte* qu'on envoye dans le Levant : il épargne conſidérablement la cochenille. On mêle, pour cet effet, dans un même bain, de la gaude, du Fuſtet & de la cochenille, avec un peu de crême de tartre, & l'étoffe boüillie dans ce bain, en ſort de la couleur qu'on nomme *Langouſte* ; & ſuivant la doſe de ces différens ingrédiens, elle eſt plus ou moins rouge, ou plus ou moins orangée. Quoique cet uſage, de mêler enſemble des ingrédiens de bon teint avec ceux du petit teint, ſoit condamnable, il paroît cependant que dans ce cas, qui eſt très-rare, & pour cette couleur

seulement, que les Commiffion-
naires du Levant demandent de
temps en temps, on peut tolérer le *Fuſtet*; parcequ'ayant tenté
de faire la même couleur avec
les feuls ingrédiens du bon teint,
je n'ai pas eu de couleur plus folide. Voyez ce que j'en ai dit au
Chapitre XXV. du Traité précédent.

Le changement que l'air apporte à la couleur de *Langouſte*
faite avec le *Fuſtet*, eſt fort fenfible; mais il n'eſt pas fi défagréable que les changemens qui arri-
vent à plufieurs autres couleurs,
car toute la nuance s'efface & s'af-
foiblit à la fois; enforte que c'eſt
plutôt une diminution qu'un changement de couleur, au lieu que la
couleur de Langouſte, faite avec
le bois jaune, devient couleur de
cerife.

✳✳✳✳✳✳✳✳✳✳✳✳✳✳✳✳✳✳✳✳✳✳✳✳

CHAPITRE VII.

Du Roucou.

LE *Roucou* ou *Raucourt* est une
espéce de pâte séche qui
nous vient de l'Amérique. Cette
matiere donne une couleur orangée, à peu près comme le Fustet,
& la teinture n'en est pas plus solide. Ce ne seroit pas néanmoins
par le débouïlli de l'alun qu'il faudroit juger de la qualité du Roucou : car il n'altére en rien sa couleur, & elle n'en devient que plus
vive & plus belle ; mais l'air l'emporte & l'efface en très-peu de
temps ; le savon fait la même chose,
& c'est en effet par ce débouïlli qu'il
en faut juger, ainsi qu'il est prescrit dans l'Instruction sur ces sortes
d'épreuves. Cette matiere est facilement remplacée, dans le bon

teint, par la gaude & par la garence mêlées ensemble : mais on
se sert du Roucou dans le petit
teint, & voici de quelle maniere il
s'employe.

On fait fondre, dans une Chaudiere, de la cendre gravelée avec
une suffisante quantité d'eau ; on
la fait bien boüillir pendant une
heure, afin que la cendre soit e-
xactement dissoute ; on y jette ensuite autant de livres de Roucou
pulvérisé, qu'il y a de livres de
cendres ; on pallie fortement
le bain ; on le laisse boüillir pendant un quart-d'heure, & on y
passe ensuite les laines ou étoffes
que l'on veut teindre, sans leur
donner d'autre apprêt que de les
avoir moüillées dans l'eau tiéde,
afin que la couleur prenne également. On les laisse dans ce
bain, en les remuant toujours,
jusqu'à ce qu'elles soient à la nuan-

ce qu'on defire ; après quoi, on les lave bien à la riviere, & on les fait fécher.

On mêle fouvent le Roucou avec d'autres ingrédiens du petit teint ; mais je ne puis donner aucune inftruction fur ce mêlange, parcequ'il dépend des nuances que l'on veut faire, & que d'ailleurs il n'a en foi aucune difficulté.

J'ai effayé de faire boüillir l'étoffe en alun & tartre avant que de la teindre en Roucou ; mais quoique la couleur y ait acquis un peu plus de folidité, elle n'étoit pas fuffifante pour être réputée de bon teint. En général, le Roucou eft un fort mauvais ingrédient pour la teinture des laines, & même il n'eft pas d'un grand ufage, parcequ'il ne laiffe pas que d'être cher, & qu'il eft facilement remplacé par d'autres plus tenaces, & à meilleur marché.

La laine teinte avec le Roucou, mife enfuite en Cuve d'Inde ou de paftel, prend une couleur d'*olive* roufleâtre, qui en très-peu de temps devient prefque toute bleuë à l'air, parceque la couleur donnée par le Roucou difparoît.

CHAPITRE VIII.

De la Graine d'Avignon.

LA Graine d'Avignon eft de très-peu d'ufage en teinture : elle fait un aflés beau jaune, mais qui n'a aucune folidité ; non plus que le verd qu'elle donne en paffant dans fon bain une étoffe qui a reçû un pied de bleu. Pour l'employer, il faut que l'étoffe foit boüillie en alun & tartre, comme pour la gaude. On prépare enfuite un bain frais avec la Graine d'Avignon ; & on y paffe l'étoffe,

qu'on y laisse plus ou moins long-
temps, suivant la nuance que l'on
desire. Il n'y a aucune difficulté
à employer cette Graine, ainsi je
ne m'étendrai pas davantage : me
contentant d'avertir qu'il n'en faut
faire usage que quand on manque
absolument de toutes les autres
matieres pour teindre en jaune :
elles ne sont ni rares, ni cheres.

CHAPITRE IX.

De la Terra Merita, ou Curcuma.

LA *Terra Merita* est une ra-
cine qu'on nous apporte des
Indes Orientales, où celle qui
vient de Patena est la plus estimée.
Les Teinturiers, dans l'Inde, la
nomment *Haleli.* Elle est nommée
Concomme dans le Réglement de
M. Colbert. On la réduit en pou-

dre très-fine pour s'en servir, & elle s'employe à peu près de même que la Graine d'Avignon, mais en beaucoup moindre quantité, parcequ'elle fournit beaucoup plus de teinture. Elle est un peu moins mauvaise que les autres ingrédiens jaunes, dont il a été parlé dans les Chapitres précédens. Mais comme elle est chere, c'est une raison suffisante pour ne l'employer presque jamais dans le petit teint.

On s'en sert quelquefois dans le bon teint pour dorer les jaunes faits avec la gaude, & pour éclaircir & oranger les écarlattes, mais cette pratique est condamnable ; car l'air emporte en très-peu de temps, toute la partie de la couleur qui vient de la *Terra Merita* ; enforte que les jaunes dorés reviennent dans leur premier état, & que les écarlattes brunissent considérablement. Quand cela arrive à ces fortes de couleurs, on peut être affuré qu'elles ont été falfifiées avec ce faux ingrédient, qui n'a aucune folidité,

Je ne parle point du Saffran vrai, qui peut fervir auffi à teindre en jaune, mais dont je ne crois pas qu'on faffe aucun ufage; premierement, parcequ'il eft trop cher; & en fecond lieu, parceque fon jaune vaut encore moins que celui des deux matieres précédentes.

Voilà tout ce que j'ai à dire fur les ingrédiens du petit teint : ils ne doivent être employés dans la teinture, que pour les étoffes communes, ou de bas prix. Ce n'eft pas que je croye qu'il foit impoffible d'en tirer des couleurs folides; mais alors ces couleurs ne feront plus précifément celles que ces ingrédiens donnent naturellement, ou par les méthodes ordi-

naires ; comme il faut y ajoûter
l'adſtriction & le gommeux qui
leur manque, ce n'eſt plus alors le
même arrangement des parties ;
& par conſéquent les rayons de la
lumiere feront réfléchis différemment.

Fin de l'Art de Teindre les Laines.

INSTRUCTION

Sur le Déboüilli des Laines,
& Etoffes de Laine.

Omme il a été reconnu que la
méthode prescrite pour les dé-
boüillis des teintures, par l'article XXXVII. des reglemens pour les
Teinturiers en grand & bon teint, des
draps, serges & autres étoffes de laine,
du mois d'Août 1669. & par les articles CCXX. & suivans de l'instruction
générale pour la teinture des laines de
toutes couleurs, & pour la culture des
drogues & ingrédiens qui y sont employés, du 18. Mars 1671. n'est pas
suffisante pour juger exactement de la
bonté ou de la fausseté de plusieurs couleurs; que cette méthode pouvoit même quelquefois induire en erreur, &
donner lieu à des contestations; il a été
fait, par ordre de Sa Majesté, différentes expériences sur les laines destinées

à la fabrique des Tapiſſeries, pour connoître le degré de bonté de chaque
couleur, & les déboüillis les plus convenables à chacune.

Pour y parvenir, il a été teint des
laines fines en toutes ſortes de couleurs,
tant en bon teint qu'en petit teint, &
elles ont été expoſées à l'air & au ſoleil
pendant un temps convenable. Les bonnes couleurs ſe ſont parfaitement ſoû-
tenues, & les fauſſes ſe ſont effacées plus
ou moins, à proportion du degré de
leur mauvaiſe qualité : & comme une
couleur ne doit être réputée bonne,
qu'autant qu'elle réſiſte à l'action de l'air
& du ſoleil, c'eſt cette épreuve qui a
ſervi de regle pour décider ſur la bonté des différentes couleurs.

Il a été fait enſuite, ſur les mêmes
laines dont les échantillons avoient été
expoſés à l'air & au ſoleil, diverſes é-
preuves de déboüilli ; & il a d'abord
été reconnu que les mêmes ingrédiens
ne pouvoient pas être indifféremment
employés dans les déboüillis de toutes
les couleurs, parce qu'il arrivoit quelquefois qu'une couleur reconnue bonne par l'expoſition à l'air, étoit conſi-

dérablement altérée par le déboüilli, & qu'une couleur fauſſe réſiſtoit au même déboüilli.

Ces différentes expériences ont fait ſentir l'inutilité du citron, du vinaigre, des eaux-ſûres & des eaux-fortes, par l'impoſſibilité de s'aſſûrer du degré d'acidité de ces liqueurs ; & il a paru que la méthode la plus ſûre, eſt de ſe ſervir avec l'eau commune, d'ingrédiens dont l'effet eſt toujours égal.

En ſuivant cet objet, il a été jugé néceſſaire de ſéparer en trois claſſes, toutes les couleurs dans leſquelles les laines peuvent être teintes, tant en bon qu'en petit teint, & de fixer les ingrédiens qui doivent être employés dans les déboüillis des couleurs compriſes dans chacune de ces trois claſſes.

Les couleurs compriſes dans la première claſſe, doivent être déboüillies avec l'alun de Rome ; celles de la ſeconde, avec le ſavon blanc ; & celles de la troiſiéme, avec le tartre rouge.

Mais comme il ne ſuffit pas, pour s'aſſûrer de la bonté d'une couleur par l'épreuve du déboüilli, d'y employer des ingrédiens dont l'effet ſoit toujours égal ; qu'il faut encore, non seulement que la durée de cette opération soit exactement déterminée , mais même que la quantité de liqueur soit fixée, parceque le plus ou le moins d'eau diminue ou augmente considérablement l'activité des ingrédiens qui y entrent, la maniere de procéder aux différens déboüillis , sera prescrite par les articles suivans.

ARTICLE PREMIER.

LE déboüilli avec l'alun de Rome, sera fait en la maniere suivante.

On mettra dans un vase de terre, ou terrine , une livre d'eau & une demi once d'alun ; on mettra le vaisseau sur le feu, & lorsque l'eau boüillira à gros boüillons, on y mettra la laine dont l'épreuve doit être faite , & on l'y laissera boüillir pendant cinq minutes ; après quoi on la retirera, & on la lavera bien dans l'eau froide ; le poids de l'échantillon doit être d'un gros ou environ.

II.

LORSQU'IL y aura plusieurs échantillons de laine à déboüillir ensemble, il

faudra

faudra doubler la quantité d'eau & celle d'alun, ou même la tripler, ce qui ne changera en rien la force & l'effet du déboüilli, en obſervant la proportion de l'eau & de l'alun; en ſorte que pour chaque livre d'eau, il y ait toujours une demi once d'alun.

I I I.

POUR rendre plus certain l'effet du déboüilli, on obſervera de ne pas faire déboüillir enſemble des laines de différentes couleurs.

I V.

LE déboüilli avec le ſavon blanc, ſe fera en la maniere ſuivante.

On mettra dans une livre d'eau, deux gros ſeulement de ſavon blanc haché en petits morceaux; ayant mis enſuite le vaiſſeau ſur le feu, on aura ſoin de remuer l'eau avec un bâton, pour bien faire fondre le ſavon; lorſqu'il ſera fondu, & que l'eau boüillira à gros boüillons, on y mettra l'échantillon de laine, qu'on y fera pareillement boüillir pendant cinq minutes, à compter du moment que l'échantillon y aura été mis, ce qui ne ſe fera que lorſque l'eau boüillira à gros boüillons.

C c

V.

LORSQU'IL y aura plusieurs échantillons de laine à débouillir ensemble, on observera la méthode prescrite par l'article II. c'est-à-dire, que, pour chaque livre d'eau, on mettra toujours deux gros de savon.

V I.

LE débouilli avec le tartre rouge, se fera précisément de même, avec les mêmes doses, & dans les mêmes proportions que le débouilli avec l'alun; en observant de bien pulvériser le tartre avant que de le mettre dans l'eau, afin qu'il soit entierement fondu lorsqu'on y mettra les échantillons de laine.

V I I.

LES couleurs suivantes seront débouillies avec l'alun de Rome; sçavoir, le cramoisi de toutes nuances, l'écarlatte de Venise, l'écarlatte couleur de feu, le couleur de cerise & autres nuances de l'écarlatte, les violets & gris-de-lin de toutes nuances, les pourpres, les langoustes, jujubes, fleur de grenade, les bleus, les gris ardoisés, gris lavandés, gris violents, gris vineux, & toutes les autres nuances semblables.

VIII.

SI, contre les difpofitions des reglemens fur les teintures, il a été employé
dans la teinture des laines fines en cramoifi, des ingrédiens de faux teint, la
contravention fera aifément reconnue
par le déboüilli avec l'alun, parcequ'il
ne fait que violanter un peu le cramoifi fin, c'eft-à-dire, le faire tirer fur le
gris-de-lin, mais il détruit les plus hautes nuances du cramoifi faux, & il les
rend d'une couleur de chair très-pâle,
il blanchit même prefqu'entierement les
baffes nuances du cramoifi faux ; ainfi
ce déboüilli eft un moyen affûré pour
diftinguer le cramoifi faux d'avec le fin.

IX.

L'ECARLATTE de kermés oude graine, communément appellée *Ecarlatte
de Venife*, n'eft nullement endommagée
par ce déboüilli ; il fait monter l'écarlatte couleur de feu ou de cochenille,
à une couleur de pourpre, & fait violanter les baffes nuances, enforte qu'elles tirent fur le gris-de-lin ; mais il emporte prefque toute la fauffe écarlatte
du Brefil, & il la réduit à une couleur
de pelure d'oignon : il fait encore un

effet plus fenfible fur les baffes nuances
de cette fauffe couleur.

Le même déboüilli emporte auffi
prefqu'entierement l'écarlatte de bourre, & toutes fes nuances.

X.

QUOIQUE le violet ne foit pas une
couleur fimple, mais qu'elle foit formée des nuances du bleu & du rouge,
elle eft néanmoins fi importante, qu'elle mérite un examen particulier. Le
même déboüilli avec l'alun de Rome
ne fait prefqu'aucun effet fur le violet
fin, au lieu qu'il endommage beaucoup
le faux : mais on obfervera que fon effet n'eft pas d'emporter toujours également une grande partie de la nuance
du violet faux, parcequ'on lui donne
quelquefois un pied de bleu de paftel
ou d'indigo ; ce pied étant de bon
teint, n'eft pas emporté par le déboüilli, mais la rougeur s'efface, & les nuances brunes deviennent prefque bleues,
& les pâles, d'une couleur défagréable
de lie de vin.

XI.

A l'égard des violets demi fins, défendus par le préfent réglement, ils fe-

ront mis dans la claſſe des violets faux,
& ne réſiſtent pas plus au déboüilli.

XII.

ON connoîtra de la même maniere
les gris-de-lin fins d'avec les faux, mais
la différence eſt légére ; le gris-de-lin
de bon teint perd ſeulement un peu
moins que le gris-de-lin de faux teint.

XIII.

LES pourpres fins réſiſtent parfaitement au déboüilli avec l'alun, au lieu
que les faux perdent la plus grande partie de leur couleur.

XIV.

LES couleurs de langouſte, jujube,
fleur de grenade, tireront ſur le pourpre après le déboüilli, ſi elles ont été
faites avec la cochenille, au lieu qu'elles pâliront conſidérablement, ſi l'on y
a employé le fuſtet, dont l'uſage eſt défendu.

XV.

LES bleus de bon teint ne perdront
rien au déboüilli, ſoit qu'ils ſoient de
paſtel ou d'indigo, mais ceux de faux
teint perdront la plus grande partie de
leur couleur.

XVI.

LES gris ardoifés, gris lavandés, gris violents, gris vineux, perdront prefque toute leur couleur, s'ils font de faux teint, au lieu qu'ils fe foûtiendront parfaitement, s'ils font de bon teint.

XVII.

ON déboüillira avec le favon blanc, les couleurs fuivantes ; fçavoir, les jaunes, jonquilles, citrons, orangés, & toutes les nuances qui tirent fur le jaune : toutes les nuances de verd, depuis le verd jaune ou verd naiffant, jufqu'au verd de chou ou verd de perroquet, les rouges de garence, la canelle, la couleur de tabac, & autres femblables.

XVIII.

CE déboüilli fait parfaitement connoître fi les jaunes, & les nuances qui en dérivent, font de bon ou de faux teint : car il emporte la plus grande partie de leur couleur, s'ils font faits avec la graine d'Avignon, le roucou, la terra-merita, le fuftet ou le fafran, dont l'ufage eft prohibé pour les teintures fines ; mais il n'altére pas les jaunes faits avec la farette, la geneftrolle, le bois jaune, la gaude & le fenugrec.

XIX.

Le même déboüilli fera connoître aussi parfaitement la bonté des verds, car ceux de faux teint perdent presque toute leur couleur, ou deviennent bleus, s'ils ont eu un pied de pastel ou d'indigo ; mais ceux de bon teint ne perdent presque rien de leur nuance, & demeurent verds.

XX.

Les rouges de pure garence ne perdent rien au déboüilli avec le savon, & n'en deviennent que plus beaux ; mais si on y a mêlé du bresil, ils perdent de leur couleur, à proportion de la quantité qui y a été mise.

XXI.

Les couleurs de canelle, de tabac, & autres semblables, ne font presque pas altérées par ce déboüilli, si elles font de bon teint ; mais elles perdent beaucoup, si on y a employé le roucou, le fustet ou la fonte de bourre.

XXII.

Le déboüilli fait avec l'alun ne seroit d'aucune utilité, & pourroit même induire en erreur sur plusieurs des couleurs de cette seconde claſſe, car il n'endommage pas le fuſtet, ni le rou-cou, qui cependant ne réſiſtent pas à l'action de l'air, & il emporte une par-tie de la ſarette & de la geneſtrolle, qui ſont cependant de très-bons jaunes & de très-bons verds.

XXIII.

On déboüillira avec le tartre rouge tous les fauves ou couleurs de racine; on appelle ainſi toutes les couleurs qui ne ſont pas dérivées des cinq couleurs primitives; ces couleurs ſe font avec le brou de noix, la racine de noyer, l'écorce d'aune, le ſumach ou roudoul, le ſantal & la ſuye; chacun de ces in-grédiens donne un grand nombre de nuances différentes, qui ſont toutes compriſes ſous le nom général de fau-ve ou couleur de racine.

XXIV.

Les ingrédiens dénommés dans l'ar-ticle précédent, ſont bons, à l'excep-tion du ſantal & de la ſuye, qui le ſont un peu moins, & qui rudiſſent la laine lorſqu'on en met une trop grande quan-tité: ainſi tout ce que le déboüilli doit faire connoître ſur ces ſortes de couleurs, c'est si elles ont été surchargées de santal ou de suye, dans ce cas elles perdent considérablement par le débouïlli fait avec le tartre ; & si elles sont faites avec les autres ingrédiens, ou qu'il n'y ait qu'une médiocre quantité de santal ou de suye, elles résistent beaucoup davantage.

X X V.

LE noir étant la seule couleur qui ne puisse être comprise dans aucune des trois classes énoncées ci-dessus, parce-qu'il est nécessaire de se servir d'un débouïlli beaucoup plus actif, pour connoître si la laine a eu le pied de bleu turquin, conformément aux réglemens, le débouïlli en sera fait en la maniere suivante.

On prendra une livre ou une chopine d'eau, on y mettra une once d'alun de Rome, & autant de tartre rouge, pulvérisés ; on fera boüillir le tout, & on y mettra l'échantillon de laine, qui doit boüillir à gros boüillons pendant un quart-d'heure ; on le lavera ensuite dans l'eau fraîche, & il sera facile alors de voir si elle a eu le pied de bleu convenable, car dans ce cas la laine demeurera bleue presque noire ; & si elle ne l'a pas eu, elle grisera beaucoup.

XXVI.

Comme il est d'usage de brunir quelquefois les couleurs avec la noix de gale & la couperose, & que cette opération appellée *Bruniture*, qui doit être permise dans le bon teint, peut faire un effet particulier sur le débouïlli de ces couleurs ; on observera que quoiqu'après le débouïlli, le bain paroisse chargé de teinture, parceque la bruniture aura été emportée, la laine n'en sera pas moins réputée de bon teint, si elle a conservé son fond ; si au contraire elle a perdu son fond, ou son pied de couleur, elle sera déclarée de faux teint.

XXVII.

Quoique la bruniture qui se fait avec la noix de gale & la couperose, soit de bon teint, comme elle rudit ordinairement la laine, il convient, autant que faire se pourra, de se servir par préférence de la Cuve d'inde ou de celle de pastel.

XXVIII.

ON ne doit soûmettre à aucune épreuve de déboüilli, les gris communs faits avec la gale & la couperose, parceque ces couleurs sont de bon teint, & ne se font pas autrement ; mais il faut observer de les engaler d'abord, & de mettre la couperose dans un second bain beaucoup moins chaud que le premier, parceque de cette maniere ils sont plus beaux & plus assurés.

FIN.